Dario Croccolo   Massimiliano De Agostinis   Giorgio Olmi

Esercizi di Comportamento meccanico dei materiali ed Elementi delle macchine

Società Editrice
ESCULAPIO

ISBN 978-88-7488-631-9

Società Editrice Esculapio s.r.l.
Via Terracini, 30 – 40131 Bologna
www.editrice-esculapio.com – info@editrice-esculapio.it

Ristampa 2016

Impaginazione: Giancarla Panigali e Carlotta Lenzi
Stampato da: Digital Team – Fano (PU)
Printed in Italy

Società Editrice
ESCULAPIO

Prefazione

In questo libro sono raccolti 15 esempi di esercizi proposti come temi d'esame o come problemi applicativi durante le esercitazioni nei corsi di Comportamento Meccanico dei Materiali e di Elementi delle Macchine tenuti presso la sedi di Bologna e di Forlì della Scuola di Ingegneria ed Architettura dell'Università degli Studi di Bologna.
Le tracce di soluzione proposte sono state realizzate considerando che il lettore sia già a conoscenza degli argomenti teorici trattati nei corsi citati, con particolare riferimento a quelli contenuti nel libro di testo: Dario Croccolo, Nicolò Vincenzi, "Lezioni di Fondamenti e Tecnica della Progettazione Meccanica", Soc. Ed. Esculapio, Bologna. Ciò nonostante vi sono frequenti riferimenti e commenti ad aspetti teorici al fine di migliorare la comprensione delle procedure di calcolo e di aiutare il lettore alla preparazione complessiva delle prove d'esame.
Gli esercizi, e le relative soluzioni, sono stati suddivisi e raggruppati in tre capitoli che corrispondono, nella sostanza, a tre dei principali argomenti teorici affrontati durante le lezioni. Il capitolo 1 riguarda le strutture isostatiche: viene mostrato come ricavare le caratteristiche della sollecitazione ed il coefficiente di sicurezza nel punto maggiormente sollecitato. Il capitolo 2 verte sulla determinazione di baricentri e momenti d'inerzia, per arrivare alla stima delle tensioni normali e tangenziali in alcuni punti di sezioni di travi. Il capitolo 3 riguarda le strutture iperstatiche e mostra la procedura per il calcolo delle incognite iperstatiche, fino alla verifica strutturale. Ciascun esercizio proposto risulta, in ogni caso, indipendente dagli altri e risolvibile anche se considerato singolarmente.
Tutti i risultati numerici sono stati arrotondati per eccesso o per difetto in modo da rimanere sempre a favore di sicurezza e da ottenere cifre significative che possiedono valore ingegneristico.

Gli Autori

Indice

Capitolo 1

Travi, travature reticolari e strutture isostatiche

1.1 Esercizio 1

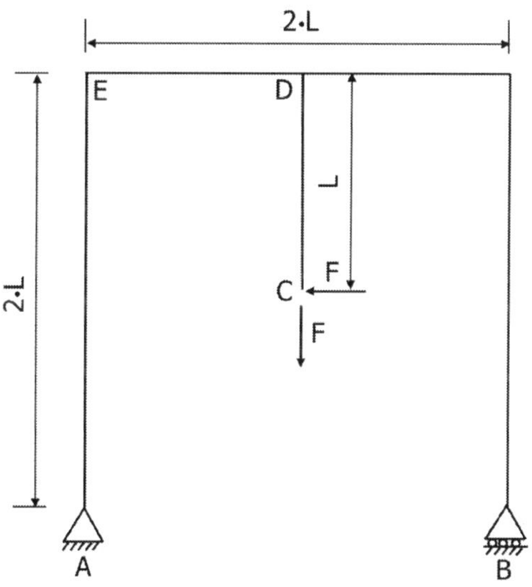

Figura 1.1: Schema strutturale del telaio

Il portale schematizzato in Fig. 1.1 è vincolato in ***A*** e in ***B*** rispettivamente con una cerniera ed un carrello ed è sollecitato nel punto ***C*** da due forze concentrate ***F=10.000N***. Sapendo che la lunghezza ***L=1.000mm*** e che il portale è costituito da tratti di trave a sezione circolare piena di diametro $\boldsymbol{d=110mm}$, determinare le reazioni vincolari in $\boldsymbol{A}$ e $\boldsymbol{B}$, disegnare i diagrammi completi delle sollecitazioni ($\boldsymbol{N}$, $\boldsymbol{T}$, $\boldsymbol{M_f}$) e calcolare il coefficiente di sicurezza minimo per un acciaio avente un limite di snervamento $\boldsymbol{S_y=250MPa}$.

Soluzione

Poiché la struttura è isostatica il calcolo delle reazioni vincolari può essere eseguito utilizzando e risolvendo le sole tre equazioni di equilibrio (due alla traslazione lungo l'asse verticale $\boldsymbol{Y}$ e lungo l'asse orizzontale $\boldsymbol{X}$ ed una alla rotazione attorno ad un qualunque punto della trave). Si considerano, dunque, due reazioni per il vincolo di cerniera in $\boldsymbol{A}$ (una orizzontale $\boldsymbol{X_A}$, ed una verticale $\boldsymbol{Y_A}$) ed una reazione per il vincolo di carrello in $\boldsymbol{B}$ (solo verticale $\boldsymbol{Y_B}$). Come punto di equilibrio alla rotazione si sceglie il punto $\boldsymbol{A}$ in modo da annullare il momento generato dalle due reazioni incognite del vincolo stesso.

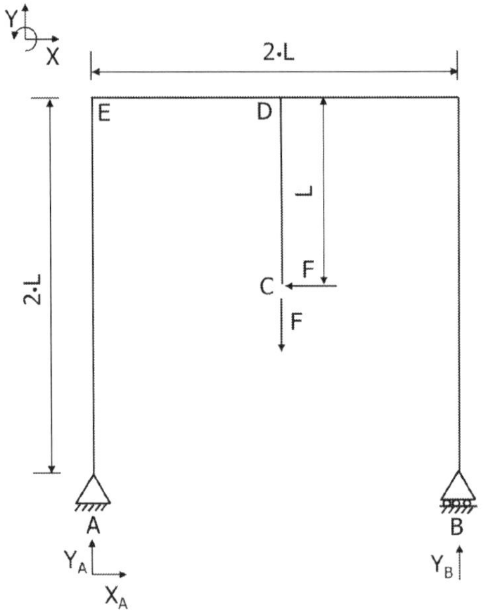

Figura 1.2: Schema strutturale dei vincoli e dei carichi

Si può, quindi, scrivere il sistema di equazioni di equilibrio della struttura secondo i versi delle reazioni vincolari indicati in figura 1.2.

$$\begin{cases} Y_A + Y_B - F = 0 \\ X_A - F = 0 \\ Y_B \cdot 2 \cdot L - F \cdot L + F \cdot L = 0 \end{cases} \tag{1.1}$$

Risolvendo il sistema di equazioni 1.1 si ottengono le seguenti reazioni vincolari:

$$\begin{cases} Y_B = 0 \\ Y_A = F = 10.000\text{N} \\ X_A = F = 10.000\text{N} \end{cases} \tag{1.2}$$

La reazione $\boldsymbol{Y_B}$ risulta pari a ***0*** così come indicato dalla risoluzione del sistema di equazioni 1.1, quindi il vincolo può essere eliminato (Fig. 1.3).

Di seguito si disegnano i diagrammi delle sollecitazioni agenti sulla struttura considerando convenzionalmente positive le reazioni concordi a quelle rappresentate sul concio di trave di Fig. 1.4. Il diagramma del momento flettente si disegna dalla parte delle fibre tese con pendenza negativa ancorché il taglio, cioè la sua derivata $\left(\boldsymbol{T = \frac{dM}{dx}}\right)$ risulti positivo; dunque la pendenza del diagramma dei momenti si disegna sempre, per convenzione, con segno opposto a quello del taglio. I diagrammi dei momenti flettenti si disegnano dopo avere stabilito la linea tratteggiata delle fibre tese che stabilisce il segno positivo così come indicato in Fig. 1.5.

Ne consegue che sulla struttura agisce nel punto ***E*** uno sforzo normale massimo pari a ***N=10.000N***, un taglio massimo pari a ***T=10.000N*** ed un momento flettente massimo pari a ***M$_f$=20.000Nm***. Poiché la trave è costituita da una sezione circolare piena possono essere a questo punto calcolate le tensioni nel modo seguente:

$$\begin{aligned} \sigma_{N\_max} &= \frac{N}{A} = \frac{4 \cdot 10.000}{\pi \cdot 110^2} = 1\text{MPa} \\ \tau_{T\_max} &= \frac{4}{3} \cdot \frac{T}{A} = \frac{4}{3} \cdot \frac{4 \cdot 10.000}{\pi \cdot 110^2} = 1\text{MPa} \\ \sigma_{Mf\_max} &= \pm \frac{M_f}{W_f} = \pm \frac{32 \cdot 20.000.000}{\pi \cdot 110^3} = \pm 153\text{MPa} \end{aligned} \tag{1.3}$$

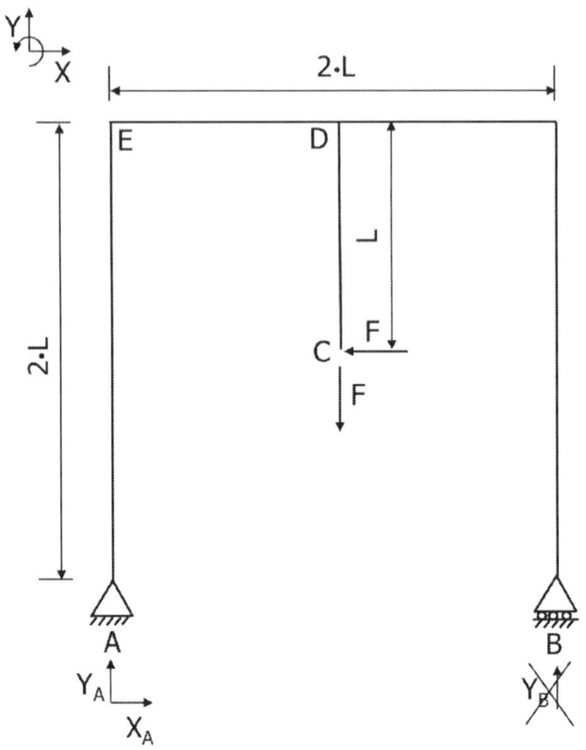

Figura 1.3: Schema strutturale dei vincoli e dei carichi

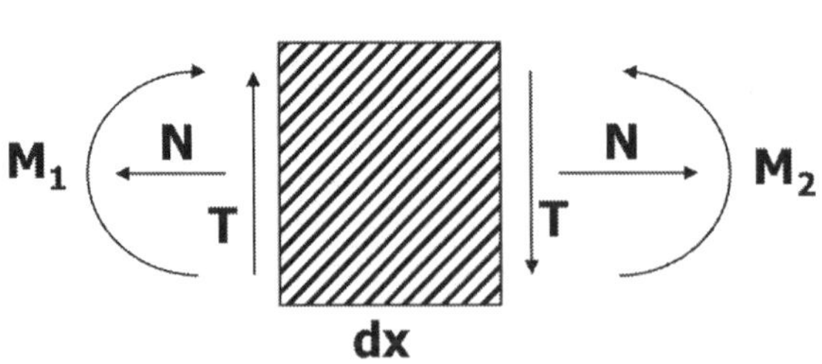

Figura 1.4: Convenzione sui segni

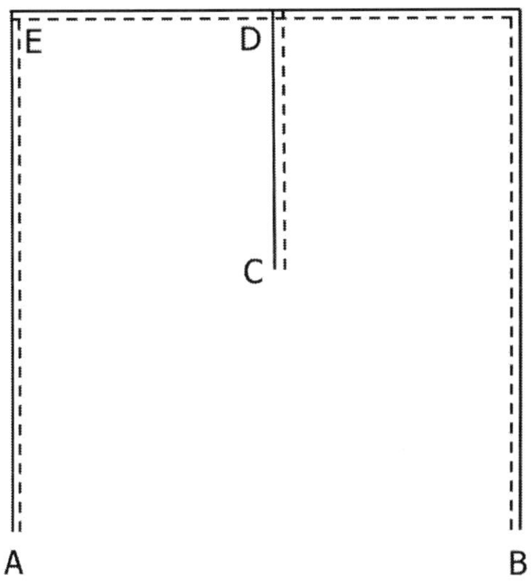

Figura 1.5: Convenzione sulla fibra tesa per il momento flettente

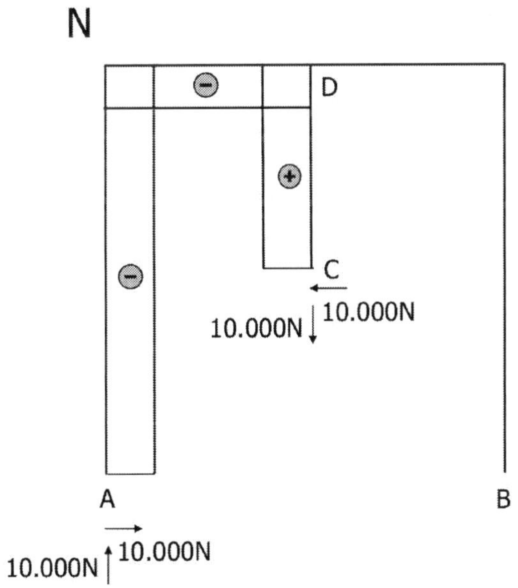

Figura 1.6: Diagramma dello sforzo normale

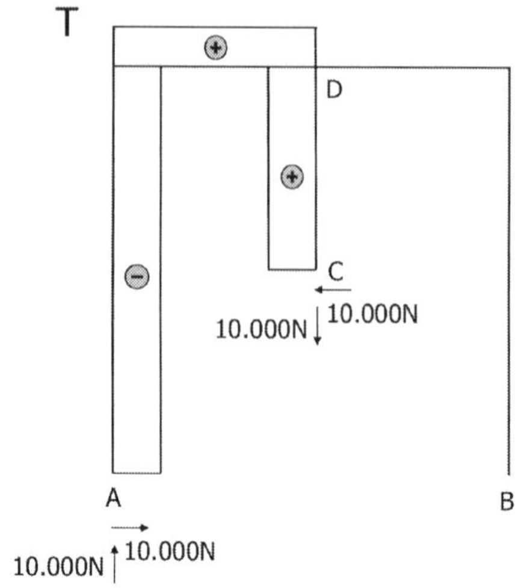

Figura 1.7: Diagramma del taglio

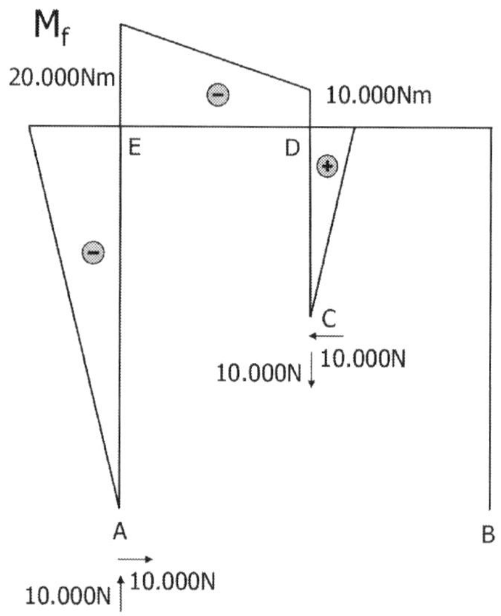

Figura 1.8: Diagramma del momento flettente

La tensione τ di taglio è trascurabile rispetto alla tensione σ_{max} data dalla somma della tensione di momento flettente e di sforzo normale massime. Il coefficiente di sicurezza risulta, dunque, calcolato dalla Eq. 1.4.

$$CS = \frac{S_y}{\sigma_{max}} = \frac{S_y}{\sigma_{N\_max} + \sigma_{Mf\_max}} = \frac{250}{154} = 1,62 \tag{1.4}$$

1.2 Esercizio 2

La trave schematizzata in Fig. 1.9, di lunghezza $\boldsymbol{L=1.000mm}$ e di sezione rettangolare $\boldsymbol{h \cdot b = 20 \cdot 15}$, è vincolata in $\boldsymbol{A}$ e in $\boldsymbol{B}$ rispettivamente con una carrello ed una cerniera ed è sollecitata da un carico uniformemente distribuito $\boldsymbol{q=400\frac{N}{m}}$ (diretto lungo le $\boldsymbol{Y}$ negative rispetto al sistema di riferimento) dal punto $\boldsymbol{C}$ di mezzeria all'estremità $\boldsymbol{B}$ e da una coppia concentrata $\boldsymbol{M=100Nm}$ agente in $\boldsymbol{B}$. Determinare le reazioni vincolari in $\boldsymbol{A}$ e $\boldsymbol{B}$, disegnare i diagrammi delle sollecitazioni sulla trave e calcolare il coefficiente di sicurezza minimo per un acciaio avente un limite di snervamento $\boldsymbol{S_y=300MPa}$.

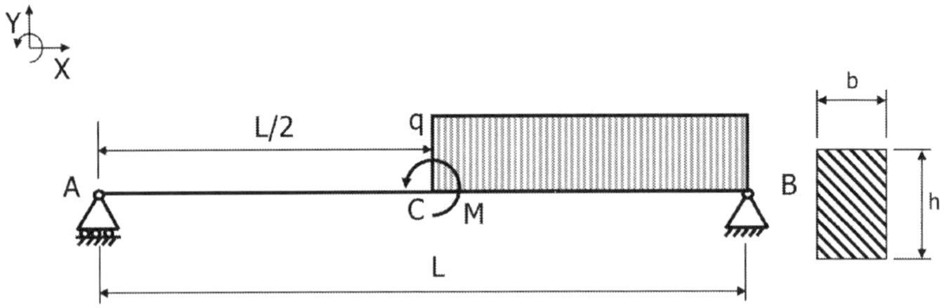

Figura 1.9: Schema strutturale

Soluzione

Poiché la struttura è isostatica il calcolo delle reazioni vincolari può essere eseguito utilizzando e risolvendo le sole tre equazioni di equilibrio (due alla traslazione lungo l'asse verticale $\boldsymbol{Y}$ e lungo l'asse orizzontale $\boldsymbol{X}$ ed una alla rotazione attorno ad un qualunque punto della trave). I carichi $\boldsymbol{q}$ ed $\boldsymbol{M}$ possono essere considerati agenti sia contemporaneamente sia singolarmente e poi applicare il principio di sovrapposizione degli effetti alle reazioni vincolari ottenute. La soluzione proposta terrà conto, prima dell'azione contemporanea dei carichi e poi, per confronto, dei carichi agenti singolarmente. Si considerano, dunque, due reazioni per il vincolo di cerniera in $\boldsymbol{B}$ (una orizzontale $\boldsymbol{X_B}$, ed una verticale $\boldsymbol{Y_B}$) ed una reazione per il vincolo di carrello in $\boldsymbol{A}$ (solo verticale $\boldsymbol{Y_A}$). Come punto di equilibrio alla rotazione si sceglie il punto $\boldsymbol{A}$, in modo da annullare il momento generato dalla reazione incognita del vincolo stesso, oltre a quello prodotto dalla reazione $\boldsymbol{X_B}$ in corrispondenza dell'altro vincolo. Per la determinazione delle reazioni vincolari il carico distribuito viene assunto equivalente ad un carico concentrato $\boldsymbol{Q}$ di intensità pari al prodotto del carico distribuito stesso $\boldsymbol{q}$ per la lunghezza su cui è distribuito $\frac{\boldsymbol{L}}{\boldsymbol{2}}$ e applicato nel baricentro della distribuzione; pertanto $\boldsymbol{Q}$ risulta applicato ad una distanza pari a $\frac{\boldsymbol{L}}{\boldsymbol{4}}$ dal vincolo $\boldsymbol{B}$ come indicato in Fig. 1.10 con un modulo pari a $\boldsymbol{Q=q\cdot\frac{L}{2}=400\cdot 0{,}5=200N}$.

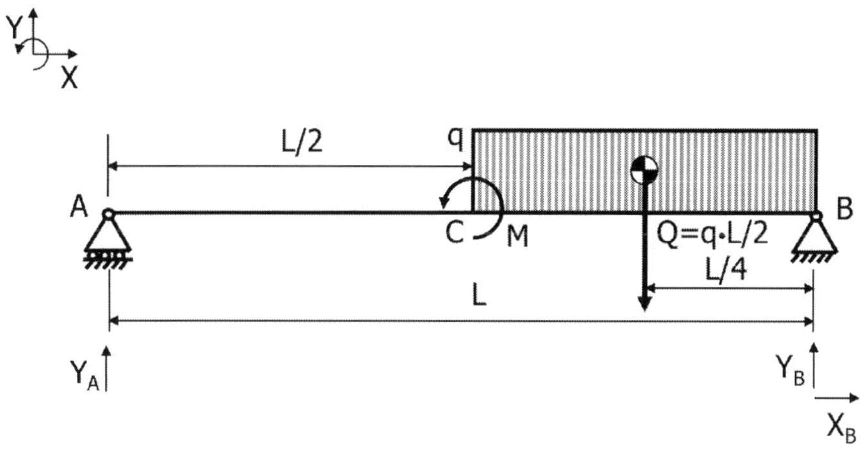

Figura 1.10: Schema strutturale dei vincoli e dei carichi

Si può, quindi, scrivere il sistema di equazioni di equilibrio della struttura secondo i versi delle reazioni vincolari indicati in figura 1.10.

$$\begin{cases} Y_A + Y_B - Q = 0 \\ X_B = 0 \\ Y_B \cdot L - Q \cdot \frac{3}{4} \cdot L + M = 0 \end{cases} \tag{1.5}$$

Risolvendo il sistema di equazioni 1.5 si ottengono le seguenti reazioni vincolari:

$$\begin{cases} X_B = 0 \\ Y_B \cdot 1.000 = 200 \cdot \frac{3}{4} \cdot 1.000 - 100.000 = 50N \\ Y_A = 200 - 50 = 150N \end{cases} \tag{1.6}$$

La reazione $\boldsymbol{X_B}$ risulta dunque pari a $\boldsymbol{0}$ così come indicato dalla risoluzione del sistema di equazioni 1.5, quindi il vincolo può essere eliminato (Fig. 1.11).

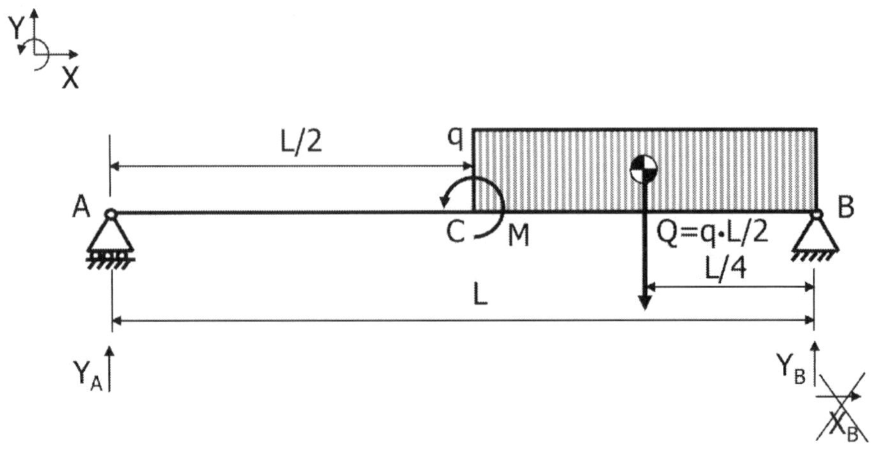

Figura 1.11: Schema strutturale dei vincoli e dei carichi

Di seguito si disegnano i diagrammi delle sollecitazioni agenti sulla struttura considerando convenzionalmente positive le reazioni concordi a quelle rappresentate sul concio di trave di Fig. 1.12. Il diagramma del momento flettente si disegna dalla parte delle fibre tese con pendenza negativa ancorché il taglio, cioè la sua derivata $\left(\boldsymbol{T} = \frac{\mathrm{d}M}{\mathrm{d}x}\right)$ risulti positivo; dunque la pendenza del diagramma dei momenti si disegna sempre, per convenzione, con segno opposto a quello del taglio. Si ricorda inoltre che il carico distribuito risulta essere la derivata prima del taglio $\left(\boldsymbol{q} = \frac{\mathrm{d}T}{\mathrm{d}x}\right)$ ed essendo il taglio, a sua volta, la derivata prima del momento flettente, il carico distribuito equivale alla derivata seconda del momento flettente $\left(\boldsymbol{q} = \frac{\mathrm{d}^2M}{\mathrm{d}x^2}\right)$. Di conseguenza, dove è presente un carico distribuito l'andamento del taglio sarà lineare, mentre il diagramma del momento risulterà parabolico.

Il valore massimo del momento flettente si ha in corrispondenza della mezzeria della trave ovvero nel punto $\boldsymbol{C}$ in cui è applicata la coppia concentrata $\boldsymbol{M}$. Tale punto risulta essere un punto di discontinuità del diagramma del momento, pertanto il valore del momento calcolato immediatamente a sinistra di tale punto ($\boldsymbol{M_{f\_sx}}$) risulta essere differente dal valore del momento calcolato immediatamente a destra ($\boldsymbol{M_{f\_dx}}$).

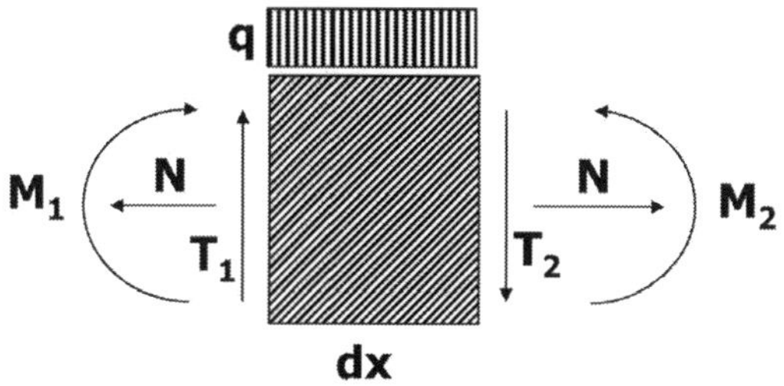

Figura 1.12: Convenzione sui segni

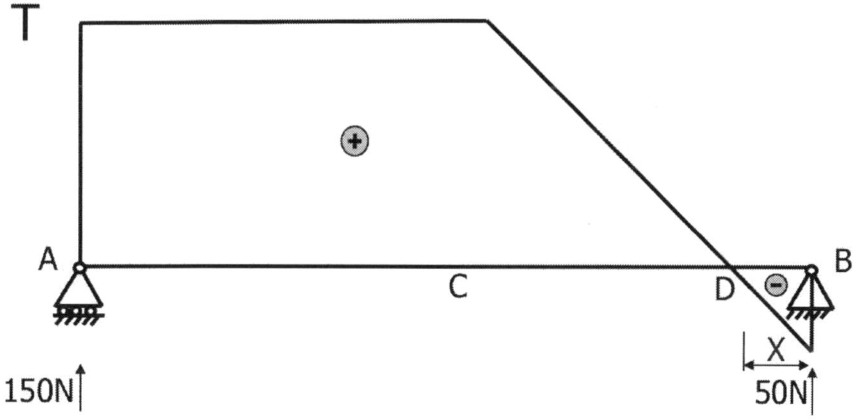

Figura 1.13: Diagramma del taglio

I due valori differiscono di una quantità pari al valore del momento concentrato $\boldsymbol{M}$. Il calcolo del momento massimo eseguito partendo dal punto $\boldsymbol{A}$ è il seguente:

$$M_{f\_sx} = Y_A \cdot \frac{L}{2} = 150 \cdot 500 = 75.000Nmm = 75Nm \qquad (1.7)$$

Il valore del momento flettente immediatamente a destra del punto B vale invece:

$$M_{f\_dx} = M_{f\_sx} - M_f = 75 - 100 = -25Nm \qquad (1.8)$$

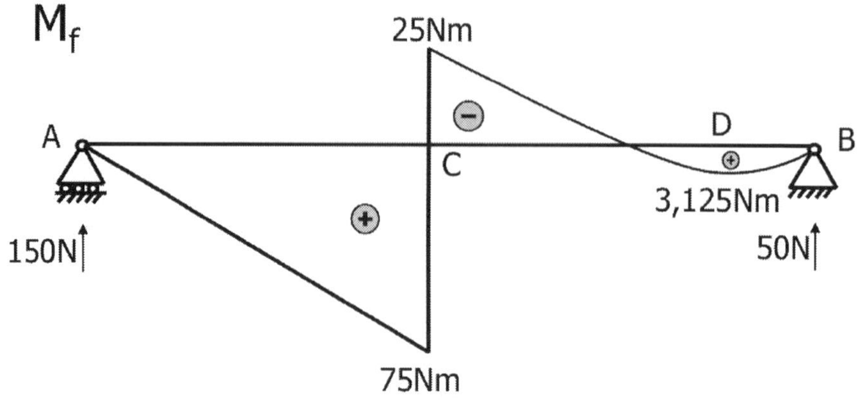

Figura 1.14: Diagramma del momento flettente

Infine, nel tratto parabolico del diagramma il valore del momento flettente in corrispondenza del punto ***D*** in cui il taglio si annulla (punto di massimo relativo) può essere calcolato una vota definita la distanza ***X*** del punto ***D*** rispetto al punto ***B***. Tale distanza si calcola come segue:

$$Y_B - q \cdot X = 0 \quad \Longrightarrow \quad X = \frac{Y_B}{q} = \frac{50}{0,4} = 125mm \tag{1.9}$$

Il valore del momento in ***D*** risulta, dunque, pari a:

$$M_{f\_D} = Y_B \cdot X - q \cdot X \cdot \frac{X}{2} = 50 \cdot 125 - 0,4 \cdot 125 \cdot \frac{125}{2} = 3,125Nm \tag{1.10}$$

Ne consegue che sulla trave agisce nel punto ***C*** uno sforzo di taglio massimo pari a ***T=150N*** ed un momento flettente massimo pari a ***M_f=75Nm***. Poiché la trave è costituita da una sezione rettangolare piena possono essere a questo punto calcolate le tensioni nel modo seguente:

$$\begin{aligned} \tau_{T\_max} &= \frac{3}{2} \cdot \frac{T}{A} = \frac{3}{2} \cdot \frac{150}{15 \cdot 20} = 1\text{MPa} \\ \sigma_{Mf\_max} &= \pm \frac{M_f}{W_f} = \pm \frac{6 \cdot 75.000}{15 \cdot 20^2} = \pm 75\text{MPa} \end{aligned} \tag{1.11}$$

La tensione τ di taglio è trascurabile rispetto alla tensione σ da momento flettente. Il coefficiente di sicurezza minimo risulta, dunque, calcolato dalla Eq. 1.12.

$$CS = \frac{S_y}{\sigma_{Mf\_max}} = \frac{300}{75} = 4 \tag{1.12}$$

Di seguito si calcolano le reazioni vincolari applicando il principio di sovrapposizione degli effetti. L'azione della sola coppia concentrata $\boldsymbol{M}$ in mezzeria produce sui vincoli $\boldsymbol{A}$ e $\boldsymbol{B}$ le seguenti reazioni per le quali il pedice $\boldsymbol{M}$ indica le reazioni dovute al momento.

$$\begin{cases} X_{B\_M} = 0 \\ Y_{A\_M} + Y_{B\_M} = 0 \\ Y_{B\_M} \cdot 1.000 + M = Y_{B\_M} \cdot 1.000 + 100.000 = 0 \end{cases} \tag{1.13}$$

$$\begin{cases} X_{B\_M} = 0 \\ Y_{B\_M} = -100N \\ Y_{A\_M} = 100N \end{cases} \tag{1.14}$$

Per quanto riguarda l'azione del carico distribuito sulla metà di destra della trave questa produce in $\boldsymbol{A}$ e in $\boldsymbol{B}$ le seguenti reazioni per le quali il pedice $\boldsymbol{Q}$ indica le reazioni dovute al carico distribuito.

$$\begin{cases} X_{B\_Q} = 0 \\ Y_{A\_Q} + Y_{B\_Q} - Q = Y_{A\_Q} + Y_{B\_Q} - 200 = 0 \\ Y_{B\_Q} \cdot L - Q \cdot \frac{3}{4} \cdot L = Y_{B\_Q} \cdot 1.000 - 200 \cdot \frac{3}{4} \cdot 1.000 = 0 \end{cases} \tag{1.15}$$

$$\begin{cases} X_{B\_Q} = 0 \\ Y_{B\_Q} = 150N \\ Y_{A\_Q} = 50N \end{cases} \tag{1.16}$$

Le reazioni complessive dei vincoli $\boldsymbol{A}$ e $\boldsymbol{B}$ dovute all'effetto combinato della coppia concentrata e del carico distribuito possono essere calcolate come somma algebrica delle reazioni dovute ai singoli effetti. Pertanto le reazioni totali in $\boldsymbol{A}$ e $\boldsymbol{B}$ sono pari a:

$$\begin{cases} X_B = 0 \\ Y_B = Y_{B\_M} + Y_{B\_Q} = -100 + 150 = 50N \\ Y_A = Y_{A\_M} + Y_{A\_Q} = 100 + 50 = 150N \end{cases} \tag{1.17}$$

La soluzione coincide con quella ricavata dall'analisi della trave considerando entrambe le azioni agenti contemporaneamente.

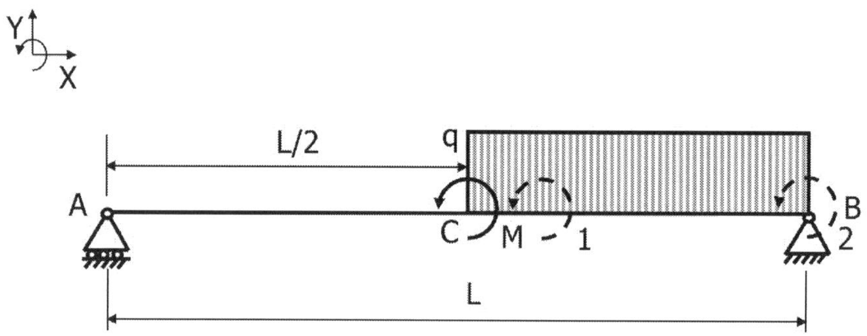

Figura 1.15: Schema strutturale con coppie spostate (tratteggiate)

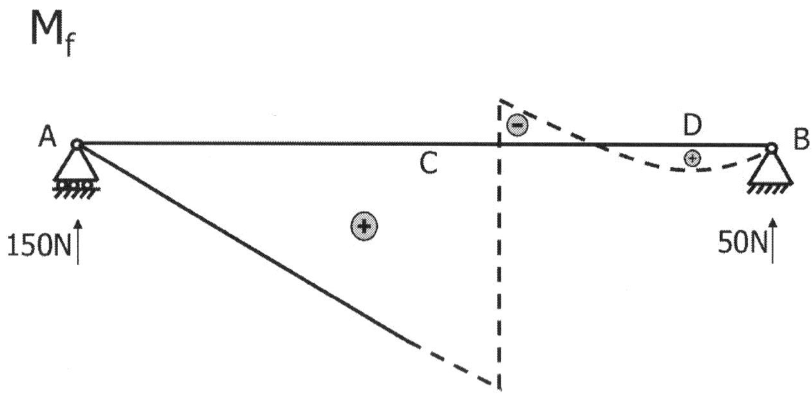

Figura 1.16: Diagramma dei momenti con coppia spostata (1)

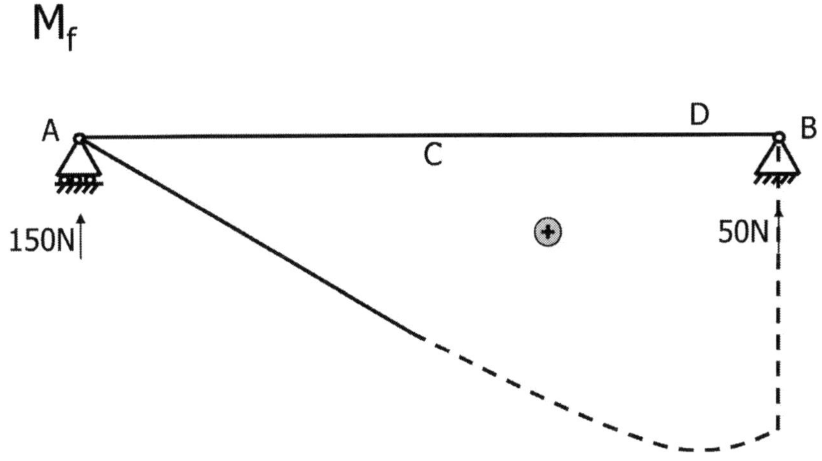

Figura 1.17: Diagramma dei momenti con coppia spostata (2)

Infine è bene sottolineare che, nel caso in cui la coppia concentrata venga spostata rispetto alla mezzeria come indicato dalle coppie tratteggiate riportate in Fig. 1.15, l'unico effetto prodotto è quello di modificare il diagramma del momento flettente. I digrammi che ne derivano sono riportati rispettivamente in Fig. 1.16 e Fig. 1.17. In particolare si può notare che il massimo relativo del momento flettente rimane sempre nel punto ***D*** e, nel caso dello schema di Fig. 1.17 corrispondente ad una coppia concentrata in ***B***, esso corrisponde anche al valore di massimo assoluto pari a $\boldsymbol{M_{max} 100+3,125=103,125Nm}$.

1.3 Esercizio 3

La struttura schematizzata in Fig. 1.18 è realizzata mediante una trave a cassone in acciaio saldata nei punti ***A*** e ***B*** e caricata nei punti ***C*** e ***D*** con forze d'intensità ***F=2.000N***. Conoscendo la lunghezza ***L=1.000mm*** dei tratti di trave e le dimensioni esterne (***b₁=60mm, h₁=100mm***) ed interne (***b₂=50mm, h₂=90mm***) calcolare le reazioni vincolari in ***A*** e ***B***, disegnare i diagrammi delle sollecitazioni (***N, T, Mf***) e calcolare il coefficiente di sicurezza minimo per un acciaio avente un limite di snervamento ***Sy=250MPa***.

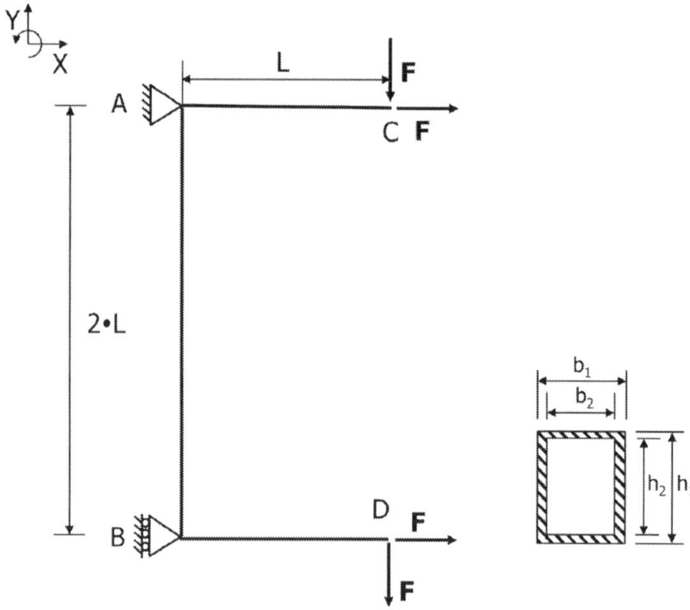

Figura 1.18: Schema della struttura

Soluzione

Poiché la struttura è isostatica il calcolo delle reazioni vincolari può essere eseguito utilizzando e risolvendo le sole tre equazioni di equilibrio (due alla traslazione lungo l'asse verticale ***Y*** e lungo l'asse orizzontale ***X*** ed una alla rotazione attorno ad un qualunque punto della trave). Si considerano, dunque, due reazioni per il vincolo di cerniera in ***A*** (una orizzontale X_A, ed una verticale Y_A) ed una reazione per il vincolo di carrello in ***B*** (solo orizzontale X_B). Come punto di equilibrio alla rotazione si sceglie il punto ***A*** in modo da annullare il momento generato dalle due reazioni incognite del vincolo stesso.

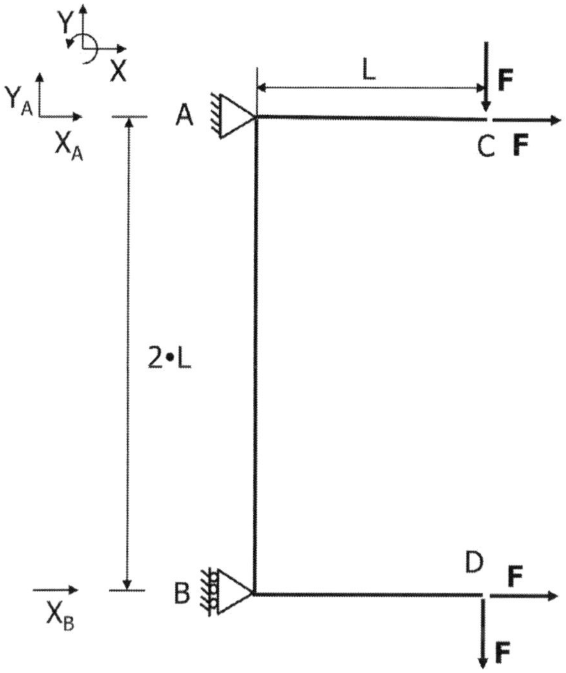

Figura 1.19: Schema strutturale dei vincoli e dei carichi

Si può, quindi, scrivere il sistema di equazioni di equilibrio della struttura secondo i versi delle reazioni vincolari indicati in figura 1.19.

$$\begin{cases} Y_A - 2 \cdot F = 0 \\ X_A + X_B + 2 \cdot F = 0 \\ X_B \cdot 2 \cdot L - 2 \cdot F \cdot L + F \cdot 2 \cdot L = 0 \end{cases} \tag{1.18}$$

Risolvendo il sistema di equazioni 1.18 si ottengono le seguenti reazioni vincolari:

$$\begin{cases} Y_A = 2 \cdot F = 4.000\text{N} \\ X_B = 0 \\ X_A = 0 - 2 \cdot F = -4.000\text{N} \end{cases} \tag{1.19}$$

La reazione $\boldsymbol{X_B}$ risulta pari a ***0*** così come indicato dalla risoluzione del sistema di equazioni 1.19, quindi il vincolo può essere eliminato (Fig. 1.20).

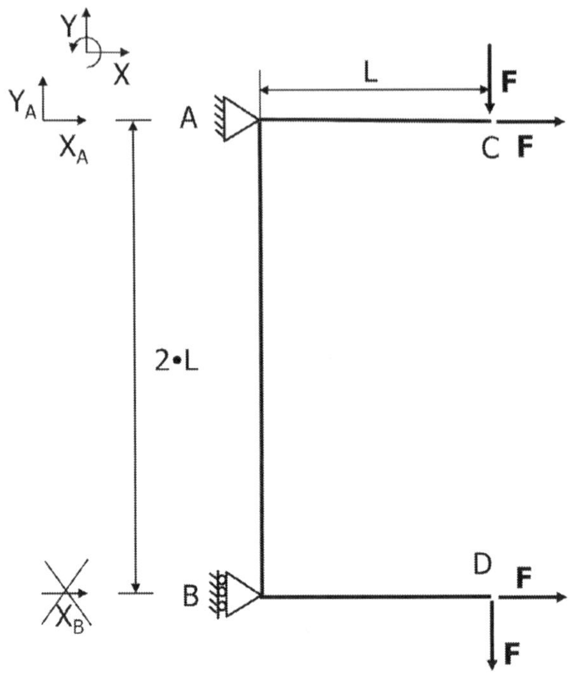

Figura 1.20: Schema strutturale dei vincoli e dei carichi

Di seguito si disegnano i diagrammi delle sollecitazioni agenti sulla struttura considerando convenzionalmente positive le reazioni concordi a quelle rappresentate sul concio di trave di Fig. 1.21. Il diagramma del momento flettente si disegna dalla parte delle fibre tese con pendenza negativa ancorché il taglio, cioè la sua derivata $\left(\boldsymbol{T} = \frac{\mathrm{d}M}{\mathrm{d}x}\right)$ risulti positivo; dunque la pendenza del diagramma dei momenti si disegna sempre, per convenzione, con segno opposto a quello del taglio. I diagrammi dei momenti flettenti si disegnano dopo avere stabilito la linea tratteggiata delle fibre tese che stabilisce il segno positivo così come indicato in Fig. 1.22.

Ne consegue che nei punti ***A*** ed ***B*** della struttura agisce uno sforzo normale massimo pari a ***N=2.000N***, un taglio massimo pari a ***T=2.000N*** ed un momento flettente massimo pari a $\boldsymbol{M_f}$***=2.000Nm.***

Poiché la trave è costituita da una sezione a cassone di dimensioni esterne ($\boldsymbol{b_1}$***=60mm,*** $\boldsymbol{h_1}$***=100mm***) ed interne ($\boldsymbol{b_2}$***=50mm,*** $\boldsymbol{h_2}$***=90mm***),

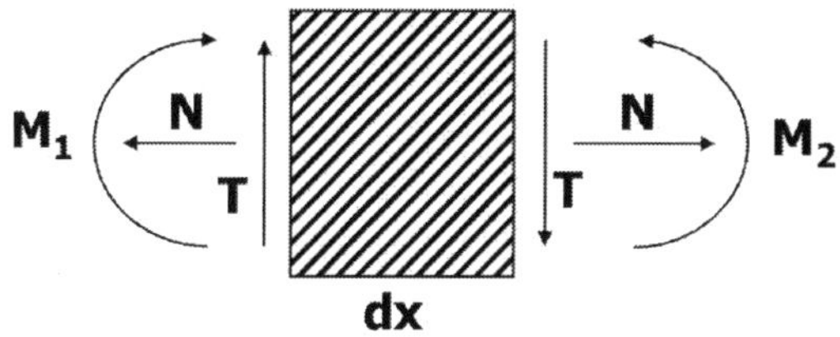

Figura 1.21: Convenzione sui segni

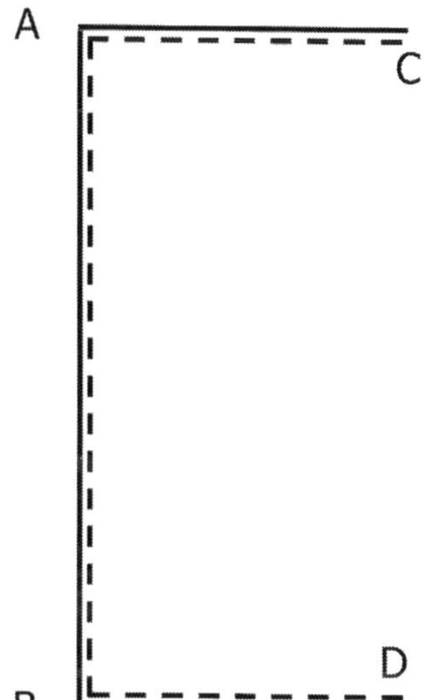

Figura 1.22: Convenzione sulla fibra tesa per il momento flettente

possono essere a questo punto calcolate le tensioni una volta definiti i parametri geometrici $\boldsymbol{I_{Z'-Z'}}$ e $\boldsymbol{S^*}$ nel modo seguente:

$$
\begin{aligned}
I_{Z'-Z'} &= \frac{1}{12} \cdot \left(b_1 \cdot h_1^3 - b_2 \cdot h_2^3\right) = \frac{1}{12} \cdot \left(60 \cdot 100^3 - 50 \cdot 90^3\right) = \\
&= 1.962.500 mm^4 \\
S^* &= b_1 \cdot \frac{h_1 - h_2}{2} \cdot \left(\frac{h_2}{2} + \frac{h_1 - h_2}{4}\right) + 2 \cdot \frac{h_2}{2} \cdot \frac{b_1 - b_2}{2} \cdot \frac{h_2}{4} = \\
&= 60 \cdot \frac{100 - 90}{2} \cdot \left(\frac{90}{2} + \frac{100 - 90}{4}\right) + 2 \cdot \frac{90}{2} \cdot \frac{60 - 50}{2} \cdot \frac{90}{4} = \\
&= 24.375 mm^3
\end{aligned}
\tag{1.20}
$$

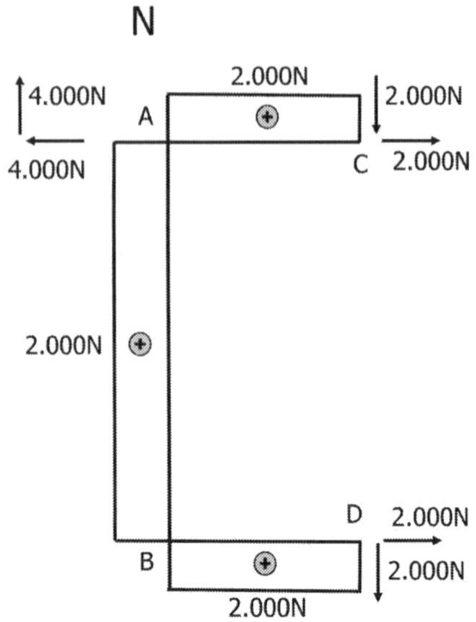

Figura 1.23: Diagramma dello sforzo normale

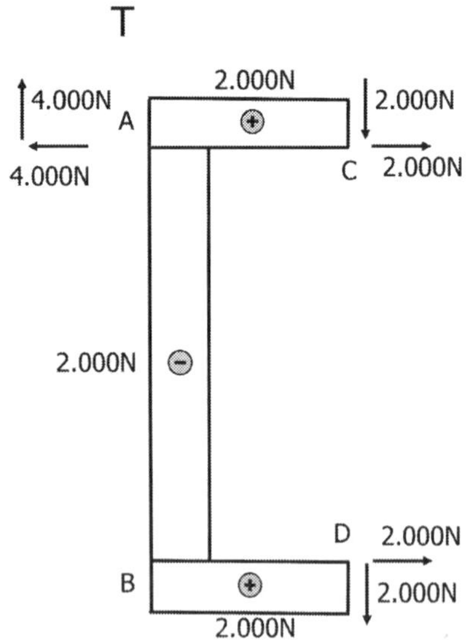

Figura 1.24: Diagramma del taglio

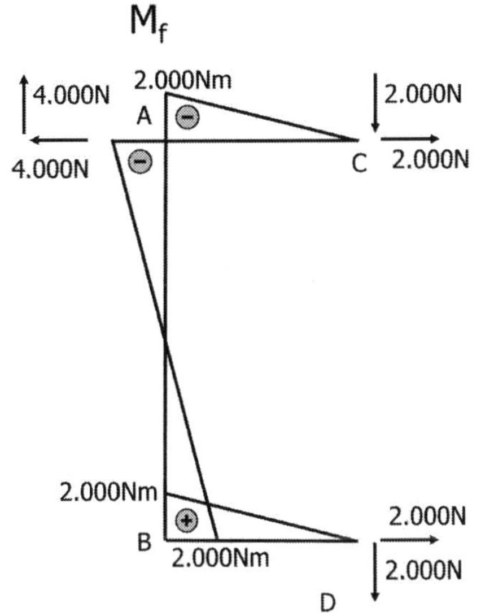

Figura 1.25: Diagramma del momento flettente

$$
\begin{aligned}
\sigma_{N\_max} &= \frac{N}{A} = \frac{2.000}{100 \cdot 60 - 90 \cdot 50} = 1\text{MPa} \\
\tau_{T\_max} &= \frac{T \cdot S^*}{I_{Z'-Z'} \cdot b} = \frac{2.000 \cdot 24.375}{1.962.500 \cdot (60-50)} = 3\text{MPa} \\
\sigma_{Mf\_max} &= \pm\frac{M_f}{W_f} = \pm\frac{M_f \cdot y_{max}}{I_{Z'-Z'}} = \\
&= \pm\frac{2.000.000 \cdot \frac{100}{2}}{1.962.500} = \pm 51\text{MPa}
\end{aligned}
\tag{1.21}
$$

La tensione τ di taglio è trascurabile rispetto alla tensione σ^{max} data dalla somma della tensione di momento flettente e di sforzo normale massime. Il coefficiente di sicurezza risulta, dunque, calcolato dalla Eq. 1.22.

$$
CS = \frac{S_y}{\sigma_{max}} = \frac{S_y}{\sigma_{N\_max} + \sigma_{Mf\_max}} = \frac{250}{52} = 4,81 \tag{1.22}
$$

1.4 Esercizio 4

La struttura schematizzata in Fig. 1.26 è una travatura reticolare realizzata in acciaio da costruzione (**S_y=275MPa**, **E=200.000MPa**), con aste di sezione circolare piena di diametro **d=30mm**. Sapendo che **L=1.000mm** e **F=10kN**, determinare il valore delle reazioni vincolari, calcolare gli sforzi nelle aste ed eseguirne la verifica a carico di punta. Calcolare infine il coefficiente di sicurezza minimo della struttura.

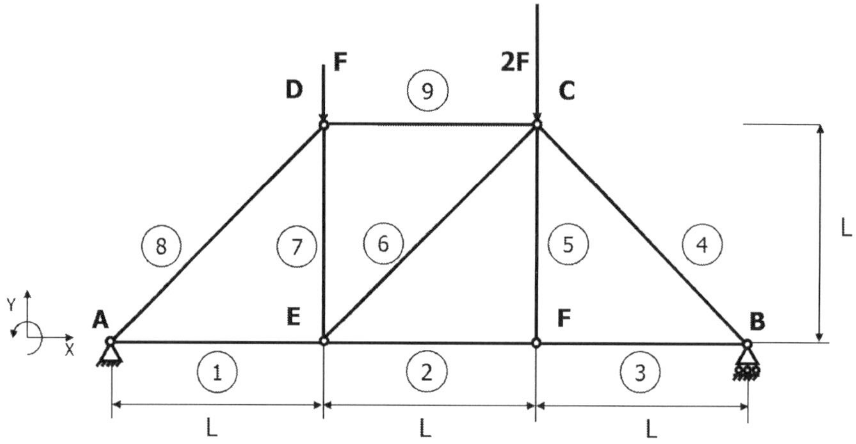

Figura 1.26: Schema della travatura reticolare

Per determinare se una struttura reticolare sia iperstatica, isostatica oppure labile, si può applicare l'equazione 1.23:

$$l = 3 \cdot a - 2 \cdot \sum_{i=1}^{n} (a_i - 1) - V \tag{1.23}$$

In cui $\boldsymbol{l}$ rappresenta il grado di labilità della struttura, $\boldsymbol{a}$ il numero totale di aste di cui la struttura è composta, $\boldsymbol{n}$ il numero totale di nodi, $\boldsymbol{a_i}$ il numero di aste concorrenti nel nodo i-esimo e $\boldsymbol{V}$ il numero di gradi di libertà soppressi dall'insieme dei vincoli esterni. Se $\boldsymbol{l > 0}$ la struttura è labile, se $\boldsymbol{l = 0}$ la struttura è isostatica ed infine se $\boldsymbol{l < 0}$ la struttura è iperstatica. Nel caso in esame si ha:

$$l = 3{\cdot}9{-}2{\cdot}[(2-1)+(2-1)+(4-1)+(3-1)+(4-1)+(3-1)]{-}3 = 0$$

(1.24)

Essendo $\boldsymbol{l} = \mathbf{0}$, la struttura risulta isostatica. Di conseguenza, il calcolo delle reazioni vincolari può essere eseguito risolvendo le sole tre equazioni di equilibrio (traslazione lungo l'asse orizzontale $\boldsymbol{X}$ e lungo l'asse verticale $\boldsymbol{Y}$, e rotazione attorno ad un qualunque punto della struttura). Si considerano, dunque, due reazioni per il vincolo di cerniera in $\boldsymbol{A}$ (una orizzontale $\boldsymbol{X_A}$, ed una verticale $\boldsymbol{Y_A}$) ed una reazione per il vincolo di carrello in $\boldsymbol{B}$ (solo reazione verticale $\boldsymbol{Y_B}$). Come punto di equilibrio alla rotazione si sceglie il punto $\boldsymbol{A}$ in modo da annullare il momento generato dalle due reazioni incognite del vincolo stesso.

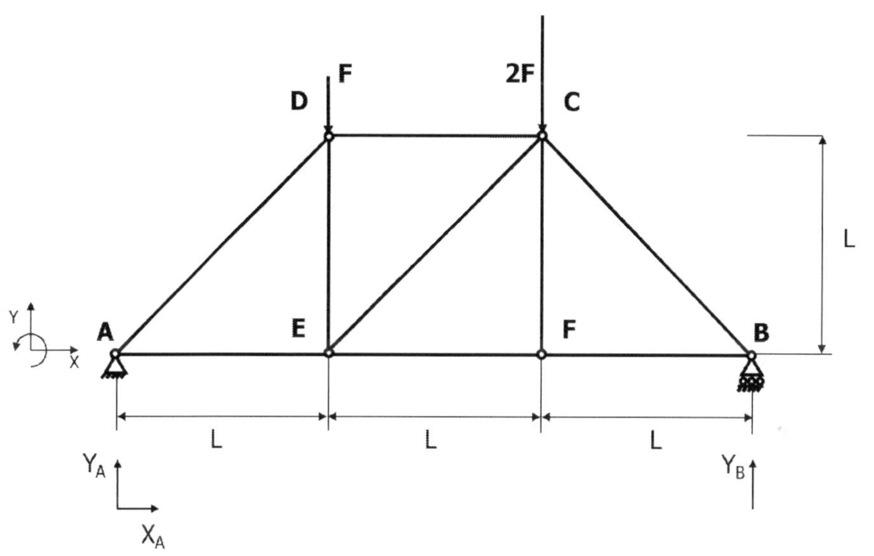

Figura 1.27: Schema strutturale dei vincoli e dei carichi

Si può, quindi, scrivere il sistema di equazioni di equilibrio della struttura secondo i versi delle reazioni vincolari indicati in figura 1.27.

$$\begin{cases} X_A = 0 \\ Y_A + Y_B - 2F - F = 0 \\ Y_B \cdot 3 \cdot L - 2F \cdot 2L - F \cdot L = 0 \end{cases} \tag{1.25}$$

Risolvendo il sistema di equazioni 1.25 si ottengono le seguenti reazioni vincolari:

$$\begin{cases} X_A = 0\text{N} \\ Y_B = \frac{5}{3} \cdot F = 16.667\text{N} \\ Y_A = \frac{4}{3} \cdot F = 13.333\text{N} \end{cases} \tag{1.26}$$

La reazione $\boldsymbol{X_A}$ risulta nulla. Questo è dovuto alla particolare condizione di carico, caratterizzata dalla presenza di sole forze verticali. Ora, facendo riferimento alla numerazione dei nodi e delle aste riportata in Fig. 1.26, si valutano le azioni di trazione o compressione che si generano nelle aste. A tal fine, si impiega il cosiddetto ***metodo dei nodi***: esso consiste nell'isolare un nodo della struttura, ed imporre che tale nodo sia in equilibrio sotto l'azione delle forze esercitate dalle aste che vi concorrono e quella delle (eventuali) forze esterne applicate al nodo stesso. L'operazione va ripetuta per un numero di nodi sufficiente a determinare le azioni in tutte le aste della struttura. Si osserva che la condizione di equilibrio di un nodo fornisce due equazioni (equilibrio alla traslazione orizzontale e verticale), mentre la forza agente in ciascuna asta concorrente nel nodo rappresenta un'incognita. E' quindi necessario cominciare da un nodo in cui concorrano al massimo due aste aventi sollecitazioni incognite. Ad esempio, per il caso in esame è possibile iniziare con la risoluzione solo dal nodo ***A*** o dal nodo ***B***. Ad esempio nel nodo ***A*** concorrono le aste **1** ed **8** con sollecitazioni incognite ed agisce il vincolo esterno $\boldsymbol{Y_A}$, che espleta, in questo caso, solo un'azione verticale.

Essendo le azioni sulle aste **1** ed **8** note in direzione, ma incognite in modulo e verso, le si considera convenzionalmente uscenti dal nodo in esame (il che equivale ad ipotizzare che le relative aste siano soggette a trazione). Poiché tali azioni sono inizialmente incognite, i vettori ad esse associati sono rappresentati in colore più chiaro in Fig. 1.28. La reazione vincolare $\boldsymbol{Y_A}$ è invece completamente nota, pertanto la si computa con il verso effettivo, ossia entrante nel nodo, e la si rappresenta in nero. Facendo riferimento alla nomenclatura di Fig. 1.28, si impongono le condizioni di equilibrio riportate nell'equazione 1.27.

$$\begin{cases} Y_A + N_8 \cdot \sin(45°) = Y_A + N_8 \cdot \frac{\sqrt{2}}{2} = 0 \\ N_1 + N_8 \cdot \cos(45°) = N_1 + N_8 \cdot \frac{\sqrt{2}}{2} = 0 \end{cases} \tag{1.27}$$

Perciò:

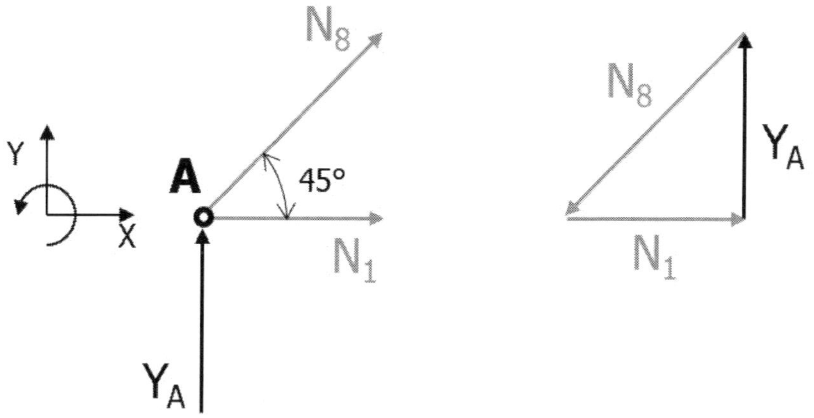

Figura 1.28: Equilibrio del nodo $\boldsymbol{A}$, a destra è mostrato il poligono delle forze

$$\begin{cases} N_8 = -Y_A \cdot \sqrt{2} = -\frac{4 \cdot \sqrt{2}}{3} \cdot 10.000 = -18.856N \\ N_1 = -N_8 \cdot \frac{\sqrt{2}}{2} = \frac{4}{3} \cdot 10.000 = 13.333\text{N} \end{cases} \tag{1.28}$$

Pertanto l'asta **1** è tesa (tirante) mentre l'asta **8** è compressa (puntone). Lo stesso risultato può essere ottenuto per via grafica, costruendo il poligono delle forze mostrato a destra di Fig. 1.28. Nel poligono delle forze, la forza $\boldsymbol{N_8}$ è rappresentata con il suo verso effettivo in quanto il poligono delle forze deve risultare chiuso, e quindi il nodo equilibrato.

Si procede in maniera analoga per il nodo $\boldsymbol{D}$ (Fig 1.29). Poiché il vettore forza $\boldsymbol{N_8}$ risulta adesso completamente noto, avendone determinato modulo e verso con la 1.27 e la 1.28, esso viene rappresentato con il suo verso effettivo, ossia entrante nel nodo $\boldsymbol{D}$. Lo si rappresenta inoltre in nero. I vettori associati alle azioni sulle aste **7** ed **9**, essendo ancora incogniti, si rappresentano invece in colore chiaro. Imponendo la condizione di equilibrio 1.29:

$$\begin{cases} N_8 \cdot \sin(45°) + N_9 = N_8 \cdot \frac{\sqrt{2}}{2} + N_9 = 0 \\ N_8 \cdot \cos(45°) - N_7 - F = N_8 \cdot \frac{\sqrt{2}}{2} - N_7 - F = 0 \end{cases} \tag{1.29}$$

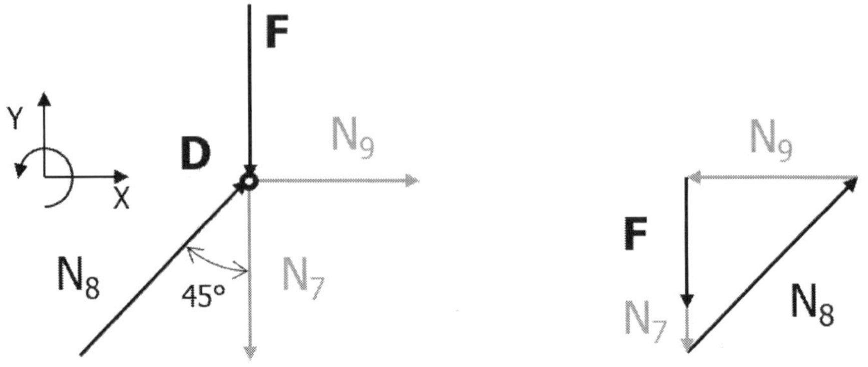

Figura 1.29: Equilibrio del nodo $\boldsymbol{D}$, a destra è mostrato il poligono delle forze

Si ha:

$$\begin{cases} N_9 = -N_8 \cdot \frac{\sqrt{2}}{2} = -\frac{4}{3} \cdot 10.000 = -13.333\text{N} \\ N_7 = N_8 \cdot \frac{\sqrt{2}}{2} - F = \frac{4}{3} \cdot F - F = \frac{1}{3} \cdot 10.000 = 3.333\text{N} \end{cases} \tag{1.30}$$

Ne deriva che l'asta **7** è tesa (tirante) mentre l'asta **9** è compressa (puntone). Di conseguenza, l'asta **9** viene rappresentata nel poligono delle forze di Fig. 1.29 con il suo verso reale, che risulta opposto a quello inizialmente ipotizzato. Poiché non risulta ancora possibile esaminare l'equilibrio del nodo $\boldsymbol{C}$ nel quale concorrono tre aste con forze incognite si procede ad esaminare il nodo $\boldsymbol{E}$.

In questo caso le incognite sono le azioni sulle aste **2** e **6**, e quindi i corrispondenti vettori vengono rappresentati in colore chiaro. Facendo riferimento alla Fig. 1.30, si hanno le seguenti equazioni di equilibrio

$$\begin{cases} N_6 \cdot \sin(45°) + N_7 = N_6 \cdot \frac{\sqrt{2}}{2} + N_7 = 0 \\ N_6 \cdot \cos(45°) + N_2 - N_1 = N_6 \cdot \frac{\sqrt{2}}{2} + N_2 - N_1 = 0 \end{cases} \tag{1.31}$$

Da cui:

$$\begin{cases} N_6 = -N_7 \cdot \sqrt{2} = -\frac{\sqrt{2}}{3} \cdot 10.000 = -4.714\text{N} \\ N_2 = N_1 - N_6 \cdot \frac{\sqrt{2}}{2} = \frac{4}{3} \cdot F + \frac{1}{3} \cdot F = \frac{5}{3} \cdot 10.000 = 16.667\text{N} \end{cases} \tag{1.32}$$

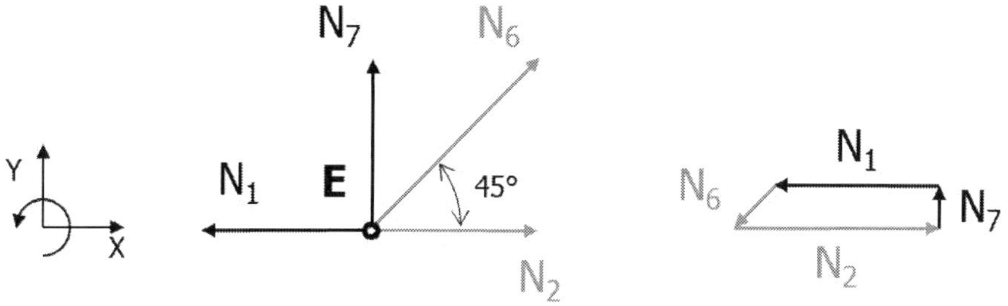

Figura 1.30: Equilibrio del nodo $\boldsymbol{E}$, a destra è mostrato il poligono delle forze

L'asta **2** è un tirante, mentre l'asta **6** è un puntone. Nel poligono delle forze di Fig. 1.30, le azioni associate al nodo $\boldsymbol{E}$ sono mostrate con il loro verso effettivo che porta alla chiusura del poligono e rende il nodo equilibrato. Si passa, dunque, ad esaminare il nodo $\boldsymbol{F}$.

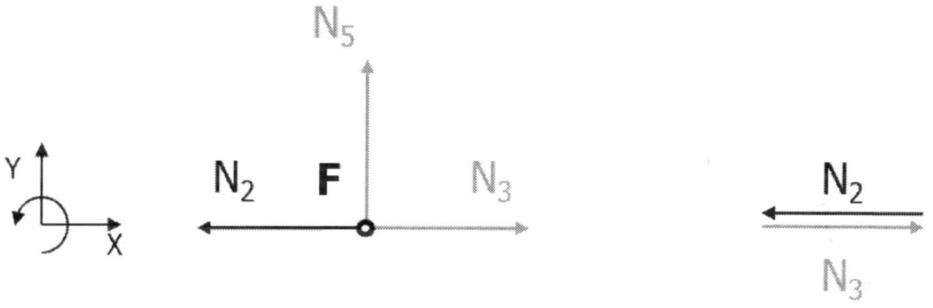

Figura 1.31: Equilibrio del nodo $\boldsymbol{F}$, a destra è mostrato il poligono delle forze

Le incognite (in colore chiaro) sono le azioni nelle aste **3** e **5**, mentre l'azione nell'asta **2** è completamente determinata a seguito del calcolo precedente. Quest'ultima viene quindi rappresentata con il suo verso effettivo ed in colore nero.

$$\begin{cases} N_3 - N_2 = 0 \\ N_5 = 0 \end{cases} \tag{1.33}$$

Da cui:

$$\begin{cases} N_3 = N_2 = 16.667\text{N} \\ N_5 = 0 \end{cases} \tag{1.34}$$

Si può osservare che, affinché il nodo sia equilibrato, l'asta **5** deve essere necessariamente scarica, in quanto un'eventuale sua azione non può essere equilibrata dalle sollecitazioni agenti sul nodo: il nodo non sarebbe, dunque, equilibrato. Il poligono delle forze degenera in due vettori di uguale direzione e modulo, ma opposti in verso, come mostrato a destra di Fig. 1.31. Si passa infine a valutare l'equilibrio del nodo ***B***.

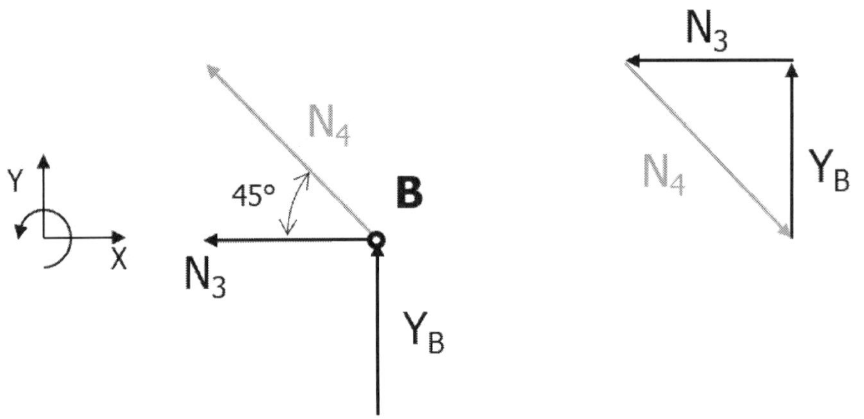

Figura 1.32: Equilibrio del nodo ***B***, a destra è mostrato il poligono delle forze

$$\begin{cases} -N_3 - N_4 \cdot \cos(45°) = -N_3 - N_4 \cdot \frac{\sqrt{2}}{2} = 0 \\ N_4 \cdot \sin(45°) + Y_B = N_4 \cdot \frac{\sqrt{2}}{2} + Y_B = 0 \end{cases} \tag{1.35}$$

Da cui:

$$\begin{cases} N_4 = -N_3 \cdot \sqrt{2} = -23.570\text{N} \\ N_4 = -Y_B \cdot \sqrt{2} = -23.570\text{N} \end{cases} \tag{1.36}$$

L'asta **4** è dunque un puntone. Entrambe le equazioni del sistema 1.35, che esprimono la condizione di equilibrio del nodo ***B***, portano al medesimo risultato per quanto riguarda l'azione sull'asta **4**: questo conferma che i calcoli sono stati svolti correttamente. Ora che i carichi sulle aste sono stati determinati, è opportuno compilare una tabella che riporti nelle righe le varie aste e nelle colonne, da sinistra verso destra, il numero dell'asta, il modulo della sollecitazione, la lunghezza dell'asta e la classificazione ***tirante/puntone***.

Tabella 1.1: Tabella riassuntiva delle azioni sulle aste

Asta	Forza [N]	Lunghezza [mm]	Classificazione
1	13.333	1.000	Tirante
2	16.667	1.000	Tirante
3	16.667	1.000	Tirante
4	23.570	1.414,2	Puntone
5	0	1.000	Scarica
6	4.714	1.414,2	Puntone
7	3.333	1.000	Tirante
8	18.856	1.414,2	Puntone
9	13.333	1.000	Puntone

La tabella riassuntiva 1.1 consente di confrontare rapidamente i carichi cui sono soggette le aste. Si nota così che l'asta **4** è la più sollecitata. Con i dati iniziali si calcolano dapprima le tensioni normali agenti nella sezione dell'asta:

$$A = \pi \cdot \frac{d^2}{4} = 707\text{mm}^2 \tag{1.37}$$

$$\sigma_N = \frac{N_4}{A} = \frac{23.570}{707} = 33\text{MPa} \tag{1.38}$$

E' quindi possibile esprimere il coefficiente di sicurezza ($\boldsymbol{CS}$) dell'asta rispetto al limite di snervamento del materiale $\boldsymbol{S_y = 275MPa}$:

$$CS_{S_y} = \frac{S_y}{\sigma_N} = \frac{275}{33} = 8,3 \tag{1.39}$$

Essendo però l'asta **4** un puntone il coefficiente di sicurezza deve essere valutato anche rispetto ad una possibile instabilità elastica per carico di punta. Si determina, innanzitutto, la tensione critica secondo ***Eulero*** che vale:

$$\sigma_{lim\_Eulero} = \frac{\pi^2 \cdot E}{\lambda^2} \tag{1.40}$$

In cui $\boldsymbol{E}$ rappresenta il modulo di Young del materiale e $\boldsymbol{\lambda}$ rappresenta la snellezza dell'asta. Affinché il sistema sia in sicurezza deve verificarsi la seguente condizione:

$$\sigma_N \leq \sigma_{lim\_Eulero} \tag{1.41}$$

La snellezza $\boldsymbol{\lambda}$, che compare al denominatore della 1.40 è un valore adimensionale e si calcola con la formula:

$$\lambda = \frac{L_e}{\rho_{min}} \tag{1.42}$$

In cui $\boldsymbol{L_e}$ rappresenta la lunghezza equivalente dell'asta e $\boldsymbol{\rho_{min}}$ il raggio minimo d'inerzia della sezione. La lunghezza equivalente (o lunghezza libera d'inflessione) di un elemento snello dipende dalla sua lunghezza $\boldsymbol{L}$ e da come sono vincolati i suoi due estremi. In Fig. 1.33 sono riportati alcuni esempi di vincolamento di elementi snelli, ed i relativi rapporti fra lunghezza equivalente $\boldsymbol{L_e}$ e lunghezza reale $\boldsymbol{L}$.

Le aste di una reticolare sono vincolate con cerniere ideali a ciascun estremo, quindi si ricade nel caso $\boldsymbol{L_e = L}$ (primo esempio da sinistra in Fig. 1.33). Il raggio minimo d'inerzia della sezione dell'asta vale:

$$\rho_{min} = \sqrt{\frac{I_{min}}{A}} = \frac{d}{4} = 7,5\text{mm} \tag{1.43}$$

Di conseguenza l'Eq. 1.42 fornisce:

$$\lambda = \frac{L_e}{\rho_{min}} = \frac{L}{\rho_{min}} = \frac{1414,2}{7,5} = 188,6 \tag{1.44}$$

Essendo ***E=200.000MPa*** per l'acciaio, è ora possibile calcolare la tensione limite di Eulero applicando l'Eq. 1.40:

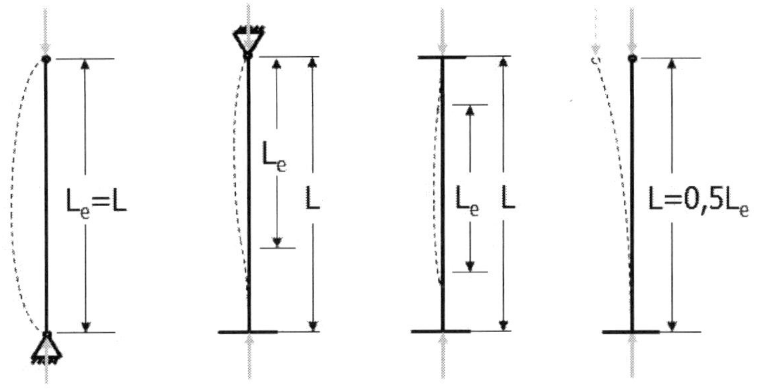

Teorico	$L_e=L$	$L_e=0{,}707\cdot L$	$L_e=0{,}5\cdot L$	$L_e=2\cdot L$
Pratico[1]	$L_e=L$	$L_e=0{,}80\cdot L$	$L_e=0{,}65\cdot L$	$L_e=2{,}1\cdot L$

[1] Fonte AISC

Figura 1.33: Lunghezza equivalente di elementi snelli: alcuni esempi

$$\sigma_{lim\_Eulero} = \frac{\pi^2 \cdot E}{\lambda^2} = \frac{\pi^2 \cdot 200.000}{188,6^2} = 55\text{MPa} < \frac{S_y}{2} \tag{1.45}$$

Si ricorda che la ***formula di Eulero*** è valida se $\sigma_{lim\_Eulero} \leq \frac{S_y}{2}$. In caso contrario è necessario calcolare la tensione limite mediante la ***formula di Johnson***:

$$\sigma_{lim\_Johnson} = S_y - \frac{{S_y}^2 \cdot \lambda^2}{4 \cdot \pi^2 \cdot E} \tag{1.46}$$

Si ha quindi:

$$CS_{Eu} = \frac{\sigma_{lim\_Eulero}}{\sigma_N} = \frac{55}{33} = 1,7 \tag{1.47}$$

Confrontando i due coefficienti di sicurezza trovati, si ha che il minore è quello espresso rispetto all'instabilità per carico di punta e calcolato con la 1.47.

$$CS_{min} = min\left\{CS_{S_y}; CS_{Eu}\right\} = min\left\{8,3; 1,7\right\} = 1,7 \qquad (1.48)$$

1.5 Esercizio 5

La struttura schematizzata in Fig. 1.34 è una travatura reticolare realizzata in acciaio da costruzione con $\boldsymbol{S_y=275MPa}$ ed $\boldsymbol{E=200.000MPa}$. Tutte le aste, eccetto l'asta **3**, hanno sezione circolare piena di diametro $\boldsymbol{d=30mm}$. L'asta **3** è invece realizzata con un tubo tondo di diametro esterno $\boldsymbol{D=76mm}$ e spessore di parete $\boldsymbol{s=3mm}$. Sapendo che $\boldsymbol{L=2.000mm}$ e $\boldsymbol{F=30kN}$, determinare il valore delle reazioni vincolari, calcolare gli sforzi nelle aste ed eseguirne la verifica a carico di punta. Calcolare infine il coefficiente di sicurezza minimo della struttura.

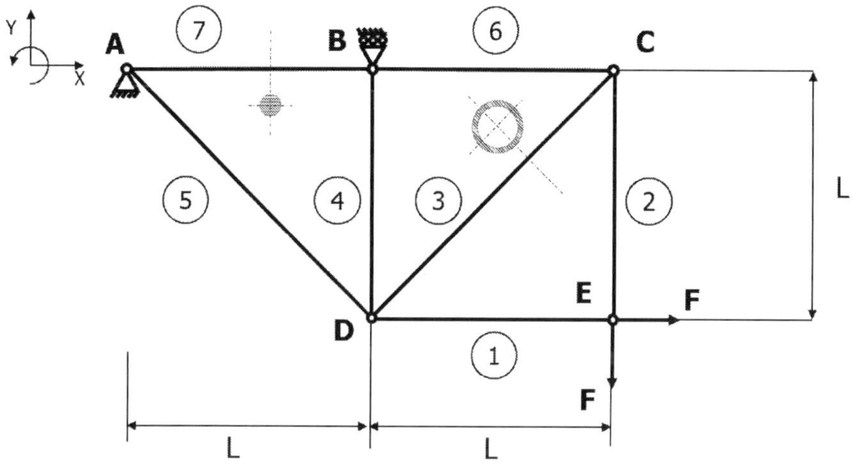

Figura 1.34: Schema della travatura reticolare

Per determinare se una struttura reticolare sia iperstatica, isostatica oppure labile, si può applicare l'equazione 1.49:

$$l = 3 \cdot a - 2 \cdot \sum_{i=1}^{n} (a_i - 1) - V \tag{1.49}$$

In cui $\boldsymbol{l}$ rappresenta il grado di labilità della struttura, $\boldsymbol{a}$ il numero totale di aste di cui la struttura è composta, $\boldsymbol{n}$ il numero totale di nodi, $\boldsymbol{a_i}$ il numero di aste concorrenti nel nodo i-esimo e $\boldsymbol{V}$ il numero di gradi di libertà soppressi dall'insieme dei vincoli esterni. Se $\boldsymbol{l > 0}$ la struttura è labile, se $\boldsymbol{l = 0}$ la struttura è isostatica ed infine se $\boldsymbol{l < 0}$ la struttura è iperstatica. Nel caso in esame si ha:

$$l = 3 \cdot 7 - 2 \cdot [(2-1) + (3-1) + (3-1) + (4-1) + (2-1)] - 3 = 0 \quad (1.50)$$

Essendo $\boldsymbol{l} = \mathbf{0}$, la struttura risulta isostatica. Di conseguenza, il calcolo delle reazioni vincolari può essere eseguito risolvendo le sole tre equazioni di equilibrio (traslazione lungo l'asse orizzontale $\boldsymbol{X}$ e lungo l'asse verticale $\boldsymbol{Y}$, e rotazione attorno ad un qualunque punto della struttura). Si considerano, dunque, due reazioni per il vincolo di cerniera in $\boldsymbol{A}$ (una orizzontale $\boldsymbol{X_A}$, ed una verticale $\boldsymbol{Y_A}$) ed una reazione per il vincolo di carrello in $\boldsymbol{B}$ (solo reazione verticale $\boldsymbol{Y_B}$). Come punto di equilibrio alla rotazione si sceglie il punto $\boldsymbol{A}$ in modo da annullare il momento generato dalle due reazioni incognite del vincolo stesso.

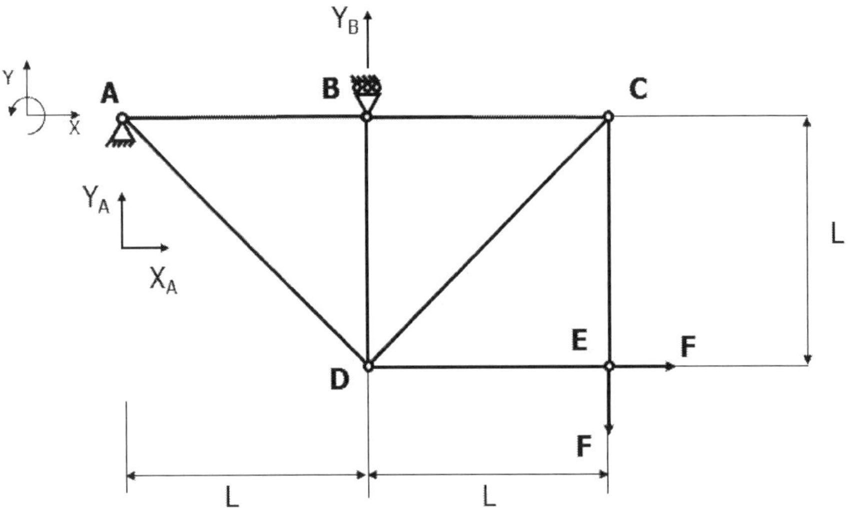

Figura 1.35: Schema strutturale dei vincoli e dei carichi

Si può, quindi, scrivere il sistema di equazioni di equilibrio della struttura secondo i versi delle reazioni vincolari indicati in figura 1.35.

$$\begin{cases} X_A + F = 0 \\ Y_A + Y_B - F = 0 \\ F \cdot L - F \cdot 2L + Y_B \cdot L = 0 \end{cases} \quad (1.51)$$

Risolvendo il sistema di equazioni 1.51 si ottengono le seguenti reazioni vincolari:

$$\begin{cases} X_A = -F = -30.000\text{N} \\ Y_B = F = 30.000\text{N} \\ Y_A = F - Y_B = 0\text{N} \end{cases} \tag{1.52}$$

La reazione $\boldsymbol{Y_A}$ risulta nulla. Ora, facendo riferimento alla numerazione dei nodi e delle aste riportata in Fig. 1.34, si valutano le azioni di trazione o compressione che si generano nelle aste. A tal fine, si impiega il cosiddetto ***metodo dei nodi***: esso consiste nell'isolare un nodo della struttura, ed imporre che tale nodo sia in equilibrio sotto l'azione delle forze esercitate dalle aste che vi concorrono e quella delle (eventuali) forze esterne applicate al nodo stesso. L'operazione va ripetuta per un numero di nodi sufficiente a determinare le azioni in tutte le aste della struttura. Si osserva che la condizione di equilibrio di un nodo fornisce due equazioni (equilibrio alla traslazione orizzontale e verticale), mentre la forza agente in ciascuna asta concorrente nel nodo rappresenta un'incognita. E' quindi necessario cominciare da un nodo in cui concorrano al massimo due aste aventi sollecitazioni incognite. Ad esempio, per il caso in esame, è possibile iniziare con la risoluzione dal nodo $\boldsymbol{A}$, nel quale concorrono le aste **5** ed **7**. Su tale nodo insiste anche il relativo vincolo, che espleta, in questo caso, solo un'azione orizzontale.

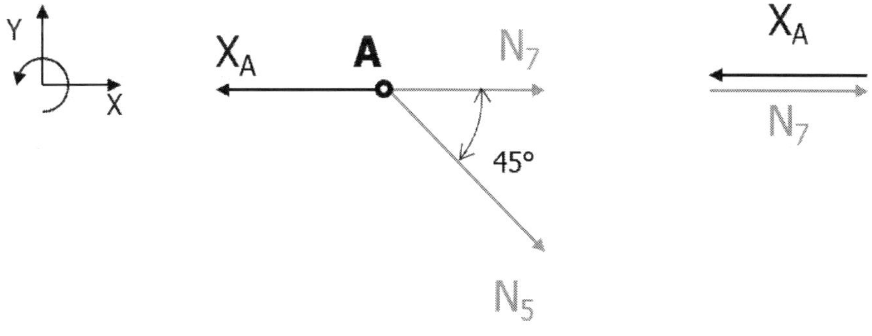

Figura 1.36: Equilibrio del nodo $\boldsymbol{A}$, a destra è mostrato il poligono delle forze

Essendo le azioni sulle aste **5** ed **7** note in direzione, ma incognite in modulo e verso, le si considera convenzionalmente uscenti dal nodo in esame (il che equivale ad ipotizzare che le relative aste siano soggette a trazione). Poiché tali azioni sono inizialmente incognite, i vettori ad esse associati sono rappresentati in colore più chiaro in Fig. 1.36. La reazione vincolare $\boldsymbol{X_A}$ è invece completamente nota, pertanto la si computa con il verso effettivo, ossia entrante nel nodo, e la si rappresenta in nero. Facendo riferimento alla nomenclatura di Fig. 1.36, si impongono le condizioni di equilibrio riportate nell'equazione 1.53.

$$\begin{cases} N_7 + N_5 \cdot \cos(45°) - X_A = N_7 + N_5 \cdot \frac{\sqrt{2}}{2} - X_A = 0 \\ -N_5 \cdot \sin(45°) = -N_5 \cdot \frac{\sqrt{2}}{2} = 0 \end{cases} \tag{1.53}$$

Perciò:

$$\begin{cases} N_5 = 0 \\ N_7 = X_A = 30.000\text{N} \end{cases} \tag{1.54}$$

Pertanto l'asta **5** è scarica, mentre l'asta **7** è tesa (tirante). Lo stesso risultato può essere ottenuto per via grafica, costruendo il poligono delle forze mostrato in Fig. 1.36. Si può osservare che, affinché il nodo sia equilibrato, l'asta **5** deve essere necessariamente scarica, in quanto un'eventuale sua azione non può essere equilibrata dalle sollecitazioni agenti sul nodo: il nodo non sarebbe, dunque, equilibrato. Il poligono delle forze degenera in due vettori di uguale direzione e modulo, ma opposti in verso, come mostrato a destra di Fig. 1.36. Si esamina ora il nodo $\boldsymbol{B}$.

Facendo riferimento alla nomenclatura di Fig. 1.37, si impongono le condizioni di equilibrio riportate nell'equazione 1.55.

$$\begin{cases} N_6 - N_7 = 0 \\ Y_B - N_4 = 0 \end{cases} \tag{1.55}$$

Perciò:

$$\begin{cases} N_6 = N_7 = 30.000\text{N} \\ N_4 = Y_B = 30.000\text{N} \end{cases} \tag{1.56}$$

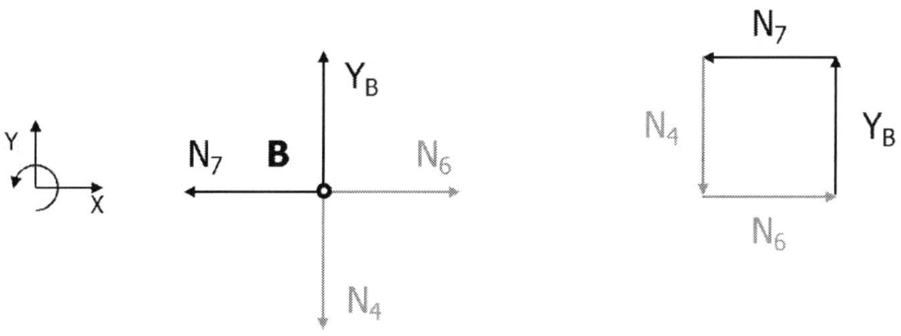

Figura 1.37: Equilibrio del nodo $\boldsymbol{B}$, a destra è mostrato il poligono delle forze

Come si può notare dalle 1.56, i versi ipotizzati inzialmente per le azioni sulle aste **4** e **6** si rivelano corretti, in quanto le corrispondenti forze $\boldsymbol{N_4}$ ed $\boldsymbol{N_6}$ risultano di segno positivo. Il poligono delle forze, mostrato in Fig. 1.37, ha tutti i lati uguali. Essendo il poligono chiuso, il nodo è equilibrato. Si passa ora ad esaminare il nodo $\boldsymbol{C}$.

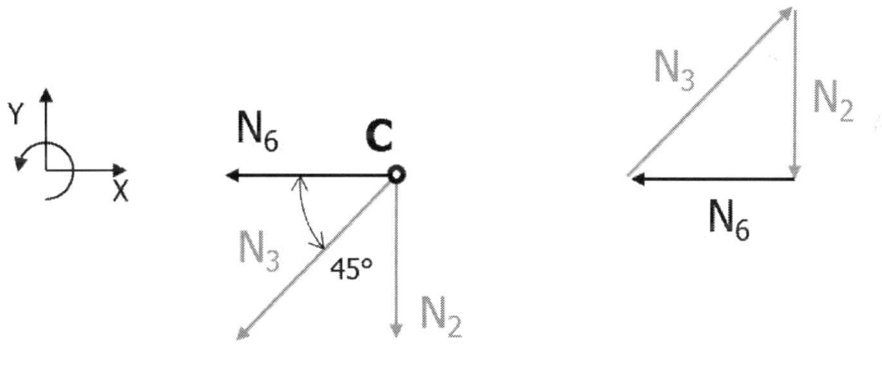

Figura 1.38: Equilibrio del nodo $\boldsymbol{C}$, a destra è mostrato il poligono delle forze

Facendo riferimento alla nomenclatura di Fig. 1.38, si impongono le condizioni di equilibrio riportate nell'equazione 1.57. Poiché completamente determinato per effetto dei calcoli precedenti, il vettore associato all'asta **6** viene ora rappresentato in colore nero.

$$\begin{cases} -N_6 - N_3 \cdot \cos(45°) = -N_6 - N_3 \cdot \frac{\sqrt{2}}{2} = 0 \\ -N_2 - N_3 \cdot \sin(45°) = -N_2 - N_3 \cdot \frac{\sqrt{2}}{2} = 0 \end{cases} \tag{1.57}$$

Perciò:

$$\begin{cases} N_3 = -N_6 \cdot \sqrt{2} = -42.426\text{N} \\ N_2 = -N_3 \cdot \frac{\sqrt{2}}{2} = N_6 = 30.000\text{N} \end{cases} \tag{1.58}$$

Quindi l'asta **2** è tesa (tirante) mentre l'asta **3** è compressa (puntone). Lo stesso risultato può essere ottenuto mediante il poligono delle forze di Fig. 1.38, in cui le azioni associate al nodo ***C*** sono mostrate con il loro verso effettivo. Si passa infine ad esaminare il nodo ***E***.

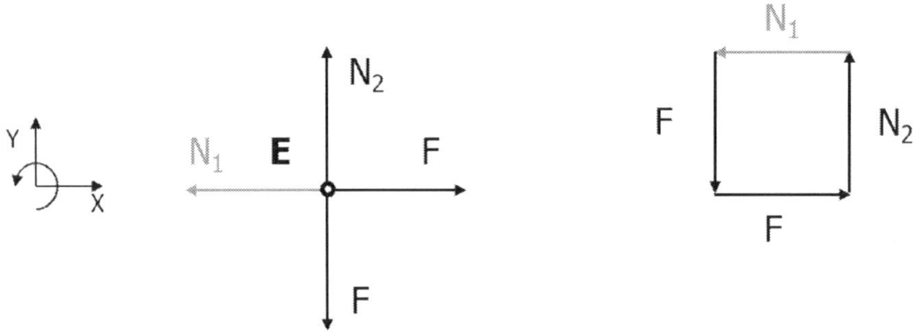

Figura 1.39: Equilibrio del nodo ***E***, a destra è mostrato il poligono delle forze

Facendo riferimento alla nomenclatura di Fig. 1.39, si impongono le condizioni di equilibrio riportate nell'equazione 1.59.

$$\begin{cases} F - N_1 = 0 \\ N_2 - F = 0 \end{cases} \tag{1.59}$$

Perciò:

$$\begin{cases} N_1 = 30.000\text{N} \\ N_2 = 30.000\text{N} \end{cases} \tag{1.60}$$

L'asta **1** è un tirante. Come si può notare dalle 1.60, il verso ipotizzato inzialmente per l'azione sull'asta **1** si rivela corretto, in quanto la corrispondente forza $\boldsymbol{N_1}$ risulta di segno positivo. Il poligono delle forze, mostrato in Fig. 1.39, ha tutti i lati uguali. Essendo il poligono chiuso, il nodo è equilibrato. Dalle 1.60 si può osservare che il valore trovato per $\boldsymbol{N_2}$ conferma quello trovato in precedenza, ossia risolvendo l'equilibrio del nodo $\boldsymbol{C}$ (Eq. 1.58), a conferma della correttezza dei calcoli svolti. Ora che i carichi sulle aste sono stati determinati, è opportuno compilare una tabella che riporti nelle righe le varie aste e nelle colonne, da sinistra verso destra, il numero dell'asta, il modulo della forza cui essa è soggetta, la lunghezza dell'asta e la classificazione ***tirante/puntone***.

Tabella 1.2: Tabella riassuntiva delle azioni sulle aste

Asta	Forza [N]	Lunghezza [mm]	Classificazione
1	30.000	2.000	Tirante
2	30.000	2.000	Tirante
3	42.426	2.828,4	Puntone
4	30.000	2.000	Tirante
5	0	2.828,4	Scarica
6	30.000	2.000	Tirante
7	30.000	2.000	Tirante

La tabella riassuntiva 1.2 consente di confrontare rapidamente i carichi cui sono soggette le aste. Si nota così che l'asta **3** è la più sollecitata. In questo caso non tutte le aste hanno la medesima sezione, quindi è opportuno condurre la verifica sull'asta **3** e su una qualunque delle rimanenti aste aventi carico non nullo. Poiché queste ultime sono tutte soggette alla stessa forza, nonché tutte tiranti, si sceglie di eseguire la verifica sull'asta **1**. Con i dati iniziali si calcolano dapprima le tensioni normali agenti nella sezione dell'asta **1**:

$$A_1 = \pi \cdot \frac{d^2}{4} = 707\text{mm}^2 \tag{1.61}$$

$$\sigma_{N1} = \frac{N_4}{A_1} = \frac{30.000}{707} = 42\text{MPa} \tag{1.62}$$

E' quindi possibile esprimere il coefficiente di sicurezza dell'asta **1** rispetto al limite di snervamento del materiale $\boldsymbol{S_y = 275MPa}$:

$$CS_{S_y 1} = \frac{S_y}{\sigma_{N1}} = \frac{275}{42,4} = 6,5 \tag{1.63}$$

Essendo l'asta **1** un tirante, non sussiste il rischio di instabilità elastica per carico di punta. Si procede dunque alla verifica dell'asta **3**. Con i dati iniziali si calcolano dapprima le tensioni normali agenti nella sezione dell'asta **3**:

$$A_3 = \pi \cdot \frac{D^2 - (D - 2 \cdot s)^2}{4} = 688\text{mm}^2 \tag{1.64}$$

$$\sigma_{N3} = \frac{N_3}{A_3} = \frac{42.426}{688} = 62\text{MPa} \tag{1.65}$$

E' quindi possibile esprimere il coefficiente di sicurezza dell'asta **3** rispetto al limite di snervamento del materiale $\boldsymbol{S_y = 275MPa}$:

$$CS_{S_y 3} = \frac{S_y}{\sigma_{N3}} = \frac{275}{62} = 4,5 \tag{1.66}$$

Essendo però l'asta **3** un puntone, il coefficiente di sicurezza deve essere valutato anche rispetto ad una possibile instabilità elastica per carico di punta. Si determina, innanzitutto, la tensione critica secondo ***Eulero*** che vale:

$$\sigma_{lim\_Eulero} = \frac{\pi^2 \cdot E}{\lambda^2} \tag{1.67}$$

In cui $\boldsymbol{E}$ rappresenta il modulo di Young del materiale e $\boldsymbol{\lambda}$ rappresenta la snellezza dell'asta. Affinché il sistema sia in sicurezza deve verificarsi la seguente condizione:

$$\sigma_{N3} \leq \sigma_{lim\_Eulero} \tag{1.68}$$

La snellezza $\boldsymbol{\lambda}$, che compare al denominatore della 1.67 è un valore adimensionale e si calcola con la formula:

$$\lambda = \frac{L_e}{\rho_{min}} \tag{1.69}$$

In cui $\boldsymbol{L_e}$ rappresenta la lunghezza equivalente dell'asta **3** e $\boldsymbol{\rho_{min}}$ il raggio minimo d'inerzia della relativa sezione. La lunghezza equivalente (o lunghezza libera d'inflessione) di un elemento snello dipende dalla sua lunghezza $\boldsymbol{L}$ e da come sono vincolati i suoi due estremi. In Fig. 1.40 sono riportati alcuni esempi di vincolamento di elementi snelli, ed i relativi rapporti fra lunghezza equivalente $\boldsymbol{L_e}$ e lunghezza reale $\boldsymbol{L}$.

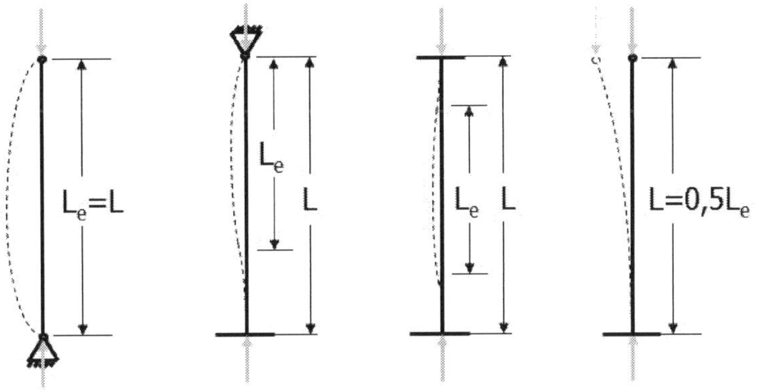

Teorico	L_e=L	L_e=0,707·L	L_e=0,5·L	L_e=2·L
Pratico[1]	L_e=L	L_e=0,80·L	L_e=0,65·L	L_e=2,1·L

[1] Fonte AISC

Figura 1.40: Lunghezza equivalente di elementi snelli: alcuni esempi

Le aste di una reticolare sono vincolate con cerniere ideali a ciascun estremo, quindi si ricade nel caso $\boldsymbol{L_e = L}$ (primo esempio da sinistra in Fig. 1.40). Il raggio minimo d'inerzia della sezione dell'asta **3** vale:

$$\rho_{min} = \sqrt{\frac{I_{3min}}{A_3}} = \sqrt{\frac{\pi \cdot [D^4 - (D - 2 \cdot s)^4]}{64 \cdot A_3}} = 25,8\text{mm} \tag{1.70}$$

Di conseguenza l'Eq. 1.69 fornisce:

$$\lambda = \frac{L_e}{\rho_{min}} = \frac{L}{\rho_{min}} = \frac{2828,4}{25,8} = 109,5 \tag{1.71}$$

Essendo $\boldsymbol{E = 200.000 MPa}$ per l'acciaio, è ora possibile calcolare la tensione limite di Eulero applicando l'Eq. 1.67:

$$\sigma_{lim\_Eulero} = \frac{\pi^2 \cdot E}{\lambda^2} = \frac{\pi^2 \cdot 200.000}{109,5^2} = 165\text{MPa} > \frac{S_y}{2} \tag{1.72}$$

Si ricorda che la ***formula di Eulero*** è valida se $\sigma_{lim\_Eulero} \leq \frac{S_y}{2}$. Poiché in questo caso $\sigma_{lim\_Eulero} > \frac{S_y}{2}$, è necessario calcolare la tensione limite mediante la ***formula di Johnson***:

$$\sigma_{lim\_Johnson} = S_y - \frac{{S_y}^2 \cdot \lambda^2}{4 \cdot \pi^2 \cdot E} \tag{1.73}$$

Si ha quindi:

$$\sigma_{lim\_Johnson} = 275 - \frac{275^2 \cdot 109,5^2}{4 \cdot \pi^2 \cdot 200.000} = 160.2MPa \tag{1.74}$$

Di conseguenza, il coefficiente di sicurezza ($\boldsymbol{CS}$) dell'asta **3** rispetto all'instabilità per carico di punta può essere espresso come:

$$CS_{Jo3} = \frac{\sigma_{lim\_Johnson}}{\sigma_{N3}} = \frac{160}{62} = 2,6 \tag{1.75}$$

Confrontando i due coefficienti di sicurezza trovati, si ha che il minore è quello espresso rispetto all'instabilità per carico di punta e calcolato con la 1.75.

$$CS_{min} = min\left\{CS_{S_y3}; CS_{Jo3}\right\} = min\left\{4,5; 2,6\right\} = 2,6 \tag{1.76}$$

Osservazione:
E' interessante verificare quale sarebbe stato il coefficiente di sicurezza dell'asta **3** rispetto all'instabilità per carico di punta, nel caso in cui tale

asta fosse stata costruita con la medesima sezione circolare piena delle altre aste. In tal caso avremmo avuto:

$$\rho_{min} = \sqrt{\frac{I_{3min}}{A_3}} = \frac{d}{4} = 7,5\text{mm} \tag{1.77}$$

Di conseguenza l'Eq. 1.69 avrebbe fornito:

$$\lambda = \frac{L_e}{\rho_{min}} = \frac{L}{\rho_{min}} = \frac{2828,4}{7,5} = 377,1 \tag{1.78}$$

E quindi:

$$\sigma_{lim\_Eulero} = \frac{\pi^2 \cdot E}{\lambda^2} = \frac{\pi^2 \cdot 200.000}{377,1^2} = 14\text{MPa} < \frac{S_y}{2} \tag{1.79}$$

Di conseguenza, il coefficiente di sicurezza dell'asta **3**, rispetto all'instabilità per carico di punta, sarebbe stato:

$$C.S._{Jo3} = \frac{\sigma_{lim\_Eulero}}{\sigma_{N3}} = \frac{14}{62} = 0,2 \tag{1.80}$$

Quindi l'asta **3** non avrebbe superato la verifica. Essendo l'area della sezione piena di diametro $\boldsymbol{d}$ molto simile all'area della sezione cava di diametro esterno $\boldsymbol{D}$ e spessore $\boldsymbol{s}$, il peso specifico ($\frac{kg}{m}$) dei due profili è circa lo stesso. Si vede quindi che, a parità di peso specifico, l'impiego di profili cavi risulta vantaggioso anche per la realizzazione di elementi snelli soggetti a compressione, perché permette di massimizzare il raggio d'inerzia minimo ovvero di minimizzare la snellezza ed aumentare la tensione limite calcolata secondo Eulero o Johnson.

Capitolo 2

Geometria delle aree, tensioni normali e tangenziali

2.1 Esercizio 1

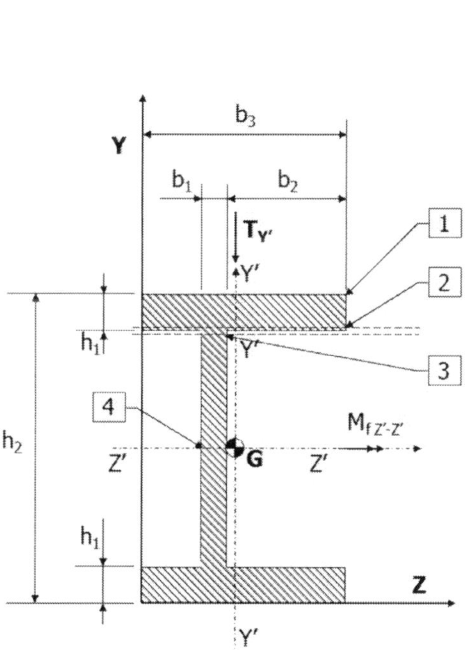

Figura 2.1: La sezione in studio, con sistemi di riferimento, quote, sollecitazioni e punti notevoli

La sezione mostrata in Fig. 2.1 è sollecitata dalla forza di taglio $\boldsymbol{T_{Y'}=40kN}$, e dal momento flettente $\boldsymbol{M_{f\,Z'\text{-}Z'}=18.000Nm}$. Sapendo che $\boldsymbol{b_1=8mm}$, $\boldsymbol{b_2=45mm}$, $\boldsymbol{b_3=80mm}$, $\boldsymbol{h_1=12mm}$ e $\boldsymbol{h_2=150mm}$, calcolare la posizione del baricentro $\boldsymbol{G}$ rispetto agli assi cartesiani ***Z-Y*** e i momenti d'inerzia rispetto agli assi baricentrici ***Z'-Z'*** ed ***Y'-Y'***. In corrispondenza dei punti ***1***, ***2***, ***3*** e ***4*** si valutino successivamente le tensioni normali, quelle tangenziali e le tensioni ideali secondo il criterio di ***Von Mises***. Si tenga presente che i punti ***2*** e ***3*** sono da considerarsi rispettivamente un infinitesimo al di sopra ed un infinitesimo al di sotto (si vedano le linee tratteggiate nella Fig. 2.1), rispetto alla superficie sotto-ala.

Soluzione

Il procedimento risolutivo deve necessariamente partire dalla determinazione della posizione del baricentro $\boldsymbol{G}$, rispetto al sistema di riferimento dato ***Z-Y***. Prima di passare al calcolo pratico delle coordinate del baricentro, è opportuno innanzitutto chiedersi se la sezione presenti degli assi di simmetria. Nel presente caso, si osserva che effettivamente la struttura risulta simmetrica rispetto ad un asse orizzontale, giacente sulla mezzeria della quota $\boldsymbol{h_2}$. L'asse di simmetria risulta sempre baricentrico e principale di inerzia: nel presente caso l'asse baricentrico ***Z'-Z'*** deve necessariamente coincidere con l'asse di simmetria. Si ottiene pertanto immediatamente la quota $\boldsymbol{Y_G}$, Eq. 2.1.

$$Y_G = \frac{h_2}{2} = \frac{150}{2} = 75\text{mm} \tag{2.1}$$

Viceversa, la sezione in studio, non risulta simmetrica rispetto ad alcun asse verticale. Di conseguenza, non si può stabilire a priori la distanza del baricentro rispetto all'asse ***Y-Y***: si può solo ragionevolmente supporre che $\boldsymbol{Z_G}$ sia inferiore a $\boldsymbol{\frac{b_3}{2} = 40mm}$, dato che l'anima risulta spostata verso l'asse ***Y-Y***.

$$Z_G = \frac{S_{Y-Y}}{A} \tag{2.2}$$

La quota orizzontale del baricentro viene calcolata (Eq. 2.2) come rapporto fra il momento statico $\boldsymbol{S_{Y\text{-}Y}}$ riferito all'intera sezione rispetto all'asse ***Y-Y***, e l'area della sezione stessa, $\boldsymbol{A}$. Si può osservare che la

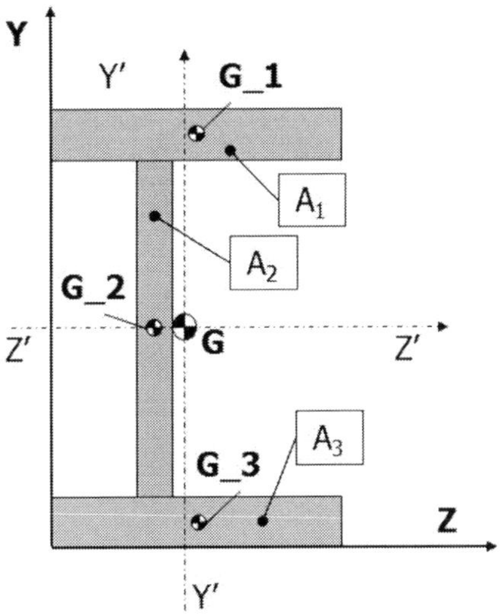

Figura 2.2: Individuazione delle aree $\boldsymbol{A_1}$, $\boldsymbol{A_2}$ e $\boldsymbol{A_3}$ e dei relativi baricentri

sezione è scomponibile in tre rettangoli, le cui superfici $\boldsymbol{A_1}$, $\boldsymbol{A_2}$, $\boldsymbol{A_3}$, sono indicate in Fig. 2.2. Per la proprietà di additività, l'integrale sull'intera sezione $\boldsymbol{A}$, che esprime il momento statico $\boldsymbol{S_{Y\text{-}Y}}$, è decomponibile in tre integrali, rispettivamente sulle sezioni di area $\boldsymbol{A_1}$, $\boldsymbol{A_2}$, $\boldsymbol{A_3}$. Questi tre integrali possono essere valutati facilmente, tramite l'osservazione in Eq. 2.3, che mostra la determinazione della quota orizzontale $\boldsymbol{Z_{G\_1}}$ del baricentro $\boldsymbol{G\_1}$, riferito alla sola porzione di superficie $\boldsymbol{A_1}$.

$$Z_{G\_1} = \frac{\int_{A_1} z\, dA_1}{A_1} \Leftrightarrow \int_{A_1} z\, dA_1 = Z_{G\_1} \cdot A_1 \qquad (2.3)$$

La stessa osservazione vale ovviamente anche per $\boldsymbol{Z_{G\_2}}$ e $\boldsymbol{Z_{G\_3}}$, baricentri delle altre porzioni rettangolari. Le quote di tale baricentri, infine, possono essere facilmente determinate, tramite banali considerazioni di simmetria applicate alle sezioni rettangolari $\boldsymbol{A_1}$, $\boldsymbol{A_2}$, $\boldsymbol{A_3}$.

Il calcolo è, dunque, operato come in Eq. 2.4.

$$\begin{aligned}
Z_G &= \frac{S_{Y-Y}}{A} = \frac{\int_A z\,dA}{A} = \frac{\int_{A_1} z\,dA_1 + \int_{A_2} z\,dA_2 + \int_{A_3} z\,dA_3}{A_1 + A_2 + A_3} = \\
&= \frac{Z_{G_1} \cdot A_1 + Z_{G_2} \cdot A_2 + Z_{G_3} \cdot A_3}{A_1 + A_2 + A_3} = \\
&= \frac{\frac{b_3}{2} \cdot b_3 \cdot h_1 + \left(b_3 - b_2 - \frac{b_1}{2}\right) \cdot b_1 \cdot (h_2 - 2 \cdot h_1) + \frac{b_3}{2} \cdot b_3 \cdot h_1}{b_3 \cdot h_1 + b_1 \cdot (h_2 - 2 \cdot h_1) + b_3 \cdot h_1} = \\
&= \frac{\frac{80}{2} \cdot 80 \cdot 12 + \left(80 - 45 - \frac{8}{2}\right) \cdot 8 \cdot (150 - 2 \cdot 12) + \frac{80}{2} \cdot 80 \cdot 12}{80 \cdot 12 + 8 \cdot (150 - 2 \cdot 12) + 80 \cdot 12} = \\
&= 36,9\text{mm}
\end{aligned} \tag{2.4}$$

Si passa ora alla determinazione dei momenti inerziali baricentrici, ad iniziare da quello rispetto all'asse orizzontale ***Z'-Z'***. Si ricorda in proposito che il momento inerziale è anch'esso esprimibile come un integrale sull'intera sezione ***A***, Eq. 2.5.

$$I_{Z'-Z'} = \int_A y'^2\,dA \tag{2.5}$$

Anche in tal caso si può quindi applicare la proprietà di additività dell'integrale. Si osserva in proposito che l'area ***A*** è data dalla differenza fra un'area rettangolare, avente le dimensioni di ingombro della sezione ***(b₃·h₂)*** e le due aree "vuote" $\boldsymbol{A_4}$ e $\boldsymbol{A_5}$. Si veda al proposito anche la Fig. 2.3. Il momento inerziale può quindi essere calcolato, Eq. 2.6, considerando un contributo di momento d'inerzia, rispetto a ***Z'-Z'***, che tiene conto della sezione $\boldsymbol{(b_3 \cdot h_2)}$, diminuito di due contributi, rispetto a ***Z'-Z'***, relativi alle sezioni $\boldsymbol{A_4}$ e $\boldsymbol{A_5}$. I momenti inerziali sono facilmente calcolabili, in quanto le sezioni sono tutte rettangolari. Inoltre, si rileva che i momenti inerziali delle tre sezioni rispetto a ***Z'-Z'*** sono tutti baricentrici per le sezioni stesse. Questa osservazione è facilmente riscontrabile dall'esame della Fig. 2.3, in cui i baricentri ***G_4*** e ***G_5***, rispettivamente delle superfici $\boldsymbol{A_4}$ e $\boldsymbol{A_5}$ sono rappresentati insieme all'asse ***Z'-Z'***. E' di conseguenza possibile operare il calcolo del momento inerziale, senza dover ricorrere al Teorema di ***Huygens-Steiner***. Quando la geometria o consente, è sempre opportuno procedere in tal senso, per limitare l'aggravio dei calcoli.

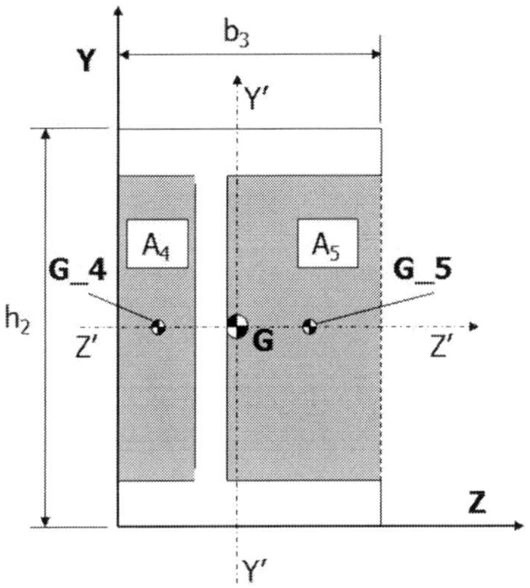

Figura 2.3: Individuazione delle aree "vuote" $\boldsymbol{A_4}$ e $\boldsymbol{A_5}$ e dei relativi baricentri

$$\begin{aligned} I_{Z'-Z'} &= \int_{b_3 \cdot h_2} y'^2 \, d(b_3 \cdot h_2) - \int_{A_4} y'^2 \, dA_4 - \int_{A_5} y'^2 \, dA_5 = \\ &= \frac{1}{12} \cdot b_3 \cdot h_2^3 - \frac{1}{12} \cdot (b_3 - b_2 - b_1) \cdot (h_2 - 2 \cdot h_1)^3 + \\ &- \frac{1}{12} \cdot b_2 \cdot (h_2 - 2 \cdot h_1)^3 = \\ &= \frac{1}{12} \cdot 80 \cdot 150^3 - \frac{1}{12} \cdot (80 - 45 - 8) \cdot (150 - 2 \cdot 12)^3 + \\ &- \frac{1}{12} \cdot 45 \cdot (150 - 2 \cdot 12)^3 = \\ &= 10.497.744 \text{mm}^4 \end{aligned} \tag{2.6}$$

Allo stesso modo si può procedere per il calcolo del momento inerziale rispetto all'asse verticale ***Y'-Y'***, $\boldsymbol{I_{Y'-Y'}}$. Sempre sulla base della proprietà dell'additività, esso sarà valutato, sommando i tre contributi di momento d'inerzia, calcolati rispetto all'asse ***Y'-Y'***, relativamente alle già citate sezioni $\boldsymbol{A_1}$, $\boldsymbol{A_2}$ e $\boldsymbol{A_3}$ di Fig. 2.2. Si osservi che in tal caso è inevitabile dover fare ricorso al Teorema di ***Huygens-Steiner***. Si veda l'Eq. 2.7.

$$\begin{aligned}
I_{Y'-Y'} &= \int_A z'^2\, dA = \int_{A_1} z'^2\, dA_1 + \int_{A_2} z'^2\, dA_2 + \int_{A_3} z'^2\, dA_3 = \\
&= 2 \cdot \left[\frac{1}{12} \cdot h_1 \cdot b_3^3 + h_1 \cdot b_3 \cdot \left(\frac{b_3}{2} - Z_G\right)^2\right] + \\
&+ \frac{1}{12} \cdot (h_2 - 2 \cdot h_1) \cdot b_1^3 + \\
&+ (h_2 - 2 \cdot h_1) \cdot b_1 \cdot \left(Z_G - \left(b_3 - b_2 - \frac{b_1}{2}\right)\right)^2 = \\
&= 2 \cdot \left[\frac{1}{12} \cdot 12 \cdot 80^3 + 12 \cdot 80 \cdot \left(\frac{80}{2} - 36,9\right)^2\right] + \\
&+ \frac{1}{12} \cdot (150 - 2 \cdot 12) \cdot 8^3 + \\
&+ (150 - 2 \cdot 12) \cdot 8 \cdot \left(36,9 - \left(80 - 45 - \frac{8}{2}\right)\right)^2 = \\
&= 1.082.916 \text{mm}^4
\end{aligned} \tag{2.7}$$

Si passa ora al computo delle tensioni nei punti indicati in Fig. 2.1 di pag. 45. Verranno indicate con il simbolo $\boldsymbol{\sigma}$ le tensioni normali da momento flettente, con $\boldsymbol{\tau}$ le tensioni tangenziali da taglio e con $\boldsymbol{\sigma_{VM}}$ le tensioni normali equivalenti secondo il criterio di ***Von Mises***. Opportuni pedici, ***1***, ***2***, ***3***, ***4***, verranno inoltre aggiunti, con riferimento ai punti notevoli di Fig. 2.1.

Punto 1:
E' evidente che in tale punto, giacente sul bordo superiore, la tensione normale è massima, mentre la tensione tangenziale è nulla. La tensione normale $\boldsymbol{\sigma_1}$ è espressa dall'Eq. 2.8, in cui il termine $\boldsymbol{y_1}$ rappresenta la distanza fra il punto ***1*** e l'asse neutro, coincidente con l'asse baricentrico ***Z'-Z'***.

$$\sigma_1 = \frac{M_{f\,Z'-Z'}}{I_{Z'-Z'}} \cdot y_1 = \frac{M_{f\,Z'-Z'}}{I_{Z'-Z'}} \cdot \frac{h_2}{2} = \frac{18.000 \cdot 10^3}{10.497.744} \cdot \frac{150}{2} = 129\text{MPa} \tag{2.8}$$

La tensione tangenziale $\boldsymbol{\tau_1}$ secondo la formula di ***Jourawsky*** è espressa dall'Eq. 2.9, in cui il termine $\boldsymbol{S^*_{Z'-Z'_1}}$ rappresenta il momento statico rispetto all'asse baricentrico ***Z'-Z'***, riferito al segmento che costituisce il bordo superiore della sezione. Ovviamente, tale momento statico è nullo, e di conseguenza nulla risulta la tensione tangenziale.

$$\tau_1 = \frac{S^*_{Z'-Z'_1} \cdot T_{Y'}}{I_{Z'-Z'} \cdot b_3} = 0 \tag{2.9}$$

Infine, la tensione equivalente secondo ***Von Mises***, $\boldsymbol{\sigma_{VM_1}}$, risulta esprimibile come in Eq. 2.10 ed è evidentemente uguale alla $\boldsymbol{\sigma_1}$.

$$\sigma_{VM_1} = \sqrt{\sigma_1^2 + 3 \cdot \tau_1^2} = \sigma_1 = 129\text{MPa} \tag{2.10}$$

Punto 2:
La tensione normale deve essere calcolata secondo l'Eq. 2.11, in cui il termine $\boldsymbol{y_2}$ indica ora la distanza del punto ***2*** rispetto all'asse ***Z'-Z'***.

$$\begin{aligned}\sigma_2 &= \frac{M_{f\,Z'-Z'}}{I_{Z'-Z'}} \cdot y_2 = \frac{M_{f\,Z'-Z'}}{I_{Z'-Z'}} \cdot \left(\frac{h_2}{2} - h_1\right) = \\ &= \frac{18.000 \cdot 10^3}{10.497.744} \cdot \left(\frac{150}{2} - 12\right) = 108\text{MPa}\end{aligned} \tag{2.11}$$

La tensione tangenziale deve essere calcolata secondo l'Eq. 2.12, in cui il termine $\boldsymbol{S^*_{Z'-Z'_2}}$ rappresenta il momento statico rispetto all'asse baricentrico ***Z'-Z'*** riferito al rettangolo, evidenziato in Fig. 2.4.

$$\begin{aligned}\tau_2 &= \frac{S^*_{Z'-Z'_2} \cdot T_{Y'}}{I_{Z'-Z'} \cdot b_3} = \frac{\left(h_2 - \frac{h_1}{2} - Y_G\right) \cdot b_3 \cdot h_1 \cdot T_Y}{I_{Z'-Z'} \cdot b_3} = \\ &= \frac{\left(150 - \frac{12}{2} - 75\right) \cdot 80 \cdot 12 \cdot 40 \cdot 10^3}{10.497.744 \cdot 80} = 3,2\text{MPa}\end{aligned} \tag{2.12}$$

Infine, la tensione equivalente secondo ***Von Mises***, $\boldsymbol{\sigma_{VM_2}}$, risulta esprimibile come in Eq. 2.13.

$$\sigma_{VM_2} = \sqrt{\sigma_2^2 + 3 \cdot \tau_2^2} = \sqrt{108^2 + 3 \cdot (3,2)^2} = 108\text{MPa} \approx \sigma_2 \tag{2.13}$$

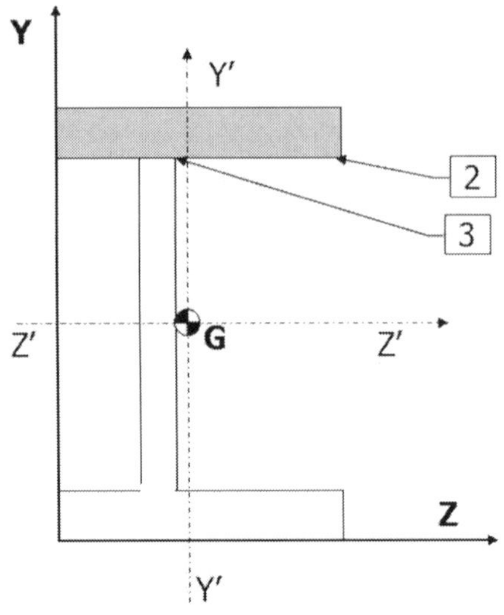

Figura 2.4: Porzione di sezione da considerare nella valutazione del momento statico per l'applicazione della formula di ***Jourawsky*** (punti ***2*** e ***3***)

Punto 3:
La tensione normale $\boldsymbol{\sigma_3}$ è evidentemente uguale alla $\boldsymbol{\sigma_2}$ prima calcolata. La tensione tangenziale può essere calcolata tramite un'espressione analoga all'Eq. 2.13, in cui tuttavia si deve considerare a denominatore il solo spessore dell'anima $\boldsymbol{b_1}$, anziché la larghezza dell'ala $\boldsymbol{b_3}$ come indicato nell'Eq. 2.14.

$$\begin{aligned}\tau_3 &= \frac{S^*_{Z'-Z'_2} \cdot T_{Y'}}{I_{Z'-Z'} \cdot b_1} = \frac{\left(h_2 - \frac{h_1}{2} - Y_G\right) \cdot b_3 \cdot h_1 \cdot T_{Y'}}{I_{Z'-Z'} \cdot b_1} = \\ &= \frac{\left(150 - \frac{12}{2} - 75\right) \cdot 80 \cdot 12 \cdot 40 \cdot 10^3}{10.497.744 \cdot 8} = 32\text{MPa}\end{aligned} \tag{2.14}$$

Infine, la tensione equivalente secondo ***Von Mises***, $\boldsymbol{\sigma_{VM_3}}$, risulta esprimibile come in Eq. 2.15.

$$\sigma_{VM_3} = \sqrt{\sigma_3^2 + 3 \cdot \tau_3^2} = \sqrt{108^2 + 3 \cdot 32^2} = 121\text{MPa} \tag{2.15}$$

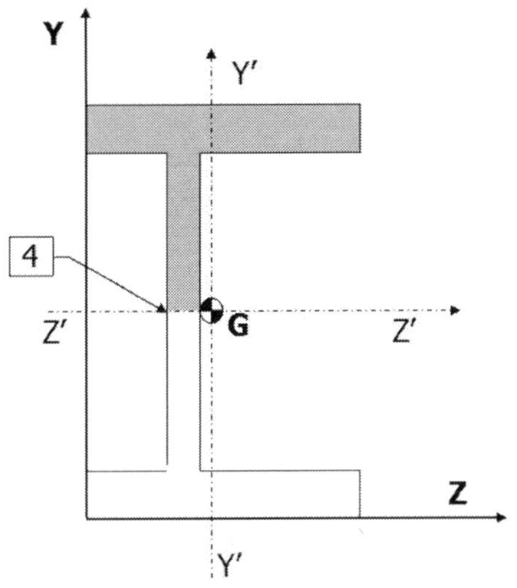

Figura 2.5: Porzione di sezione da considerare nella valutazione del momento statico per l'applicazione della formula di ***Jourawsky*** (punto *4*)

Punto 4:
La tensione normale $\boldsymbol{\sigma_4}$ è ovviamente nulla, in quanto il punto *4* giace sull'asse neutro. Viceversa, risulta massima la tensione tangenziale da taglio $\boldsymbol{\tau_4}$. Applicando la formula di ***Jourawsky***, si ottiene, Eq. 2.16.

$$\begin{aligned}\tau_4 &= \frac{S^*_{Z'-Z'_4} \cdot T_{Y'}}{I_{Z'-Z'} \cdot b_1} = \\ &= \frac{\left[\left(h_2 - \frac{h_1}{2} - Y_G\right) \cdot b_3 \cdot h_1 + \frac{h_2 - h_1 - Y_G}{2} \cdot b_1 \cdot (h_2 - h_1 - Y_G)\right] \cdot T_{Y'}}{I_{Z'-Z'} \cdot b_1} = \\ &= \frac{\left[\left(150 - \frac{12}{2} - 75\right) \cdot 80 \cdot 12 + \frac{150-12-75}{2} \cdot 8 \cdot (150 - 12 - 75)\right] \cdot 40 \cdot 10^3}{10.497.744 \cdot 8} = \\ &= 39\text{MPa}\end{aligned} \tag{2.16}$$

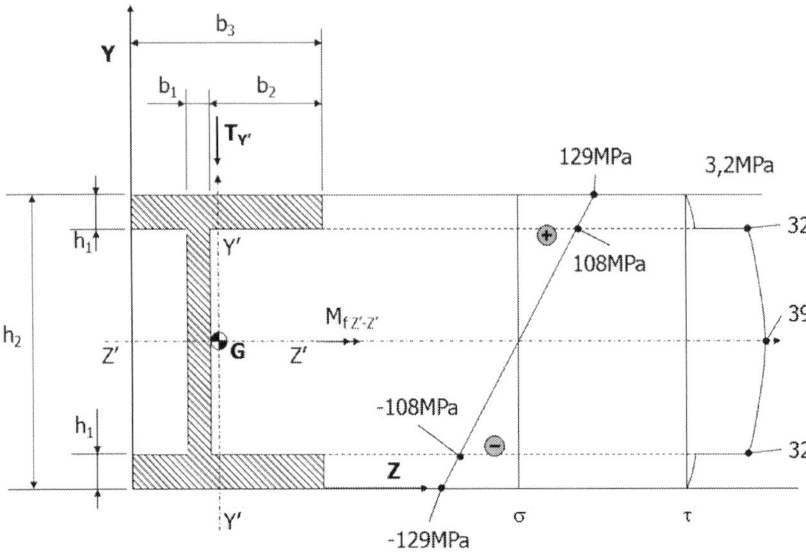

Figura 2.6: Andamento delle tensioni normali $\boldsymbol{\sigma}$ e delle tensioni tangenziali $\boldsymbol{\tau}$ nella sezione

Nell'applicazione dell'Eq. 2.16 occorre tenere presente che il termine $S^*_{Z'-Z'_4}$ fa riferimento al momento statico rispetto all'asse ***Z'-Z'*** della porzione di sezione evidenziata in Fig. 2.5. Tale momento statico può essere facilmente valutato, utilizzando la proprietà dell'additività.

Infine, la tensione equivalente secondo ***Von Mises***, $\boldsymbol{\sigma_{VM_4}}$, risulta esprimibile come in Eq. 2.17.

$$\sigma_{VM_4} = \sqrt{\sigma_4^2 + 3 \cdot \tau_4^2} = \sqrt{3} \cdot \tau_4 = \sqrt{3} \cdot 39 = 68\text{MPa} \tag{2.17}$$

Infine, si riporta in Fig. 2.6 una rappresentazione degli andamenti delle tensioni normali, $\boldsymbol{\sigma}$, e tangenziali, $\boldsymbol{\tau}$.
Si può osservare come l'andamento delle tensioni normali sia lineare ***a farfalla***: le ali risultano fortemente sollecitate, a differenza dell'anima che addirittura non lavora nel tratto in corrispondenza dell'asse neutro. Per quanto riguarda le tensioni tangenziali, si può rilevare che l'andamento non è lineare, ma parabolico; occorre inoltre notare la discontinuità fra i punti ***2*** e ***3*** della sezione (visibili in Fig. 2.1 di pag. 45). Questa

è dovuta all'improvvisa variazione dello spessore da considerare al denominatore della formula di ***Jourawsky***. Se infatti in corrispondenza del punto *2* si deve considerare l'intera larghezza dell'ala, $\boldsymbol{b_3=80mm}$, in corrispondenza del punto *3* la tensione si concentra sul solo spessore dell'anima $\boldsymbol{b_1=8mm}$.
I rilievi qui operati mostrano come in una sezione del tipo di quella considerata le ali lavorino tipicamente a sforzo normale (su di esse si scarica in prevalenza il momento flettente), mentre l'anima lavori essenzialmente a taglio (su di essa si scarica prevalentemente l'omonima sollecitazione).

2.2 Esercizio 2

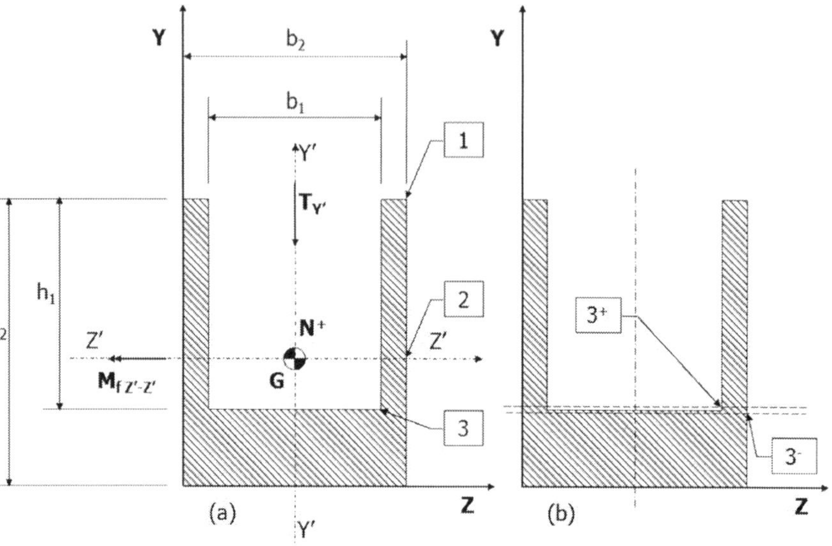

Figura 2.7: (a) La sezione in studio, con sistemi di riferimento, quote, sollecitazioni e punti notevoli, (b) Giaciture 3^+ e 3^- da considerarsi in corrispondenza del punto *3*

La sezione mostrata in Fig. 2.7(a) è sollecitata dallo sforzo normale di trazione ***N=60kN***, dal momento flettente $M_{f\ Z'-Z'}$***=3.500Nm*** e dalla forza di taglio $T_{Y'}$***=35kN***. Sapendo che b_1***=70mm***, b_2***=80mm***, h_1***=85mm*** e h_2***=100mm***, calcolare la posizione del baricentro ***G*** rispetto agli assi cartesiani ***Z-Y*** e i momenti d'inerzia rispetto agli assi baricentrici ***Z'-Z'*** ed ***Y'-Y'***. In corrispondenza dei punti ***1***, ***2*** e ***3*** si valutino le tensioni normali (discriminando fra quelle dovute allo sforzo normale e quelle imputabili al momento flettente, e calcolando poi le relative somme), quelle tangenziali e quelle ideali secondo il criterio di ***Von Mises***. Nel caso del punto ***3***, si discuta il valore della tensione tangenziale (e di conseguenza quello della tensione ideale), considerando due giaciture, poste l'una superiormente e l'altra inferiormente, rispetto allo spigolo. Si vedano le linee tratteggiate e le giaciture 3^+ e 3^- nella Fig. 2.7(b).

Soluzione

Il procedimento risolutivo deve necessariamente partire dalla determinazione della posizione del baricentro ***G***, rispetto al sistema di riferimento dato ***Z-Y***. Prima di passare al calcolo pratico delle coordinate del baricentro, è bene innanzitutto chiedersi se la sezione presenti degli assi di simmetria. Nel presente caso, si osserva che effettivamente la struttura risulta simmetrica rispetto ad un asse verticale, giacente sulla mezzeria della quota $\boldsymbol{b_2}$. L'asse di simmetria risulta sempre baricentrico e principale di inerzia: per quanto detto, l'asse baricentrico ***Y'-Y'*** deve necessariamente coincidere con l'asse di simmetria. Si ottiene pertanto immediatamente la quota $\boldsymbol{Z_G}$, Eq. 2.18.

$$Z_G = \frac{b_2}{2} = \frac{80}{2} = 40\text{mm} \tag{2.18}$$

Viceversa, la sezione in studio, non risulta simmetrica rispetto ad alcun asse orizzontale. Di conseguenza, non si può stabilire a priori la distanza del baricentro rispetto all'asse ***Z-Z***: si può solo ragionevolmente supporre che $\boldsymbol{Y_G}$ sia inferiore a $\boldsymbol{\frac{h_2}{2} = 50mm}$, vista la particolare geometria ad U, con concentrazione di materiale nella parte inferiore della sezione.

$$Y_G = \frac{S_{Z-Z}}{A} \tag{2.19}$$

La quota verticale del baricentro viene calcolata (Eq. 2.19) come rapporto fra il momento statico $\boldsymbol{S_{Z\text{-}Z}}$ riferito all'intera sezione rispetto all'asse ***Z-Z***, e l'area della sezione stessa, ***A***. Si può osservare che la sezione in studio può essere ottenuta, sottraendo da una sezione "piena", avente le dimensioni di ingombro $\boldsymbol{(b_2 \cdot h_2)}$, indicata con $\boldsymbol{A_1}$, la superficie "vuota" $\boldsymbol{A_2}$. Si veda al proposito la Fig. 2.8. Per la proprietà di additività, l'integrale sulla sezione data ***A***, che esprime il momento statico $\boldsymbol{S_{Z\text{-}Z}}$, può quindi essere scritto come la differenza fra due integrali, calcolati rispettivamente sulle sezioni "piena", di area $\boldsymbol{A_1}$, e "vuota", di area $\boldsymbol{A_2}$. Questi due integrali, possono essere valutati facilmente tramite la determinazione della quota verticale $\boldsymbol{Y_{G\_1}}$ del baricentro ***G_1***, riferito alla sezione "piena" $\boldsymbol{A_1}$ riportata nella Eq. 2.20.

$$Y_{G\_1} = \frac{\int_{A_1} y\, dA_1}{A_1} \Leftrightarrow \int_{A_1} y\, dA_1 = Y_{G\_1} \cdot A_1 \tag{2.20}$$

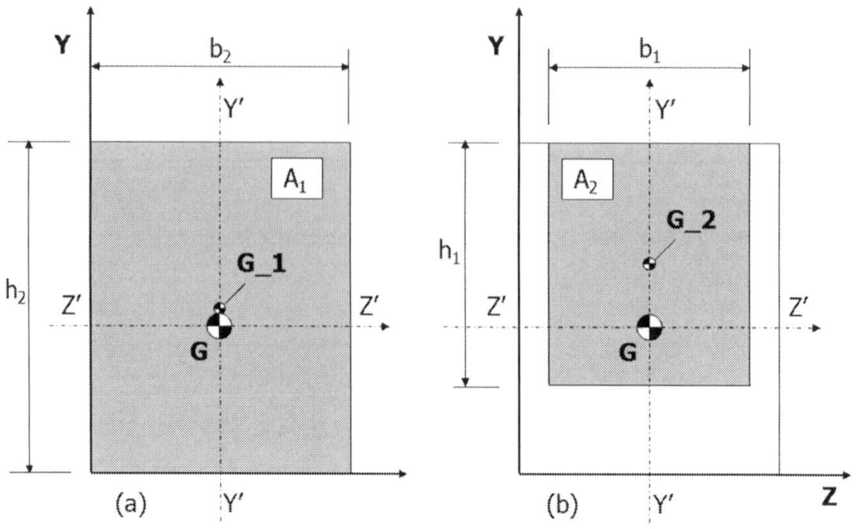

Figura 2.8: (a) Individuazione dell'area "piena" $\boldsymbol{A_1}$ e (b) dell'area "vuota" $\boldsymbol{A_2}$ con indicazione delle posizioni dei rispettivi baricentri

La stessa osservazione vale ovviamente anche per il baricentro dell'area "vuota" ***G_2*** e per la relativa quota verticale $\boldsymbol{Y_{G\_2}}$. Agendo in questa maniera, il procedimento è facilitato, dato che le quote dei succitati baricentri sono immediatamente determinabili, tramite banali considerazioni geometriche sulle superfici rettangolari $\boldsymbol{A_1}$ e $\boldsymbol{A_2}$.
Il calcolo è, dunque, operato come in Eq. 2.21.

$$\begin{aligned} Y_G &= \frac{S_{Z-Z}}{A} = \frac{\int_A y\,dA}{A} = \frac{\int_{A_1} y\,dA_1 - \int_{A_2} y\,dA_2}{A_1 - A_2} = \\ &= \frac{Y_{G\_1}\cdot A_1 - Y_{G\_2}\cdot A_2}{A_1 - A_2} = \\ &= \frac{\frac{h_2}{2}\cdot b_2\cdot h_2 - \left(h_2 - \frac{h_1}{2}\right)\cdot b_1\cdot h_1}{b_2\cdot h_2 - b_1\cdot h_1} = \\ &= \frac{\frac{100}{2}\cdot 80\cdot 100 - \left(100 - \frac{85}{2}\right)\cdot 70\cdot 85}{80\cdot 100 - 70\cdot 85} = \\ &= 28,2\text{mm} \end{aligned} \tag{2.21}$$

Si passa ora alla determinazione dei momenti inerziali baricentrici, ad iniziare da quello rispetto all'asse orizzontale ***Z'-Z'***. Si ricorda in proposito che il momento inerziale è anch'esso definito come un integrale sull'intera sezione ***A***, Eq. 2.22.

$$I_{Z'-Z'} = \int_A y'^2 \, dA \tag{2.22}$$

Poco fa si è osservato che la sezione in studio può essere vista come la differenza fra una sezione "piena" avente le dimensioni d'ingombro, indicata con ***A₁*** ed una "vuota" ***A₂*** (Fig. 2.8). Applicando l'additività degli integrali, il momento inerziale relativo alla sezione in studio può essere valutato come la differenza fra due momenti inerziali, Eq. 2.23. Questi sono entrambi valutati rispetto all'asse ***Z'-Z'*** e si riferiscono rispettivamente alle aree A_1 ed A_2. In tal modo il calcolo è facilitato, visto che ci si riconduce a sezioni rettangolari. Si deve tuttavia evidenziare che l'asse ***Z'-Z'*** non è baricentrico per le superfici A_1 ed A_2: questo rilievo è facilmente riscontrabile dall'esame della Fig. 2.8, in cui lo stesso asse è riportato unitamente ai baricentri ***G_1*** e ***G_2***. E' pertanto inevitabile il ricorso al Teorema di ***Huygens-Steiner*** per la stima dei momenti inerziali anzidetti e di conseguenza di $I_{Z'-Z'}$.

$$\begin{aligned} I_{Z'-Z'} &= \int_{A_1} y'^2 \, dA_1 - \int_{A_2} y'^2 \, dA_2 = \\ &= \frac{1}{12} \cdot b_2 \cdot h_2^3 + b_2 \cdot h_2 \cdot \left(\frac{h_2}{2} - Y_G\right)^2 + \\ &- \left[\frac{1}{12} \cdot b_1 \cdot h_1^3 + b_1 \cdot h_1 \cdot \left(h_2 - \frac{h_1}{2} - Y_G\right)^2\right] = \\ &= \frac{1}{12} \cdot 80 \cdot 100^3 + 80 \cdot 100 \cdot \left(\frac{100}{2} - 28,2\right)^2 + \\ &- \left[\frac{1}{12} \cdot 70 \cdot 85^3 + 70 \cdot 85 \cdot \left(100 - \frac{85}{2} - 28,2\right)^2\right] = \\ &= 1.778.173 \mathrm{mm}^4 \end{aligned} \tag{2.23}$$

Allo stesso modo si può procedere per il calcolo del momento inerziale rispetto all'asse verticale ***Y'-Y'***, $I_{Y'-Y'}$. Esso sarà dato dalla differenza fra due momenti inerziali, entrambi rispetto ad ***Y'-Y'*** e relativi rispettivamente alle aree A_1 ed A_2 di Fig. 2.8. Anche nella valutazione di tale momento inerziale si trae giovamento dalla geometria rettangolare.

Inoltre, come si riscontra dalla figura appena citata, l'asse ***Y'-Y'*** è baricentrico per le superfici $\boldsymbol{A_1}$ ed $\boldsymbol{A_2}$. Non è quindi necessario applicare il Teorema di ***Huygens-Steiner***, con notevole risparmio nei calcoli come evidenziato nell'Eq. 2.24.

$$
\begin{aligned}
I_{Y'-Y'} &= \int_A z'^2\, dA = \int_{A_1} z'^2\, dA_1 - \int_{A_2} z'^2\, dA_2 = \\
&= \frac{1}{12} \cdot h_2 \cdot b_2^3 - \frac{1}{12} \cdot h_1 \cdot b_1^3 = \\
&= \frac{1}{12} \cdot 100 \cdot 80^3 - \frac{1}{12} \cdot 85 \cdot 70^3 = \\
&= 1.837.083 \mathrm{mm}^4
\end{aligned} \tag{2.24}
$$

Si passa ora al computo delle tensioni nei punti indicati in Fig. 2.7 di pag. 56. Verranno indicate con il simbolo $\boldsymbol{\sigma_{M_f}}$ le tensioni normali da momento flettente, con $\boldsymbol{\sigma_N}$ le tensioni normali da sforzo normale (distribuite uniformemente sull'intera superficie) e con $\boldsymbol{\sigma}$ le tensioni normali complessive. Con $\boldsymbol{\tau}$ si indicheranno le tensioni tangenziali da taglio e con $\boldsymbol{\sigma_{VM}}$ le tensioni normali equivalenti secondo il criterio di ***Von Mises***. Opportuni pedici, ***1***, ***2***, ***3*** verranno inoltre aggiunti, con riferimento ai punti notevoli di Fig. 2.7.

Prima di considerare i diversi punti, è opportuno valutare la tensione normale da sforzo normale, che, come detto, è costante su tutta la superficie. Essa è data dal rapporto fra la forza $\boldsymbol{N}$ e l'area della sezione $\boldsymbol{A}$. Si veda l'Eq. 2.25.

$$
\begin{aligned}
\sigma_N &= \frac{N}{A} = \frac{N}{A_1 - A_2} = \frac{N}{b_2 \cdot h_2 - b_1 \cdot h_1} = \\
&= \frac{60 \cdot 10^3}{80 \cdot 100 - 70 \cdot 85} = 29 \mathrm{MPa}
\end{aligned} \tag{2.25}
$$

Punto 1:
Si osserva prima di tutto che tale punto giace sul bordo superiore, che tale bordo è il più distante rispetto all'asse ***Z'-Z'*** e che la struttura è

sollecitata da un momento $\boldsymbol{M_{f\,Z'-Z'}}$, che tende le fibre inferiori. Ne consegue che la tensione normale da momento flettente avrà il valore massimo in modulo, ma che questo sarà negativo (ad indicare la compressione). Nello specifico, la tensione normale $\boldsymbol{\sigma_{M_{f\,1}}}$ è espressa dall'Eq. 2.26, in cui il termine $\boldsymbol{y_1}$ rappresenta la distanza fra il punto ***1*** e l'asse neutro, coincidente con l'asse baricentrico ***Z'-Z'***.

$$\begin{aligned}\sigma_{M_{f\,1}} &= -\frac{M_{f\,Z'-Z'}}{I_{Z'-Z'}} \cdot y_1 = -\frac{M_{f\,Z'-Z'}}{I_{Z'-Z'}} \cdot (h_2 - Y_G) = \\ &= -\frac{3.500 \cdot 10^3}{1.778.173} \cdot (100 - 28,2) = -141\text{MPa}\end{aligned} \tag{2.26}$$

La tensione normale totale è quindi data dall'Eq. 2.27.

$$\sigma_1 = \sigma_N + \sigma_{M_{f\,1}} = 29 - 141 = -112\text{MPa} \tag{2.27}$$

La tensione tangenziale $\boldsymbol{\tau_1}$ secondo la formula di ***Jourawsky*** è espressa dall'Eq. 2.28, in cui il termine $\boldsymbol{S^*_{Z'-Z'_1}}$ rappresenta il momento statico rispetto all'asse baricentrico ***Z'-Z'***, riferito ai segmenti costituenti il bordo superiore della sezione. Ovviamente, tale momento statico è nullo, e di conseguenza nulla risulta la tensione tangenziale.

$$\tau_1 = \frac{S^*_{Z'-Z'_1} \cdot T_{Y'}}{I_{Z'-Z'} \cdot (b_2 - b_1)} = 0 \tag{2.28}$$

Infine, la tensione equivalente secondo ***Von Mises***, $\boldsymbol{\sigma_{VM_1}}$, risulta esprimibile come in Eq. 2.29 ed è evidentemente uguale (a meno del segno) alla $\boldsymbol{\sigma_1}$.

$$\sigma_{VM_1} = \sqrt{\sigma_1^2 + 3 \cdot \tau_1^2} = \sigma_1 = 112\text{MPa} \tag{2.29}$$

Punto 2:
La tensione normale da momento flettente è evidentemente nulla, in quanto il punto ***2*** cade sull'asse baricentrico della sezione, coincidente con l'asse neutro. La tensione normale in ***2*** è quindi data solo dalla componente di sforzo normale $\boldsymbol{\sigma_N}$ prima calcolata. Quindi, Eq. 2.30:

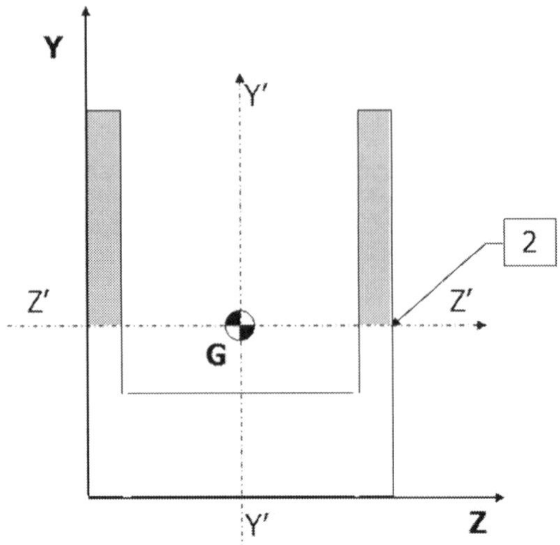

Figura 2.9: Porzione di sezione da considerare nella valutazione del momento statico per l'applicazione della formula di ***Jourawsky*** (punto *2*)

$$\sigma_2 \equiv \sigma_N = 29\text{MPa} \tag{2.30}$$

La tensione tangenziale deve essere calcolata secondo l'Eq. 2.31, in cui il termine $\boldsymbol{S^*_{Z'-Z'_2}}$ rappresenta il momento statico rispetto all'asse baricentrico ***Z'-Z'*** riferito alla superficie evidenziata in Fig. 2.9. Si osservi anche che il termine di larghezza da considerare è dato dalla somma dei due spessori $\boldsymbol{\frac{b_2-b_1}{2}}$.

$$\begin{aligned}\tau_2 &= \frac{S^*_{Z'-Z'_2} \cdot T_{Y'}}{I_{Z'-Z'} \cdot (b_2-b_1)} = \frac{\frac{h_2-Y_G}{2} \cdot (b_2-b_1) \cdot (h_2-Y_G) \cdot T_{Y'}}{I_{Z'-Z'} \cdot (b_2-b_1)} = \\ &= \frac{\frac{100-28{,}2}{2} \cdot (80-70) \cdot (100-28{,}2) \cdot 35 \cdot 10^3}{1.778.173 \cdot (80-70)} = 51\text{MPa}\end{aligned} \tag{2.31}$$

Infine, la tensione equivalente secondo ***Von Mises***, $\boldsymbol{\sigma_{VM_2}}$, risulta esprimibile come in Eq. 2.32.

$$\sigma_{VM_2} = \sqrt{\sigma_2^2 + 3 \cdot \tau_2^2} = \sqrt{29^2 + 3 \cdot 51^2} = 93\text{MPa} \tag{2.32}$$

Punto 3:
La tensione normale dovuta al momento flettente $\boldsymbol{\sigma_{M_{f\,3}}}$ è calcolabile tramite l'Eq. 2.33, in cui il termine $\boldsymbol{y_3}$ indica la distanza fra il punto ***3*** e l'asse baricentrico ***Z'-Z'***. Si osservi che, essendo il punto ***3*** al di sotto dell'asse neutro, la corrispondente tensione è positiva (ad indicare uno sforzo di trazione).

$$\begin{aligned}\sigma_{M_{f\,3}} &= \frac{M_{f\,Z'-Z'}}{I_{Z'-Z'}} \cdot y_3 = \frac{M_{f\,Z'-Z'}}{I_{Z'-Z'}} \cdot (Y_G - (h_2 - h_1)) = \\ &= \frac{3.500 \cdot 10^3}{1.778.173} \cdot (28,2 - (100 - 85)) = 26\text{MPa}\end{aligned} \tag{2.33}$$

La tensione normale totale in ***3*** risulta pertanto: Eq. 2.34.

$$\sigma_3 = \sigma_N + \sigma_{M_{f\,3}} = 29 + 26 = 55\text{MPa} \tag{2.34}$$

Prima di operare il calcolo della tensione tangenziale da taglio è opportuno osservare che nel punto ***3*** il relativo diagramma presenta una discontinuità. Guardando la Fig. 2.7 di pag. 56, si nota infatti che, in corrispondenza di tale punto, la larghezza da indicare a denominatore nella formula di ***Jourawsky*** varia bruscamente da $\boldsymbol{(b_2\text{-}b_1)=10mm}$ all'intero $\boldsymbol{b_2=80mm}$. Verranno quindi calcolati due valori per la tensione tangenziale in ***3***: il primo, da intendersi un infinitesimo spostato verso l'alto, verrà indicato come $\boldsymbol{\tau_{3+}}$, mentre il secondo, localizzato un infinitesimo verso il basso, sarà indicato come $\boldsymbol{\tau_{3-}}$. Si vedano rispettivamente le Eqq. 2.35 e 2.36. Il termine $\boldsymbol{S^*_{Z'-Z'_3}}$ presente in tali relazioni rappresenta il momento statico valutato rispetto all'asse ***Z'-Z'***, con riferimento alla porzione di sezione evidenziata in Fig. 2.10.

$$\begin{aligned}\tau_{3+} &= \frac{S^*_{Z'-Z'_3} \cdot T_{Y'}}{I_{Z'-Z'} \cdot (b_2 - b_1)} = \frac{\left(h_2 - \frac{h_1}{2} - Y_G\right) \cdot (b_2 - b_1) \cdot h_1 \cdot T_{Y'}}{I_{Z'-Z'} \cdot (b_2 - b_1)} = \\ &= \frac{\left(100 - \frac{85}{2} - 28,2\right) \cdot (80 - 70) \cdot 12 \cdot 40 \cdot 10^3}{1.778.173 \cdot (80 - 70)} = 49\text{MPa}\end{aligned} \tag{2.35}$$

$$\begin{aligned}\tau_{3-} &= \frac{S^*_{Z'-Z'_3} \cdot T_{Y'}}{I_{Z'-Z'} \cdot b_2} = \frac{\left(h_2 - \frac{h_1}{2} - Y_G\right) \cdot (b_2 - b_1) \cdot h_1 \cdot T_{Y'}}{I_{Z'-Z'} \cdot b_2} = \\ &= \frac{\left(100 - \frac{85}{2} - 28,2\right) \cdot (80 - 70) \cdot 12 \cdot 40 \cdot 10^3}{1.778.173 \cdot 80} = 6,1\mathrm{MPa}\end{aligned} \tag{2.36}$$

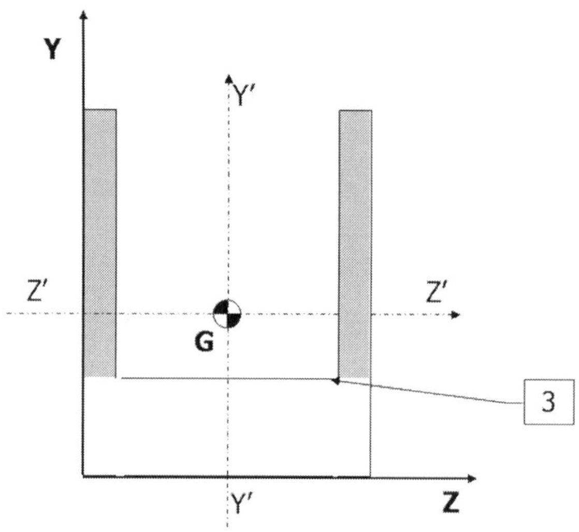

Figura 2.10: Porzione di sezione da considerare nella valutazione del momento statico per l'applicazione della formula di ***Jourawsky*** (punto *3*)

Infine, la tensione equivalente secondo ***Von Mises*** viene calcolata, componendo le tensioni normali (totali) e tangenziali appena calcolate. Visto che le tensioni tangenziali presentano una discontinuità in corrispondenza del punto *3*, anche in questo caso bisogna operare una distinzione. Qualora si consideri una locazione posta un infinitesimo più in alto, la relativa tensione ideale secondo ***Von Mises***, $\boldsymbol{\sigma_{VM_{3+}}}$, è valutata tramite l'Eq. 2.37. Qualora invece si consideri una posizione un infinitesimo al di sotto, la tensione equivalente $\boldsymbol{\sigma_{VM_{3-}}}$ è calcolata in Eq. 2.38.

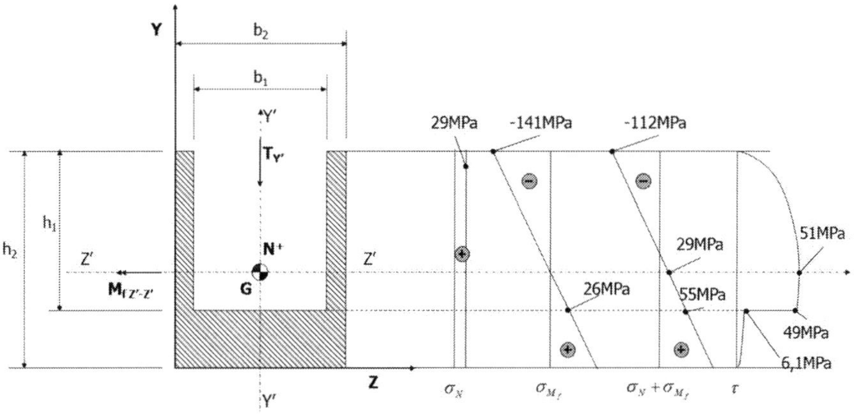

Figura 2.11: Andamento delle tensioni normali, $\boldsymbol{\sigma_N}$ e $\boldsymbol{\sigma_{M_f}}$, e delle tensioni tangenziali, $\boldsymbol{\tau}$, nella sezione

$$\sigma_{VM_{3+}} = \sqrt{\sigma_3^2 + 3 \cdot \tau_{3+}^2} = \sqrt{55^2 + 3 \cdot 49^2} = 101\text{MPa} \tag{2.37}$$

$$\sigma_{VM_{3-}} = \sqrt{\sigma_3^2 + 3 \cdot \tau_{3-}^2} = \sqrt{55^2 + 3 \cdot 6,1^2} = 56\text{MPa} \tag{2.38}$$

Infine, si riporta in Fig. 2.11 una rappresentazione degli andamenti nella sezione delle tensioni normali da sforzo normale, $\boldsymbol{\sigma_N}$, normali da momento flettente $\boldsymbol{\sigma_{M_f}}$ e tangenziali da taglio, $\boldsymbol{\tau}$.
Si può osservare come l'andamento delle tensioni normali sia lineare a ***farfalla***, mentre quello delle tensioni tangenziali risulta parabolico, con massimo in corrispondenza dell'asse ***Z'-Z'*** (asse baricentrico neutro) e con la già prima osservata discontinuità in corrispondenza del punto ***3***.

2.3 Esercizio 3

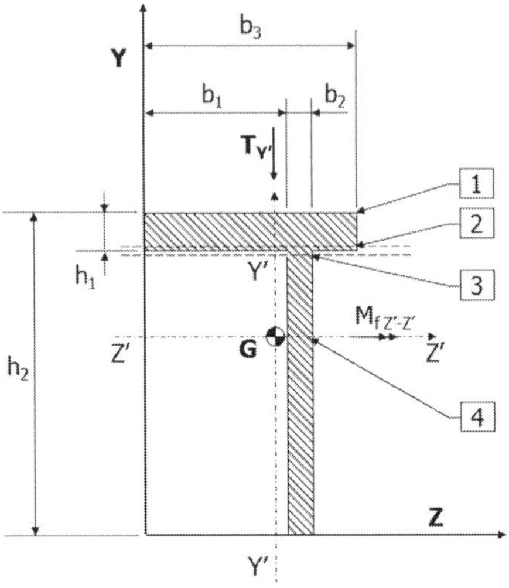

Figura 2.12: La sezione in studio, con sistemi di riferimento, quote, sollecitazioni e punti notevoli

La sezione mostrata in Fig. 2.12 è sollecitata dalla forza di taglio $\boldsymbol{T_{Y'}=80kN}$ e dal momento flettente $\boldsymbol{M_{f\ Z'\text{-}Z'}=15.000Nm}$. Sapendo che $\boldsymbol{b_1=65mm}$, $\boldsymbol{b_2=14mm}$, $\boldsymbol{b_3=100mm}$, $\boldsymbol{h_1=16mm}$ e $\boldsymbol{h_2=175mm}$, calcolare la posizione del baricentro ***G*** rispetto agli assi cartesiani ***Z-Y*** e i momenti d'inerzia rispetto agli assi baricentrici ***Z'-Z'*** ed ***Y'-Y'***. In corrispondenza dei punti ***1***, ***2***, ***3*** e ***4*** si valutino le tensioni normali, quelle tangenziali e quelle ideali secondo il criterio di ***Von Mises***. Si tenga presente che i punti ***2*** e ***3*** sono da collocarsi rispettivamente un infinitesimo al di sopra ed un infinitesimo al di sotto (si vedano le linee tratteggiate nella Fig. 2.12), con riferimento alla superficie sotto-ala.

Soluzione

Il procedimento risolutivo deve necessariamente partire dalla determinazione della posizione del baricentro ***G***, rispetto al sistema di riferimento dato ***Z-Y***. Prima di passare al calcolo pratico delle coordinate del baricentro, è sempre opportuno chiedersi se la sezione presenti degli assi

di simmetria. Qualora tale condizione si verifichi, la determinazione di almeno una coordinata del baricentro è resa immediata dall'osservazione che un asse di simmetria risulta anche baricentrico e principale d'inerzia. Nel presente caso, si deve tuttavia osservare che la sezione in studio non presenta assi di simmetria, né orizzontali, né verticali. Di conseguenza il calcolo delle coordinate orizzontale, ($\boldsymbol{Z_G}$), e verticale, ($\boldsymbol{Y_G}$), dovrà essere eseguito per esteso.
Si inizia con la determinazione della quota $\boldsymbol{Z_G}$: prima di procedere al calcolo si può ragionevolmente supporre che la quota in studio risulterà maggiore di $\frac{\boldsymbol{b_3}}{\boldsymbol{2}} = \boldsymbol{50mm}$, dal momento che l'elemento verticale risulta spostato verso sinistra rispetto all'asse $\boldsymbol{Y\text{-}Y}$.

$$Z_G = \frac{S_{Y-Y}}{A} \tag{2.39}$$

La quota orizzontale del baricentro viene calcolata (Eq. 2.39) come rapporto fra il momento statico $\boldsymbol{S_{Y\text{-}Y}}$ riferito all'intera sezione rispetto all'asse $\boldsymbol{Y\text{-}Y}$, e l'area della sezione stessa, $\boldsymbol{A}$. Si può osservare che la sezione in studio può essere suddivisa in due rettangoli, indicati con i simboli $\boldsymbol{A_1}$ ed $\boldsymbol{A_2}$ in Fig. 2.13. Sostanzialmente, quindi, il dominio di integrazione, l'intera sezione $\boldsymbol{A}$, può essere decomposto nelle due porzioni, $\boldsymbol{A_1}$ ed $\boldsymbol{A_2}$. Sfruttando la proprietà additiva degli integrali, il termine al numeratore dell'Eq. 2.39 può essere quindi decomposto in due integrali, valutati sulle partizioni appena citate. Il vantaggio nel procedere in questo modo sta nel fatto che i due integrali possono essere facilmente valutati, grazie all'osservazione in Eq. 2.40, che illustra la determinazione della quota orizzontale del baricentro $\boldsymbol{G\_1}$ della sola porzione di superficie $\boldsymbol{A_1}$. Tale quota, indicata con $\boldsymbol{Z_{G\_1}}$, è così determinata.

$$Z_{G\_1} = \frac{\int_{A_1} z\, dA_1}{A_1} \Leftrightarrow \int_{A_1} z\, dA_1 = Z_{G\_1} \cdot A_1 \tag{2.40}$$

La stessa osservazione vale ovviamente anche per il baricentro $\boldsymbol{G\_2}$ dell'area $\boldsymbol{A_2}$, e per la relativa quota orizzontale $\boldsymbol{Z_{G\_2}}$. Le quote dei succitati baricentri sono facilmente determinabili, tramite banali considerazioni geometriche applicate alle porzioni rettangolari $\boldsymbol{A_1}$ ed $\boldsymbol{A_2}$.
Il calcolo della quota $\boldsymbol{Z_G}$ è, quindi, operato secondo l'Eq. 2.41.

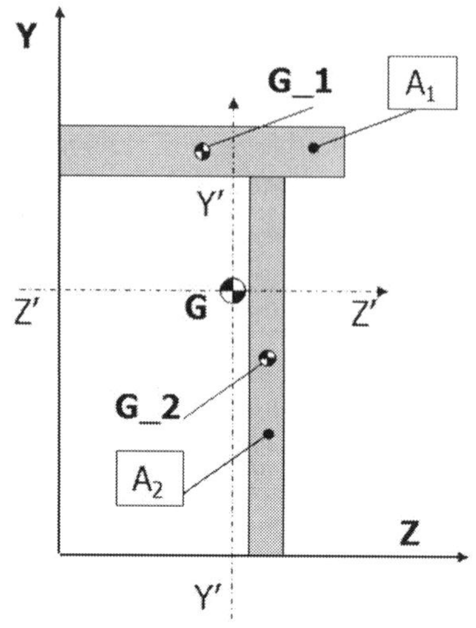

Figura 2.13: Individuazione delle aree $\boldsymbol{A_1}$ e $\boldsymbol{A_2}$ con indicazione delle posizioni dei rispettivi baricentri

$$\begin{aligned} Z_G &= \frac{S_{Y-Y}}{A} = \frac{\int_A z\,dA}{A} = \frac{\int_{A_1} z\,dA_1 + \int_{A_2} z\,dA_2}{A_1 + A_2} = \\ &= \frac{Z_{G\_1} \cdot A_1 + Z_{G\_2} \cdot A_2}{A_1 + A_2} = \\ &= \frac{\frac{b_3}{2} \cdot b_3 \cdot h_1 + \left(b_1 + \frac{b_2}{2}\right) \cdot b_2 \cdot (h_2 - h_1)}{b_3 \cdot h_1 + b_2 \cdot (h_2 - h_1)} = \\ &= \frac{\frac{100}{2} \cdot 100 \cdot 16 + \left(65 + \frac{14}{2}\right) \cdot 14 \cdot (175 - 16)}{100 \cdot 16 + 14 \cdot (175 - 16)} = \\ &= 62,8\text{mm} \end{aligned} \tag{2.41}$$

Si procede ora al calcolo della quota verticale del baricentro, $\boldsymbol{Y_G}$. Prima di impostare la relativa relazione si può riflettere sul fatto che la quota in studio risulterà verosimilmente maggiore di $\boldsymbol{\frac{h_2}{2} = 87{,}5mm}$, dal momento che l'ala orizzontale è collocata asimmetricamente nella sola parte alta della sezione.

$$Y_G = \frac{S_{Z-Z}}{A} \tag{2.42}$$

La quota verticale del baricentro viene calcolata (Eq. 2.42) come rapporto fra il momento statico $\boldsymbol{S_{Z\text{-}Z}}$, riferito all'intera sezione rispetto all'asse ***Z-Z*** e l'area della sezione stessa ***A***. Anche in questo caso si può sfruttare l'osservazione in Fig. 2.13, secondo la quale la sezione ***A*** è decomponibile in due porzioni $\boldsymbol{A_1}$ e $\boldsymbol{A_2}$. Di conseguenza, sfruttando la proprietà dell'additività, l'integrale a numeratore dell'Eq. 2.42 può essere decomposto in due integrali, valutati sulle due partizioni del dominio $\boldsymbol{A_1}$ e $\boldsymbol{A_2}$. Questi due integrali possono essere facilmente valutati, grazie all'osservazione in Eq. 2.43, che trae spunto dalla determinazione della quota verticale del baricentro ***G_1*** della sola porzione di superficie $\boldsymbol{A_1}$. Tale quota, indicata con $\boldsymbol{Y_{G\_1}}$, è così determinata.

$$Y_{G\_1} = \frac{\int_{A_1} y\,dA_1}{A_1} \Leftrightarrow \int_{A_1} y\,dA_1 = Y_{G\_1} \cdot A_1 \tag{2.43}$$

La stessa osservazione vale ovviamente anche per il baricentro ***G_2*** dell'area $\boldsymbol{A_2}$ e per la relativa quota verticale $\boldsymbol{Y_{G\_2}}$. Anche in questo caso le quote verticali sono facilmente valutabili per via geometrica.

Il calcolo di $\boldsymbol{Y_G}$ è, dunque, operato secondo l'Eq. 2.44.

$$\begin{aligned} Y_G &= \frac{S_{Z-Z}}{A} = \frac{\int_A y\,dA}{A} = \frac{\int_{A_1} y\,dA_1 + \int_{A_2} y\,dA_2}{A_1 + A_2} = \\ &= \frac{Y_{G\_1} \cdot A_1 + Y_{G\_2} \cdot A_2}{A_1 + A_2} = \\ &= \frac{\left(h_2 - \frac{h_1}{2}\right) \cdot b_3 \cdot h_1 + \frac{h_2 - h_1}{2} \cdot b_2 \cdot (h_2 - h_1)}{b_3 \cdot h_1 + b_2 \cdot (h_2 - h_1)} = \\ &= \frac{\left(175 - \frac{16}{2}\right) \cdot 100 \cdot 16 + \frac{175-16}{2} \cdot 14 \cdot (175 - 16)}{100 \cdot 16 + 14 \cdot (175 - 16)} = \\ &= 116,1\text{mm} \end{aligned} \tag{2.44}$$

Si passa ora alla determinazione dei momenti inerziali baricentrici, ad iniziare da quello rispetto all'asse orizzontale ***Z'-Z'***. Si ricorda in proposito che il momento inerziale è anch'esso definito come un integrale sull'intera sezione ***A***, Eq. 2.45.

$$I_{Z'-Z'} = \int_A y'^2\,dA \tag{2.45}$$

Poco fa si è osservato che la sezione in studio può essere decomposta in due porzioni rettangolari, indicate con $\boldsymbol{A_1}$ ed $\boldsymbol{A_2}$ (Fig. 2.13). Applicando l'additività degli integrali, il momento inerziale relativo alla sezione in studio può essere valutato come la somma di due momenti inerziali, Eq. 2.46. Questi sono entrambi valutati rispetto all'asse ***Z'-Z'*** e si riferiscono alle aree $\boldsymbol{A_1}$ ed $\boldsymbol{A_2}$. In tal modo il calcolo è facilitato, visto che ci si riconduce a sezioni rettangolari. Si deve tuttavia evidenziare che l'asse ***Z'-Z'*** non è baricentrico per le superfici $\boldsymbol{A_1}$ ed $\boldsymbol{A_2}$: questo rilievo è facilmente riscontrabile dall'esame della Fig. 2.13, in cui lo stesso asse è riportato unitamente ai baricentri ***G_1*** e ***G_2***. E' pertanto inevitabile il ricorso al Teorema di ***Huygens-Steiner*** con relativo calcolo dei termini di trasporto.

$$\begin{aligned}
I_{Z'-Z'} &= \int_{A_1} y'^2\, dA_1 + \int_{A_2} y'^2\, dA_2 = \\
&= \frac{1}{12} \cdot b_3 \cdot h_1^3 + b_3 \cdot h_1 \cdot \left(h_2 - \frac{h_1}{2} - Y_G\right)^2 + \\
&+ \frac{1}{12} \cdot b_2 \cdot (h_2 - h_1)^3 + \\
&+ b_2 \cdot (h_2 - h_1) \cdot \left(Y_G - \frac{h_2 - h_1}{2}\right)^2 = \\
&= \frac{1}{12} \cdot 100 \cdot 16^3 + 100 \cdot 16 \cdot \left(175 - \frac{16}{2} - 116,1\right)^2 + \\
&+ \frac{1}{12} \cdot 14 \cdot (175 - 16)^3 + \\
&+ 14 \cdot (175 - 16) \cdot \left(116,1 - \frac{175 - 16}{2}\right)^2 = \\
&= 11.850.915 \mathrm{mm}^4
\end{aligned} \tag{2.46}$$

Allo stesso modo si può procedere per il calcolo del momento inerziale $\boldsymbol{I_{Y'-Y'}}$ rispetto all'asse verticale ***Y'-Y'***. Anch'esso risulterà dato dalla somma fra due contributi di momento d'inerzia, entrambi rispetto ad ***Y'-Y'*** e relativi alle aree $\boldsymbol{A_1}$ ed $\boldsymbol{A_2}$ di Fig. 2.13. Anche in questo caso tale decomposizione agevola il calcolo in quanto lo riconduce a geometrie di tipo rettangolare. Occorre tuttavia riscontrare come l'asse ***Y'-Y'***, rispetto al quale si calcolano i momenti inerziali, non risulti baricentrico per le superfici $\boldsymbol{A_1}$ e $\boldsymbol{A_2}$, come si può facilmente rilevare ancora dalla Fig. 2.13. Di conseguenza, anche in tal caso non si può prescindere dall'utilizzo del Teorema di ***Huygens-Steiner*** con calcolo dei termini di trasporto. Si veda l'Eq. 2.47.

$$\begin{aligned}
I_{Y'-Y'} &= \int_A z'^2\, dA = \int_{A_1} z'^2\, dA_1 + \int_{A_2} z'^2\, dA_2 = \\
&= \frac{1}{12} \cdot h_1 \cdot b_3^3 + h_1 \cdot b_3 \cdot \left(Z_G - \frac{b_3}{2} \right)^2 + \\
&+ \frac{1}{12} \cdot (h_2 - h_1) \cdot b_2^3 + \\
&+ (h_2 - h_1) \cdot b_2 \cdot \left(b_1 + \frac{b_2}{2} - Z_G \right)^2 = \\
&= \frac{1}{12} \cdot 16 \cdot 100^3 + 16 \cdot 100 \cdot \left(62,8 - \frac{100}{2} \right)^2 + \\
&+ \frac{1}{12} \cdot (175 - 16) \cdot 14^3 + \\
&+ (175 - 16) \cdot 14 \cdot \left(65 + \frac{14}{2} - 62,8 \right)^2 = \\
&= 1.820.244 \text{mm}^4
\end{aligned} \tag{2.47}$$

Si passa ora al computo delle tensioni nei punti indicati in Fig. 2.12 di pag. 66. Verranno indicate con il simbolo $\boldsymbol{\sigma}$ le tensioni normali da momento flettente, con $\boldsymbol{\tau}$ le tensioni tangenziali da taglio e con $\boldsymbol{\sigma_{VM}}$ le tensioni normali equivalenti secondo il criterio di ***Von Mises***. Opportuni pedici, ***1***, ***2***, ***3***, ***4*** verranno inoltre aggiunti, con riferimento ai punti notevoli di Fig. 2.12.

Punto 1:
Si osserva prima di tutto che tale punto giace sul bordo superiore e che la struttura è sollecitata da un momento $\boldsymbol{M_{f\ Z'-Z'}}$, che tende le fibre superiori. Ne consegue che la tensione normale flettente avrà un valore positivo, ad indicare uno stato di trazione. Nello specifico la tensione normale $\boldsymbol{\sigma_1}$ è espressa dall'Eq. 2.48, in cui il termine $\boldsymbol{y_1}$ rappresenta la distanza fra il punto ***1*** e l'asse neutro, coincidente con l'asse baricentrico ***Z'-Z'***.

$$\begin{aligned}\sigma_1 &= \frac{M_{f\,Z'-Z'}}{I_{Z'-Z'}} \cdot y_1 = \frac{M_{f\,Z'-Z'}}{I_{Z'-Z'}} \cdot (h_2 - Y_G) = \\ &= \frac{15.000 \cdot 10^3}{11.850.915} \cdot (175 - 116,9) = 75\text{MPa}\end{aligned} \tag{2.48}$$

La tensione tangenziale $\boldsymbol{\tau_1}$ secondo la formula di ***Jourawsky*** è espressa dall'Eq. 2.49, in cui il termine $\boldsymbol{S^*_{Z'-Z'_1}}$ rappresenta il momento statico rispetto all'asse baricentrico ***Z'-Z'***, riferito al solo segmento che costituisce il bordo superiore della sezione. Ovviamente, tale momento statico è nullo e, di conseguenza, anche la tensione tangenziale è nulla.

$$\tau_1 = \frac{S^*_{Z'-Z'_1} \cdot T_{Y'}}{I_{Z'-Z'} \cdot b_3} = 0 \tag{2.49}$$

Infine, la tensione equivalente secondo ***Von Mises***, $\boldsymbol{\sigma_{VM_1}}$, risulta esprimibile dall'Eq. 2.50 ed è evidentemente uguale alla $\boldsymbol{\sigma_1}$.

$$\sigma_{VM_1} = \sqrt{\sigma_1^2 + 3 \cdot \tau_1^2} = \sigma_1 = 75\text{MPa} \tag{2.50}$$

Punto 2:
La tensione normale da momento flettente nel punto ***2*** è senz'altro minore di quella nel punto ***1***, dal momento che la distanza fra il punto ***2*** e l'asse baricentrico ***Z'-Z'*** è inferiore. Per contro, in tal caso la tensione tangenziale da taglio non è nulla e richiederà un'opportuna stima di momento statico. La tensione normale è calcolata nell'Eq. 2.51, in cui il termine $\boldsymbol{y_2}$ rappresenta la distanza fra il punto *2* e l'asse ***Z'-Z'***.

$$\begin{aligned}\sigma_2 &= \frac{M_{f\,Z'-Z'}}{I_{Z'-Z'}} \cdot y_2 = \frac{M_{f\,Z'-Z'}}{I_{Z'-Z'}} \cdot (h_2 - h_1 - Y_G) = \\ &= \frac{15.000 \cdot 10^3}{11.850.915} \cdot (175 - 16 - 116,9) = 54\text{MPa}\end{aligned} \tag{2.51}$$

La tensione tangenziale deve essere calcolata secondo l'Eq. 2.52, in cui il termine $\boldsymbol{S^*_{Z'-Z'_2}}$ rappresenta il momento statico rispetto all'asse baricentrico ***Z'-Z'*** riferito alla superficie evidenziata in Fig. 2.14. Si

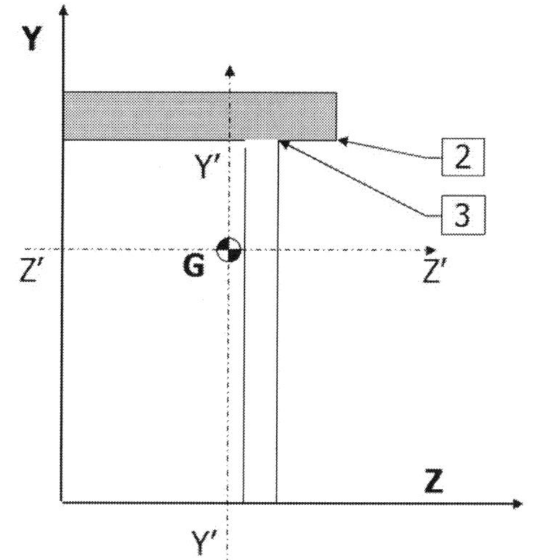

Figura 2.14: Porzione di sezione da considerare nella valutazione del momento statico per l'applicazione della formula di ***Jourawsky*** (punti ***2*** e ***3***)

osserva inoltre che il termine di spessore da considerare a denominatore è dato da tutta la larghezza dell'ala, $\boldsymbol{b_3}$.

$$\begin{aligned}\tau_2 &= \frac{S^*_{Z'-Z'_2} \cdot T_{Y'}}{I_{Z'-Z'} \cdot b_3} = \frac{\left(h_2 - \frac{h_1}{2} - Y_G\right) \cdot b_3 \cdot h_1 \cdot T_{Y'}}{I_{Z'-Z'} \cdot b_3} = \\ &= \frac{\left(175 - \frac{16}{2} - 116,1\right) \cdot 100 \cdot 16 \cdot 80 \cdot 10^3}{11.850.915 \cdot 100} = 5,5\text{MPa}\end{aligned} \tag{2.52}$$

Infine, la tensione equivalente secondo ***Von Mises***, $\boldsymbol{\sigma_{VM_2}}$, risulta esprimibile come in Eq. 2.53.

$$\sigma_{VM_2} = \sqrt{\sigma_2^2 + 3 \cdot \tau_2^2} = \sqrt{54^2 + 3 \cdot 5,5^2} = 55\text{MPa} \tag{2.53}$$

Punto 3:
La tensione normale $\boldsymbol{\sigma_3}$ è evidentemente uguale alla $\boldsymbol{\sigma_2}$ prima calcolata,

visto che il punto ***3*** ed il punto ***2*** si trovano ad identica distanza rispetto all'asse baricentrico ***Z'-Z'***. La tensione tangenziale può essere calcolata tramite un'espressione analoga all'Eq. 2.53, in cui tuttavia si deve considerare a denominatore lo spessore dell'elemento verticale, $\boldsymbol{b_2}$, anziché l'intera larghezza dell'ala $\boldsymbol{b_3}$. Il calcolo è mostrato in Eq. 2.54.

$$\begin{aligned} \tau_3 &= \frac{S^*_{Z'-Z'_2} \cdot T_{Y'}}{I_{Z'-Z'} \cdot b_2} = \frac{\left(h_2 - \frac{h_1}{2} - Y_G\right) \cdot b_3 \cdot h_1 \cdot T_{Y'}}{I_{Z'-Z'} \cdot b_2} = \\ &= \frac{\left(175 - \frac{16}{2} - 116,1\right) \cdot 100 \cdot 16 \cdot 80 \cdot 10^3}{11.850.915 \cdot 14} = 39\text{MPa} \end{aligned} \tag{2.54}$$

Infine, la tensione equivalente secondo ***Von Mises***, $\boldsymbol{\sigma_{VM_3}}$, risulta esprimibile come in Eq. 2.55.

$$\sigma_{VM_3} = \sqrt{\sigma_3^2 + 3 \cdot \tau_3^2} = \sqrt{54^2 + 3 \cdot 39^2} = 87\text{MPa} \tag{2.55}$$

Punto 4:
La tensione normale dovuta al momento flettente in corrispondenza del punto ***4*** è evidentemente nulla, in quanto tale punto giace sull'asse baricentrico ***Z'-Z'***, coincidente con l'asse neutro per la sollecitazione flessionale. La tensione tangenziale dovuta al taglio viene calcolata nell'Eq. 2.57, dove il momento statico $\boldsymbol{S^*_{Z'-Z'_4}}$ deve essere calcolato rispetto all'asse ***Z'-Z'***, con riferimento alla porzione di sezione che viene evidenziata in Fig. 2.15. Il termine di spessore da considerare a denominatore è, come al punto precedente, la quota $\boldsymbol{b_2}$ dell'elemento verticale. Il calcolo del momento statico $\boldsymbol{S^*_{Z'-Z'_4}}$, operato sulla base della proprietà di additività dell'integrale e di semplici considerazioni geometriche, è riportato separatamente per ragioni di chiarezza nell'Eq. 2.56.

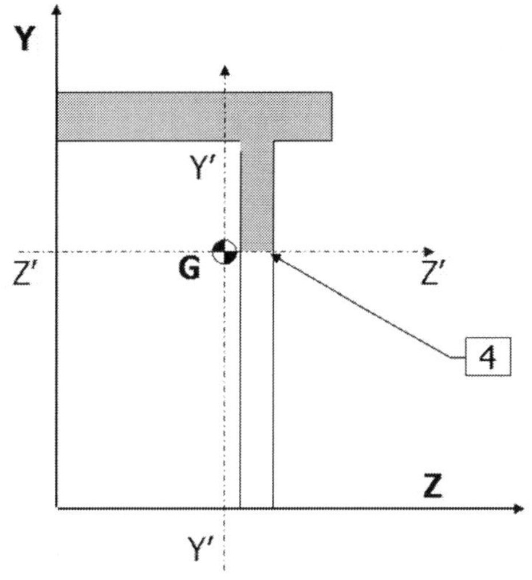

Figura 2.15: Porzione di sezione da considerare nella valutazione del momento statico per l'applicazione della formula di ***Jourawsky*** (punto *4*)

$$\begin{aligned} S^*_{Z'-Z'_4} &= \left(h_2 - \frac{h_1}{2} - Y_G\right) \cdot b_3 \cdot h_1 + \\ &+ \frac{h_2 - h_1 - Y_G}{2} \cdot b_2 \cdot (h_2 - h_1 - Y_G) = \\ &= \left(175 - \frac{16}{2} - 116,1\right) \cdot 100 \cdot 16 + \\ &+ \frac{175 - 16 - 116,1}{2} \cdot 14 \cdot (175 - 16 - 116,1) = \\ &= 94.341 \text{mm}^3 \end{aligned} \tag{2.56}$$

$$\tau_4 = \frac{S^*_{Z'-Z'_4} \cdot T_{Y'}}{I_{Z'-Z'} \cdot b_2} = \frac{94.341 \cdot 80 \cdot 10^3}{11.850.915 \cdot 14} = 45 \text{MPa} \tag{2.57}$$

Infine, la tensione equivalente secondo ***Von Mises***, $\boldsymbol{\sigma_{VM_4}}$, risulta esprimibile come in Eq. 2.58.

$$\sigma_{VM_4} = \sqrt{\sigma_4^2 + 3 \cdot \tau_4^2} = \sqrt{3} \cdot \tau_4 = \sqrt{3} \cdot 45 = 79 \text{MPa} \tag{2.58}$$

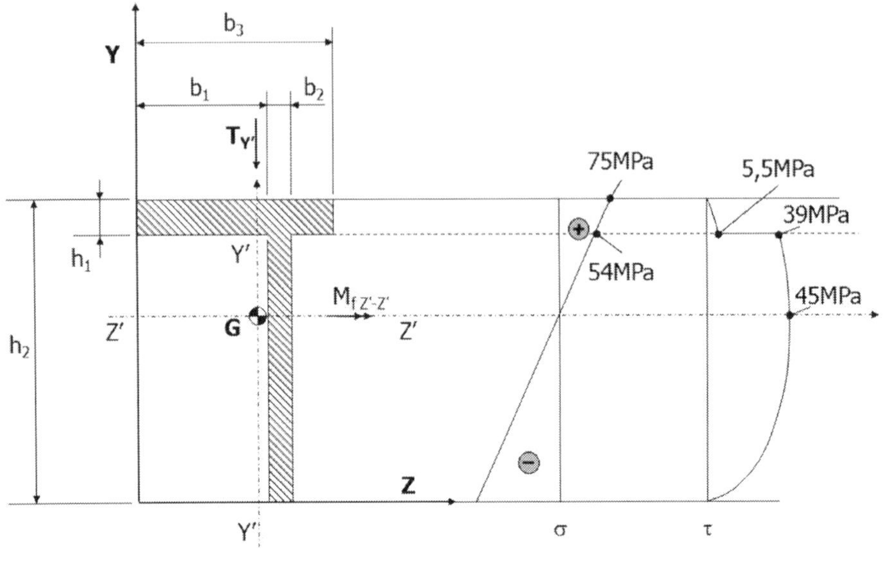

Figura 2.16: Andamento delle tensioni normali $\boldsymbol{\sigma}$ e delle tensioni tangenziali $\boldsymbol{\tau}$ nella sezione

Si riporta in Fig. 2.16 una rappresentazione degli andamenti nella sezione delle tensioni normali $\boldsymbol{\sigma}$ dovute al momento flettente e di quelle tangenziali $\boldsymbol{\tau}$ dovute al taglio.
Si può osservare come l'andamento delle tensioni normali sia lineare a ***farfalla***, con valore nullo sull'asse baricentrico ***Z'-Z'***, coincidente con l'asse neutro. Per quanto riguarda invece le tensioni tangenziali, va rilevato che il diagramma non è lineare: esso presenta un andamento di tipo parabolico con valori nulli alle estremità e con una discontinuità piuttosto marcata. Questa è dovuta alla brusca variazione della larghezza da considerare al denominatore della formula di ***Jourawsky***, al passaggio dal punto *2* al punto *3* (visibili nella Fig. 2.12 di pag. 66). Se infatti in corrispondenza del punto *2* bisogna considerare uno spessore pari a $\boldsymbol{b_3=100mm}$, in corrispondenza del punto *3*, lo spessore da considerare è solo $\boldsymbol{b_2=14mm}$, il che comporta un incremento di un fattore superiore a ***7*** per il valore della tensione tangenziale.

2.4 Esercizio 4

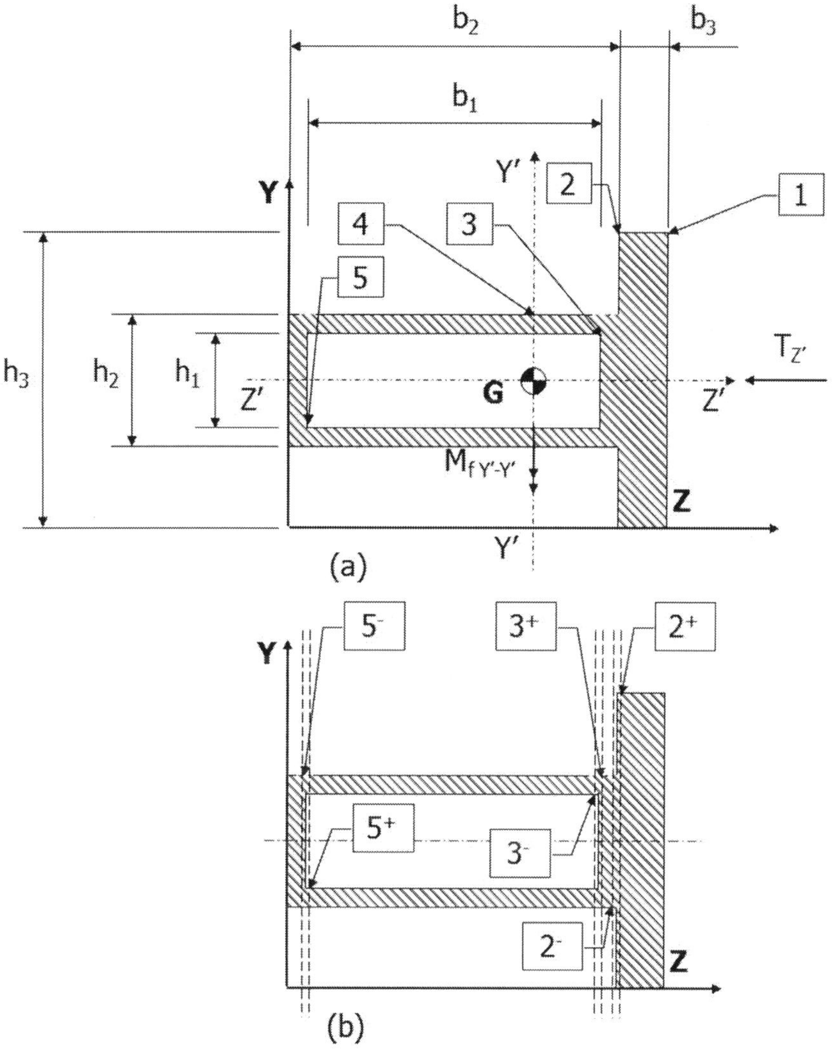

Figura 2.17: (a) La sezione in studio, con sistemi di riferimento, quote, sollecitazioni e punti notevoli, (b) Dettaglio sulle giaciture ***2***$^+$ e ***2***$^-$, ***3***$^+$ e ***3***$^-$, ***5***$^+$ e ***5***$^-$ per la discussione del valore della tensione tangenziale

La sezione mostrata in Fig. 2.17(a) è sollecitata dalla forza di taglio $\boldsymbol{T_{Z'}=35kN}$ e dal momento flettente $\boldsymbol{M_{f\ Y'\text{-}Y'}=8.000Nm}$. Sapendo che b_1=*92mm*, b_2=*100mm*, b_3=*12mm*, h_1=*32mm*, h_2=*40mm* e h_3=*80mm*, calcolare la posizione del baricentro ***G*** rispetto agli assi cartesiani ***Z-Y*** e i momenti d'inerzia rispetto agli assi baricentrici ***Z'-Z'*** ed ***Y'-Y'***. In corrispondenza dei punti ***1***, ***2***, ***3***, ***4*** e ***5*** si valutino le tensioni normali, quelle tangenziali e quelle ideali secondo il criterio di ***Von Mises***. Con riferimento ai punti ***2***, ***3*** e ***5*** si discuta il valore della tensione tangenziale (e di conseguenza quello della tensione ideale), a seconda del fatto che la relativa giacitura sia posta un infinitesimo a destra o un infinitesimo a sinistra rispetto alla corrispondente superficie verticale della sezione. Si vedano le linee tratteggiate e le giaciture 2^+ e 2^-, 3^+ e 3^-, 5^+ e 5^- nella Fig. 2.17(b).

Soluzione

Il procedimento risolutivo deve necessariamente partire dalla determinazione della posizione del baricentro ***G***, rispetto al sistema di riferimento dato ***Z-Y***. Prima di passare al calcolo pratico delle coordinate del baricentro, è sempre opportuno chiedersi se la sezione presenti degli assi di simmetria. In generale, quando la sezione presenti almeno un asse di simmetria, la determinazione del baricentro è molto facilitata, dato che l'asse di simmetria risulta anche baricentrico e principale d'inerzia. Nel presente caso si osserva che la sezione in studio risulta simmetrica rispetto ad un asse orizzontale, giacente sulla mezzeria delle quote h_1, h_2 ed h_3. Pertanto, l'asse baricentrico ***Z'-Z'*** deve necessariamente coincidere con l'asse di simmetria appena individuato. Di conseguenza, risulta immediatamente determinata la quota verticale Y_G del baricentro ***G*** calcolata nell'Eq. 2.59.

$$Y_G = \frac{h_3}{2} = \frac{80}{2} = 40\text{mm} \tag{2.59}$$

Si procede ora alla determinazione della quota orizzontale del baricentro ***G***, indicata dal simbolo Z_G. Prima di impostare il calcolo si può ragionevolmente supporre che tale quota risulti maggiore di $\frac{b_2}{2} = 50mm$, dal momento che la piastra è saldata sulla parte esterna laterale destra della sezione a cassone.

$$Z_G = \frac{S_{Y-Y}}{A} \tag{2.60}$$

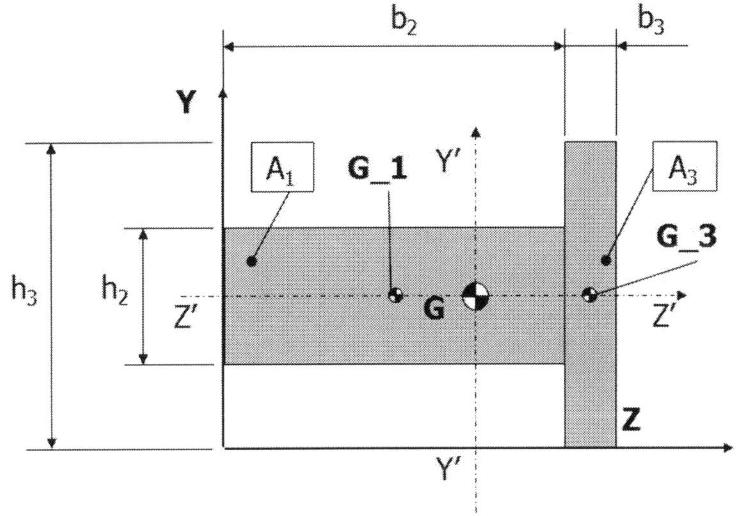

Figura 2.18: Individuazione delle aree $\boldsymbol{A_1}$ e $\boldsymbol{A_3}$ con indicazione delle posizioni dei rispettivi baricentri

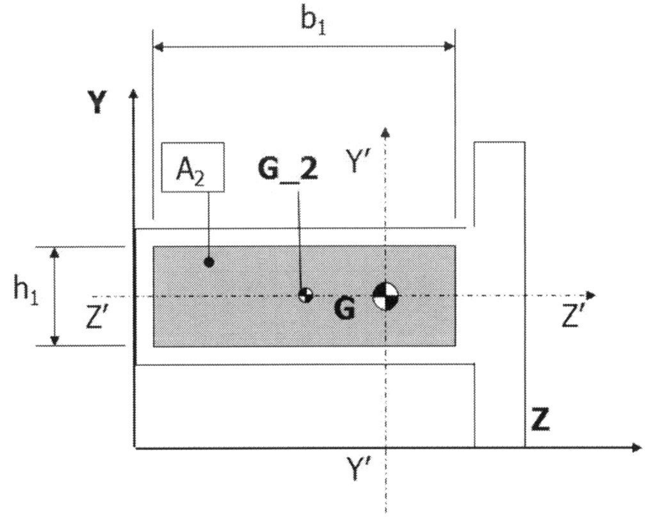

Figura 2.19: Individuazione dell'area $\boldsymbol{A_2}$ con indicazione della posizione del rispettivo baricentro

La quota orizzontale del baricentro viene calcolata (Eq. 2.60) come rapporto fra il momento statico $\boldsymbol{S_{Y\text{-}Y}}$ riferito all'intera sezione rispetto all'asse ***Y-Y*** e l'area della sezione stessa, ***A***. Si può osservare che la sezione in studio può essere pensata come il risultato della somma algebrica di tre rettangoli, indicati con i simboli $\boldsymbol{A_1}$, $\boldsymbol{A_2}$ e $\boldsymbol{A_3}$ nelle Figg. 2.18 e 2.19. Osservando tali figure si nota come la sezione in studio sia ottenibile attraverso le seguenti due operazioni. Inizialmente, occorre detrarre dal rettangolo $\boldsymbol{A_1}$, avente le dimensioni d'ingombro della sezione $\boldsymbol{(b_2 \cdot h_2)}$, il rettangolo $\boldsymbol{A_2}$, avente le dimensione d'ingombro della sezione $\boldsymbol{(b_1 \cdot h_1)}$ ottenendo una sezione a cassone (parte sinistra della sezione di Fig. 2.17). Successivamente, occorre aggiungere il rettangolo $\boldsymbol{A_3}$, che corrisponde alla sezione verticale $\boldsymbol{b_3 \cdot h_3}$ di Fig. 2.17). Il momento statico $\boldsymbol{S_{Y\text{-}Y}}$ può, dunque, essere valutato su una sezione data dalla somma algebrica $\boldsymbol{(A_1 - A_2 + A_3)}$ dei succitati rettangoli. Il vantaggio nel procedere in questo modo sta nel fatto che i tre integrali possono essere facilmente valutati, grazie all'osservazione desumibile dall'Eq. 2.61, che trae spunto dalla determinazione della quota orizzontale del baricentro ***G_3*** della sola porzione di superficie $\boldsymbol{A_3}$. Tale quota, indicata con $\boldsymbol{Z_{G\_3}}$, è così determinata.

$$Z_{G\_3} = \frac{\int_{A_3} z \, dA_3}{A_3} \Leftrightarrow \int_{A_3} z \, dA_3 = Z_{G\_3} \cdot A_3 \tag{2.61}$$

Analoghe osservazioni valgono, ovviamente, anche per i baricentri ***G_1*** e ***G_2*** delle aree $\boldsymbol{A_1}$ ed $\boldsymbol{A_2}$, e per la relative quote orizzontali, rispettivamente $\boldsymbol{Z_{G\_1}}$ e $\boldsymbol{Z_{G\_2}}$. Tutte queste quote baricentriche sono facilmente determinabili, tramite banali considerazioni geometriche applicate alle porzioni rettangolari $\boldsymbol{A_1}$, $\boldsymbol{A_2}$ ed $\boldsymbol{A_3}$.

La valutazione della quota $\boldsymbol{Z_G}$ è, dunque, operata dall'Eq. 2.62.

$$
\begin{aligned}
Z_G &= \frac{S_{Y-Y}}{A} = \frac{\int_A z\,dA}{A} = \frac{\int_{A_1} z\,dA_1 - \int_{A_2} z\,dA_2 + \int_{A_3} z\,dA_3}{A_1 - A_2 + A_3} = \\
&= \frac{Z_{G\_1} \cdot A_1 - Z_{G\_2} \cdot A_2 + Z_{G\_3} \cdot A_3}{A_1 - A_2 + A_3} = \\
&= \frac{\frac{b_2}{2} \cdot b_2 \cdot h_2 - \frac{b_2}{2} \cdot b_1 \cdot h_1 + \left(b_2 + \frac{b_3}{2}\right) \cdot b_3 \cdot h_3}{b_2 \cdot h_2 - b_1 \cdot h_1 + b_3 \cdot h_3} = \\
&= \frac{\frac{100}{2} \cdot 100 \cdot 40 - \frac{100}{2} \cdot 92 \cdot 32 + \left(100 + \frac{12}{2}\right) \cdot 12 \cdot 80}{100 \cdot 40 - 92 \cdot 32 + 12 \cdot 80} = \\
&= 76,7\text{mm}
\end{aligned}
\tag{2.62}
$$

Si passa ora alla determinazione dei momenti inerziali baricentrici, ad iniziare da quello rispetto all'asse orizzontale ***Z'-Z'***. Si ricorda in proposito che il momento inerziale è anch'esso definito come un integrale sull'intera sezione $\boldsymbol{A}$, Eq. 2.63.

$$
I_{Z'-Z'} = \int_A y'^2\,dA \tag{2.63}
$$

Poco fa si è osservato che la sezione in studio può essere ottenuta, tramite la somma algebrica di tre porzioni rettangolari, indicate con $\boldsymbol{A_1}$, $\boldsymbol{A_2}$ e $\boldsymbol{A_3}$ nelle Figg. 2.18 e 2.19. Ricordando la proprietà additiva degli integrali, il momento d'inerzia della sezione in studio può essere valutato come la somma algebrica di tre momenti inerziali, Eq. 2.64. Questi sono tutti valutati rispetto all'asse ***Z'-Z'*** e si riferiscono rispettivamente alle porzioni della sezione $\boldsymbol{A_1}$, $\boldsymbol{A_2}$ e $\boldsymbol{A_3}$. E' inoltre da rimarcare che il secondo termine va considerato con segno negativo, per tenere conto della detrazione della porzione di area ($\boldsymbol{A_2}$) corrispondente. Operare in questo modo, ossia riconducendosi a sezioni rettangolari di cui occorre valutare il momento inerziale, permette di velocizzare i calcoli. In tal caso, si ha inoltre un vantaggio aggiuntivo: si diceva prima che i tre contributi di momento d'inerzia sono calcolati rispetto all'asse ***Z'-Z'***: dall'osservazione delle Figg. 2.18 e 2.19 si nota che tale asse è baricentrico anche per le tre superfici $\boldsymbol{A_1}$, $\boldsymbol{A_2}$ e $\boldsymbol{A_3}$. Di conseguenza, tutti i contributi di momento d'inerzia sono computabili senza dover fare ricorso al Teorema di ***Huygens-Steiner***: ove possibile è sempre bene cercare di evitarne l'applicazione, per limitare l'aggravio dei calcoli.

$$
\begin{aligned}
I_{Z'-Z'} &= \int_{A_1} y'^2\, dA_1 - \int_{A_2} y'^2\, dA_2 + \int_{A_3} y'^2\, dA_3 = \\
&= \frac{1}{12} \cdot b_2 \cdot h_2^3 - \frac{1}{12} \cdot b_1 \cdot h_1^3 + \frac{1}{12} \cdot b_3 \cdot h_3^3 = \\
&= \frac{1}{12} \cdot 100 \cdot 40^3 - \frac{1}{12} \cdot 92 \cdot 32^3 + \frac{1}{12} \cdot 12 \cdot 80^3 = \\
&= 794.112 \text{mm}^4
\end{aligned}
\tag{2.64}
$$

Allo stesso modo si può procedere per il calcolo del momento inerziale $\boldsymbol{I_{Y'\text{-}Y'}}$ rispetto all'asse verticale ***Y'-Y'***. Ripetendo analoghe considerazioni, anch'esso risulta esprimibile come la somma algebrica di tre momenti d'inerzia, valutati rispetto all'asse ***Y'-Y'*** e con riferimento alle porzioni della sezione $\boldsymbol{A_1}$, $\boldsymbol{A_2}$ ed $\boldsymbol{A_3}$ di Figg. 2.18 e 2.19. Anche in questo caso, il secondo integrale deve essere preceduto dal segno negativo, per tenere conto della detrazione della superficie $\boldsymbol{A_2}$. Da un lato si ha un giovamento dal poter operare con sezioni rettangolari, tuttavia va rilevato che nel presente calcolo i tre momenti inerziali non sono baricentrici per $\boldsymbol{A_1}$, $\boldsymbol{A_2}$ ed $\boldsymbol{A_3}$: in altre parole l'asse ***Y'-Y'*** non è baricentrico per le tre superfici. Pertanto, non ci si può esimere dall'applicazione del Teorema di ***Huygens-Steiner*** con calcolo dei termini di trasporto come indicato nell'Eq. 2.65.

$$
\begin{aligned}
I_{Y'-Y'} &= \int_{A} z'^2\, dA = \int_{A_1} z'^2\, dA_1 - \int_{A_2} z'^2\, dA_2 + \int_{A_3} z'^2\, dA_3 = \\
&= \frac{1}{12} \cdot h_2 \cdot b_2^3 + h_2 \cdot b_2 \cdot \left(Z_G - \frac{b_2}{2}\right)^2 + \\
&- \left[\frac{1}{12} \cdot h_1 \cdot b_1^3 + h_1 \cdot b_1 \cdot \left(Z_G - \frac{b_2}{2}\right)^2\right] + \\
&+ \frac{1}{12} \cdot h_3 \cdot b_3^3 + h_3 \cdot b_3 \cdot \left(b_2 + \frac{b_3}{2} - Z_G\right)^2 = \\
&= \frac{1}{12} \cdot 40 \cdot 100^3 + 40 \cdot 100 \cdot \left(76,7 - \frac{100}{2}\right)^2 + \\
&- \left[\frac{1}{12} \cdot 32 \cdot 92^3 + 32 \cdot 92 \cdot \left(76,7 - \frac{100}{2}\right)^2\right] + \\
&+ \frac{1}{12} \cdot 80 \cdot 12^3 + 80 \cdot 12 \cdot \left(100 + \frac{12}{2} - 76,7\right)^2 = \\
&= 2.845.312 \text{mm}^4
\end{aligned}
\tag{2.65}
$$

Si passa ora al computo delle tensioni nei punti indicati in Fig. 2.17 di pag. 77. Verranno indicate con il simbolo $\boldsymbol{\sigma}$ le tensioni normali da momento flettente, con $\boldsymbol{\tau}$ le tensioni tangenziali da taglio e con $\boldsymbol{\sigma_{VM}}$ le tensioni normali equivalenti secondo il criterio di ***Von Mises***. Opportuni pedici, ***1***, ***2***, ***3***, ***4***, ***5*** verranno inoltre aggiunti, con riferimento ai punti notevoli di Fig. 2.17.

Punto 1:
Si osserva prima di tutto che tale punto giace sul lato destro della sezione e che la struttura è sollecitata da un momento $\boldsymbol{M_{f\ Y'\text{-}Y'}}$, che tende proprio le fibre della parte destra. Ne consegue che la tensione normale flettente avrà un valore positivo, ad indicare uno stato di trazione. Nello specifico la tensione normale $\boldsymbol{\sigma_1}$ è espressa dall'Eq. 2.66, in cui il termine $\boldsymbol{z_1}$ rappresenta la distanza fra il punto ***1*** e l'asse neutro, coincidente con l'asse baricentrico ***Y'-Y'***.

$$\begin{aligned}\sigma_1 &= \frac{M_{f\,Y'-Y'}}{I_{Y'-Y'}} \cdot z_1 = \frac{M_{f\,Y'-Y'}}{I_{Y'-Y'}} \cdot (b_2 + b_3 - Z_G) = \\ &= \frac{8.000 \cdot 10^3}{2.845.312} \cdot (100 + 12 - 76,7) = 99\text{MPa}\end{aligned} \tag{2.66}$$

La tensione tangenziale $\boldsymbol{\tau_1}$ secondo la formula di ***Jourawsky*** è espressa dall'Eq. 2.67, in cui il termine $\boldsymbol{S^*_{Y'-Y'_1}}$ rappresenta il momento statico, valutato rispetto all'asse baricentrico ***Y'-Y'***, riferito al solo segmento che costituisce il bordo sul lato destro della sezione. Ovviamente tale momento statico è nullo, e di conseguenza risulta nulla la tensione tangenziale.

$$\tau_1 = \frac{S^*_{Y'-Y'_1} \cdot T_{Z'}}{I_{Y'-Y'} \cdot h_3} = 0 \tag{2.67}$$

Infine, la tensione equivalente secondo ***Von Mises***, $\boldsymbol{\sigma_{VM_1}}$, risulta esprimibile come in Eq. 2.68 ed è evidentemente uguale alla $\boldsymbol{\sigma_1}$.

$$\sigma_{VM_1} = \sqrt{\sigma_1^2 + 3 \cdot \tau_1^2} = \sigma_1 = 99\text{MPa} \tag{2.68}$$

Punto 2:
La tensione normale da momento flettente nel punto ***2*** è senz'altro minore di quella nel punto ***1***, dal momento che la distanza fra il punto ***2*** e l'asse baricentrico ***Y'-Y'*** è inferiore. Tale tensione risulta inoltre ancora positiva, per tenere conto dello stato di trazione. Oltre alla tensione normale è ivi presente anche la tensione tangenziale dovuta al taglio, che sarà successivamente valutata. La tensione normale è calcolata in Eq. 2.69, in cui il termine $\boldsymbol{z_2}$ rappresenta la distanza fra il punto ***2*** e l'asse ***Y'-Y'***.

$$\begin{aligned} \sigma_2 &= \frac{M_{f\,Y'-Y'}}{I_{Y'-Y'}} \cdot z_2 = \frac{M_{f\,Y'-Y'}}{I_{Y'-Y'}} \cdot (b_2 - Z_G) = \\ &= \frac{8.000 \cdot 10^3}{2.845.312} \cdot (10 - 76,7) = 66\text{MPa} \end{aligned} \tag{2.69}$$

Prima di operare il calcolo della tensione tangenziale da taglio è opportuno osservare che nel punto ***2*** il relativo diagramma presenta una discontinuità. Questo è dovuto al fatto che, in corrispondenza di tale punto il termine di larghezza da indicare a denominatore nella formula di ***Jourawsky*** subisce una brusca variazione. Quanto detto è facilmente riscontrabile dall'analisi della Fig. 2.17 di pag. 77: in particolare si osserva che, per effetto del passaggio dal piatto alla sezione a cassone, la larghezza di cui sopra varia da ***h₃=80mm*** a ***h₂=40mm***. Verranno quindi calcolati due valori per la tensione tangenziale in ***2***: il primo farà riferimento ad una locazione posta un infinitesimo più a destra del punto ***2*** e sarà indicato come $\boldsymbol{\tau_{2+}}$, mentre il secondo, facente riferimento ad una giacitura un infinitesimo più a sinistra, sarà scritto come $\boldsymbol{\tau_{2-}}$. Si vedano rispettivamente le Eqq. 2.70 e 2.71. Il termine $\boldsymbol{S^*_{Y'-Y'_2}}$ in tali relazioni rappresenta il momento statico, valutato rispetto all'asse ***Y'-Y'***, con riferimento alla porzione di sezione evidenziata in Fig. 2.20.

$$\begin{aligned} \tau_{2+} &= \frac{S^*_{Y'-Y'_2} \cdot T_{Z'}}{I_{Y'-Y'} \cdot h_3} = \frac{\left(b_2 + \frac{b_3}{2} - Z_G\right) \cdot h_3 \cdot b_3 \cdot T_{Z'}}{I_{Y'-Y'} \cdot h_3} = \\ &= \frac{\left(100 + \frac{12}{2} - 76,7\right) \cdot 80 \cdot 12 \cdot 35 \cdot 10^3}{2.845.312 \cdot 80} = 4,3\text{MPa} \end{aligned} \tag{2.70}$$

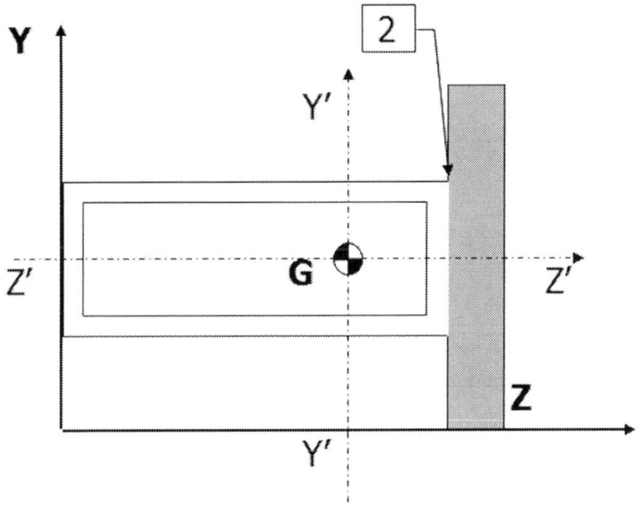

Figura 2.20: Porzione di sezione da considerare nella valutazione del momento statico per l'applicazione della formula di ***Jourawsky*** (punto *2*)

$$\begin{aligned}\tau_{2-} &= \frac{S^*_{Y'-Y'_2} \cdot T_{Z'}}{I_{Y'-Y'} \cdot h_2} = \frac{\left(b_2 + \frac{b_3}{2} - Z_G\right) \cdot h_3 \cdot b_3 \cdot T_{Z'}}{I_{Y'-Y'} \cdot h_2} = \\ &= \frac{\left(100 + \frac{12}{2} - 76,7\right) \cdot 80 \cdot 12 \cdot 35 \cdot 10^3}{2.845.312 \cdot 40} = 8,7\text{MPa}\end{aligned} \tag{2.71}$$

La tensione equivalente secondo ***Von Mises*** viene calcolata, come di consueto, combinando le tensioni normali e tangenziali. Dal momento tuttavia che, come sopra ravvisato, le tensioni tangenziali, presentano una discontinuità nel punto *2*, anche nel caso delle tensioni equivalenti, occorrerà operare una distinzione. Saranno pertanto calcolati due valori: il primo, facente riferimento ad una giacitura un infinitesimo più a destra del punto *2*, sarà indicato con $\boldsymbol{\sigma_{VM_{2+}}}$ e verrà valutato in Eq. 2.72. Il secondo, con riferimento ad una locazione posta un infinitesimo più a sinistra, indicato con $\boldsymbol{\sigma_{VM_{2-}}}$, sarà calcolato in Eq. 2.73.

$$\sigma_{VM_{2+}} = \sqrt{\sigma_2^2 + 3 \cdot \tau_{2+}^2} = \sqrt{66^2 + 3 \cdot 4,3^2} = 66\text{MPa} \approx \sigma_2 \tag{2.72}$$

$$\sigma_{VM_{2-}} = \sqrt{\sigma_2^2 + 3 \cdot \tau_{2-}^2} = \sqrt{66^2 + 3 \cdot 8,7^2} = 67\text{MPa} \tag{2.73}$$

Punto 3:
La tensione normale da momento flettente nel punto ***3*** è senz'altro minore di quella nei punti ***1*** e ***2***: la distanza fra il punto ***3*** e l'asse baricentrico ***Y'-Y'*** è infatti ancora minore. Tale tensione risulta inoltre positiva, essendo il punto in questione ancora soggetto ad uno sforzo di trazione. Anche nel presente caso è presente una tensione tangenziale da taglio. La tensione normale è calcolata in Eq. 2.74, in cui il termine $\boldsymbol{z_3}$ rappresenta la distanza fra il punto ***3*** e l'asse ***Y'-Y'***.

$$\begin{aligned}\sigma_3 &= \frac{M_{f\,Y'-Y'}}{I_{Y'-Y'}} \cdot z_3 = \frac{M_{f\,Y'-Y'}}{I_{Y'-Y'}} \cdot \left(b_2 - \frac{b_2 - b_1}{2} - Z_G\right) = \\ &= \frac{8.000 \cdot 10^3}{2.845.312} \cdot \left(100 - \frac{100 - 92}{2} - 76,7\right) = 54\text{MPa}\end{aligned} \tag{2.74}$$

Prima di operare il calcolo della tensione tangenziale da taglio va osservato che la giacitura nel punto ***3*** è nelle stesse condizioni di quella nel punto ***2***: anche in tal caso si ha una discontinuità nell'andamento delle tensioni tangenziali da taglio. Come sopra, il motivo va ricercato nella repentina variazione del termine di larghezza a denominatore nella formula di ***Jourawsky***. Si veda al proposito la Fig. 2.17 di pag. 77: la larghezza che deve essere considerata varia da $\boldsymbol{h_2=40mm}$ a $\boldsymbol{(h_2-h_1)=8mm}$. Anche per il punto ***3*** si procederà dunque al calcolo di due valori per la tensione tangenziale: il primo farà riferimento ad una locazione posta un infinitesimo più a destra del punto ***3*** e sarà indicato come $\boldsymbol{\tau_{3+}}$, mentre il secondo, facente riferimento ad una giacitura un infinitesimo più a sinistra, sarà scritto come $\boldsymbol{\tau_{3-}}$. Si vedano rispettivamente le Eqq. 2.76 e 2.77. E' opportuno fare due precisazioni. Prima di tutto, il termine $\boldsymbol{S^*_{Y'-Y'_3}}$ presente in tali relazioni rappresenta il momento statico, valutato rispetto all'asse ***Y'-Y'***, con riferimento alla porzione di sezione evidenziata in Fig. 2.21. Tale momento statico è calcolato separatamente (per ragioni di chiarezza) in Eq. 2.75 sulla base della proprietà di additività dell'integrale (si ricorda che il momento statico è, per definizione, un integrale di superficie) e di semplici considerazioni geometriche. In secondo luogo, si sottolinea che il termine di larghezza da considerare al denominatore dell'Eq. 2.77 è dato dalla somma dei due spessori $\boldsymbol{\frac{h_2-h_1}{2}}$.

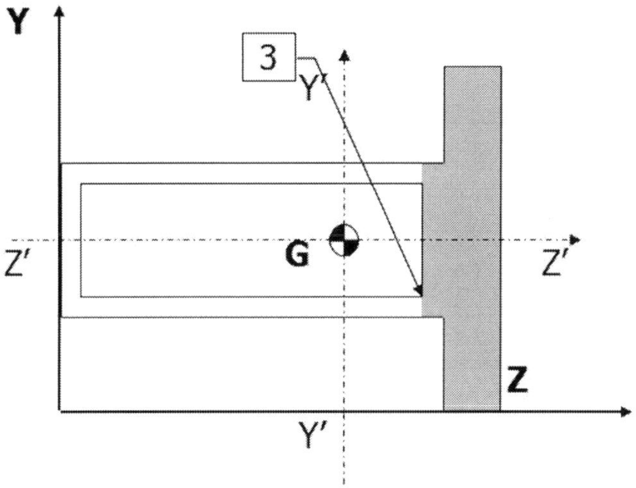

Figura 2.21: Porzione di sezione da considerare nella valutazione del momento statico per l'applicazione della formula di ***Jourawsky*** (punto *3*)

$$\begin{aligned} S^*_{Y'-Y'_3} &= \left(b_2 + \frac{b_3}{2} - Z_G\right) \cdot h_3 \cdot b_3 + \\ &+ \left(b_2 - \frac{b_2 - b_1}{4} - Z_G\right) \cdot h_2 \cdot \frac{b_2 - b_1}{2} = \\ &= \left(100 + \frac{12}{2} - 76,7\right) \cdot 80 \cdot 12 + \\ &+ \left(100 - \frac{100 - 92}{4} - 76,7\right) \cdot 40 \cdot \frac{100 - 92}{2} = \\ &= 31.573 \text{mm}^3 \end{aligned} \tag{2.75}$$

$$\tau_{3+} = \frac{S^*_{Y'-Y'_3} \cdot T_{Z'}}{I_{Y'-Y'} \cdot h_2} = \frac{31.573 \cdot 35 \cdot 10^3}{2.845.312 \cdot 40} = 9,7 \text{MPa} \tag{2.76}$$

$$\tau_{3-} = \frac{S^*_{Y'-Y'_3} \cdot T_{Z'}}{I_{Y'-Y'} \cdot (h_2 - h_1)} = \frac{31.573 \cdot 35 \cdot 10^3}{2.845.312 \cdot (40 - 32)} = 49 \text{MPa} \tag{2.77}$$

La tensione equivalente secondo ***Von Mises*** viene calcolata, combinando le tensioni normali e tangenziali. Anche in questo caso le tensioni tangenziali presentano una discontinuità, per cui si dovrà operare una distinzione nel computo delle tensioni equivalenti. Considerando una prima locazione, posta un infinitesimo più a destra del punto ***3***, si valuterà un primo valore, $\boldsymbol{\sigma_{VM_{3+}}}$, in Eq. 2.78. In corrispondenza di una seconda giacitura, situata un infinitesimo più a sinistra, si calcolerà un ulteriore valore, $\boldsymbol{\sigma_{VM_{3-}}}$, in Eq. 2.79.

$$\sigma_{VM_{3+}} = \sqrt{\sigma_3^2 + 3 \cdot \tau_{3+}^2} = \sqrt{54^2 + 3 \cdot 9,7^2} = 57\text{MPa} \tag{2.78}$$

$$\sigma_{VM_{3-}} = \sqrt{\sigma_3^2 + 3 \cdot \tau_{3-}^2} = \sqrt{54^2 + 3 \cdot 49^2} = 100\text{MPa} \tag{2.79}$$

Punto 4:
La tensione normale dovuta al momento flettente in corrispondenza del punto ***4*** è evidentemente nulla, in quanto tale punto giace sull'asse baricentrico ***Y'-Y'***, che coincide con l'asse neutro. La tensione tangenziale dovuta a taglio viene calcolata (secondo la formulazione di ***Jourawsky***) in Eq. 2.81, in cui il termine $\boldsymbol{S^*_{Y'-Y'_4}}$ rappresenta il momento statico, valutato rispetto all'asse ***Y'-Y'***, con riferimento alla porzione di sezione che risulta evidenziata in Fig. 2.22. Il calcolo di tale momento statico, operato sulla base della proprietà di additività dell'integrale (si ricorda che il momento statico è, per definizione, un integrale di superficie) e di semplici considerazioni geometriche, è mostrata separatamente (per ragioni di chiarezza) in Eq. 2.80. Il termine di larghezza da considerare al denominatore dell'Eq. 2.81 è dato dalla somma dei due spessori $\boldsymbol{\frac{h_2-h_1}{2}}$.

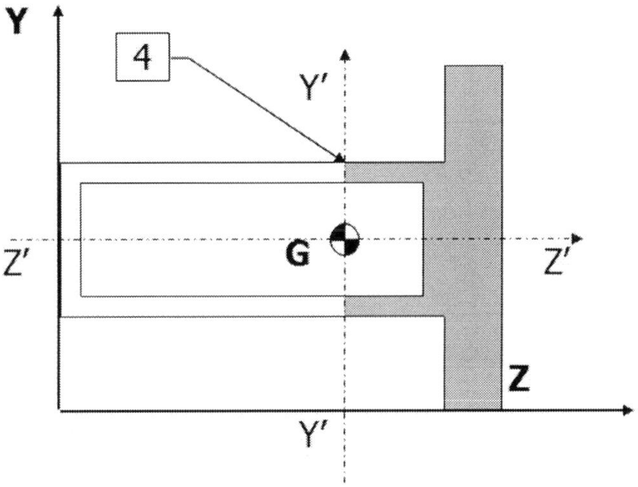

Figura 2.22: Porzione di sezione da considerare nella valutazione del momento statico per l'applicazione della formula di ***Jourawsky*** (punto *4*)

$$
\begin{aligned}
S^{*}_{Y'-Y'_4} &= \left(b_2 + \frac{b_3}{2} - Z_G\right) \cdot h_3 \cdot b_3 + \\
&+ \left(b_2 - \frac{b_2 - b_1}{4} - Z_G\right) \cdot h_2 \cdot \frac{b_2 - b_1}{2} + \\
&+ \frac{b_2 - \frac{b_2 - b_1}{2} - Z_G}{2} \cdot (h_2 - h_1) \cdot \left(b_2 - \frac{b_2 - b_1}{2} - Z_G\right) = \\
&= \left(100 + \frac{12}{2} - 76,7\right) \cdot 80 \cdot 12 + \\
&+ \left(100 - \frac{100 - 92}{4} - 76,7\right) \cdot 40 \cdot \frac{100 - 92}{2} + \\
&+ \frac{100 - \frac{100-92}{2} - 76,7}{2} \cdot (40 - 32) \cdot \left(100 - \frac{100 - 92}{2} - 76,7\right) = \\
&= 33.068 \mathrm{mm}^3
\end{aligned}
\tag{2.80}
$$

$$\tau_4 = \frac{S^*_{Y'-Y'_4} \cdot T_{Z'}}{I_{Y'-Y'} \cdot (h_2 - h_1)} = \frac{33.068 \cdot 35 \cdot 10^3}{2.845.312 \cdot (40 - 32)} = 51\text{MPa} \tag{2.81}$$

Infine, la tensione equivalente secondo ***Von Mises***, $\boldsymbol{\sigma_{VM_4}}$, risulta esprimibile come in Eq. 2.82.

$$\sigma_{VM_4} = \sqrt{\sigma_4^2 + 3 \cdot \tau_4^2} = \sqrt{3} \cdot \tau_4 = \sqrt{3} \cdot 51 = 88\text{MPa} \tag{2.82}$$

Punto 5:
Come visto precedentemente, la sezione è sollecitata da un momento flettente $\boldsymbol{M_{f\ Y'\text{-}Y'}}$, che tende le fibre sul lato destro. Dal momento che il punto ***5*** si trova alla sinistra dell'asse baricentrico ***Y'-Y'***, esso risulta soggetto a compressione, pertanto la relativa tensione normale deve essere indicata con segno negativo. E' inoltre presente una tensione tangenziale da taglio, che dovrà essere valutata, calcolando opportunamente il momento statico e discutendo sul termine di spessore da considerare. La tensione normale è calcolata in Eq. 2.83, in cui il termine $\boldsymbol{z_5}$ rappresenta la distanza fra il punto ***5*** e l'asse ***Y'-Y'***.

$$\begin{aligned} \sigma_5 &= -\frac{M_{f\,Y'-Y'}}{I_{Y'-Y'}} \cdot z_5 = -\frac{M_{f\,Y'-Y'}}{I_{Y'-Y'}} \cdot \left(Z_G - \frac{b_2 - b_1}{2}\right) = \\ &= -\frac{8.000 \cdot 10^3}{2.845.312} \cdot \left(76,7 - \frac{100 - 92}{2}\right) = -204\text{MPa} \end{aligned} \tag{2.83}$$

Prima di operare il calcolo della tensione tangenziale da taglio va osservato che la giacitura nel punto ***5*** è nelle stesse condizioni di quelle nei punti ***2*** e ***3***: si è cioè in presenza di una discontinuità sulle tensioni tangenziali da taglio. Proprio come nel caso del punto ***3***, il termine di larghezza da considerare a denominatore nella formula di ***Jourawsky*** varia bruscamente da $\boldsymbol{(h_2\text{-}h_1)=8mm}$ a $\boldsymbol{h_2=40mm}$. Si veda al proposito la Fig. 2.17 di pag. 77. Anche per il punto ***5*** si troveranno quindi due valori per la tensione tangenziale: il primo, con riferimento ad una giacitura posta un infinitesimo più a destra del punto ***5***, sarà indicato come $\boldsymbol{\tau_{5^+}}$, mentre il secondo, con riferimento ad una posizione un infinitesimo più a sinistra, sarà definito come $\boldsymbol{\tau_{5^-}}$. Si vedano, a tal proposito, rispettivamente le Eqq. 2.86 e 2.87. Si precisa che il termine

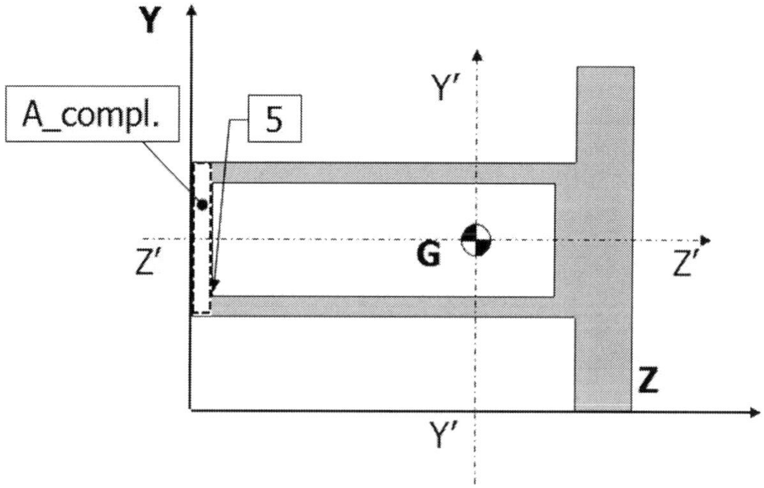

Figura 2.23: Porzione di sezione da considerare nella valutazione del momento statico per l'applicazione della formula di ***Jourawsky*** (punto ***5***)

$\boldsymbol{S^*_{Y'-Y'_5}}$ rappresenta il momento statico, valutato rispetto all'asse ***Y'-Y'***, con riferimento alla porzione di sezione evidenziata in Fig. 2.23. Tale momento statico viene inoltre calcolato separatamente in Eq. 2.84 per ragioni di chiarezza, sfruttando sempre l'additività.

$$\begin{aligned}
S^*_{Y'-Y'_5} &= \left(b_2 + \frac{b_3}{2} - Z_G\right) \cdot h_3 \cdot b_3 + \\
&+ \left(b_2 - \frac{b_2 - b_1}{4} - Z_G\right) \cdot h_2 \cdot \frac{b_2 - b_1}{2} + \\
&+ \left(\frac{b_2}{2} - Z_G\right) \cdot (h_2 - h_1) \cdot b_1 = \\
&= \left(100 + \frac{12}{2} - 76,7\right) \cdot 80 \cdot 12 + \\
&+ \left(100 - \frac{100 - 92}{4} - 76,7\right) \cdot 40 \cdot \frac{100 - 92}{2} + \\
&+ \left(\frac{100}{2} - 76,7\right) \cdot (40 - 32) \cdot 92 = \\
&= 11.947 \mathrm{mm}^3
\end{aligned} \tag{2.84}$$

Si può osservare che il momento statico $\boldsymbol{S^*_{Y'-Y'_5}}$ è più facilmente calcolabile, anche seguendo il procedimento dell'Eq. 2.85, in cui si sfrutta ancora l'additività dei momenti statici. In tale equazione il momento $\boldsymbol{S^*_{Y'-Y'_5}}$ è ricavato come differenza fra un termine $\boldsymbol{S_{Y'-Y'}}$, che rappresenta il momento statico di tutta la sezione rispetto ad ***Y'-Y'***, ed un termine $\boldsymbol{S^{A\_compl.}_{Y'-Y'}}$, che rappresenta il momento statico riferito alla superficie complementare ***A_compl.*** di Fig. 2.23, rispetto ad ***Y'-Y'***. E' chiaro che il termine $\boldsymbol{S_{Y'-Y'}}$ risulta nullo, in quanto momento statico baricentrico.

$$\begin{aligned} S^*_{Y'-Y'_5} &= S_{Y'-Y'} - S^{A\_compl.}_{Y'-Y'} = 0 - S^{A\_compl.}_{Y'-Y'} = \\ &= -\left(-Z_G + \frac{b_2 - b_1}{4}\right) \cdot h_2 \cdot \frac{b_2 - b_1}{2} = \\ &= -\left(-76,7 + \frac{100 - 92}{4}\right) \cdot 40 \cdot \frac{100 - 92}{2} = \\ &= 11.947\text{mm}^3 \end{aligned} \tag{2.85}$$

$$\tau_{5+} = \frac{S^*_{Y'-Y'_5} \cdot T_{Z'}}{I_{Y'-Y'} \cdot (h_2 - h_1)} = \frac{11.947 \cdot 35 \cdot 10^3}{2.845.312 \cdot (40 - 32)} = 18\text{MPa} \tag{2.86}$$

$$\tau_{5-} = \frac{S^*_{Y'-Y'_5} \cdot T_{Z'}}{I_{Y'-Y'} \cdot h_2} = \frac{11.947 \cdot 35 \cdot 10^3}{2.845.312 \cdot 40} = 3,7\text{MPa} \tag{2.87}$$

La tensione equivalente secondo ***Von Mises*** viene calcolata di norma come combinazione delle tensioni normali e tangenziali. Ancora una volta, dato che le tensioni tangenziali hanno una discontinuità, occorrerà operare una distinzione anche nel calcolo delle tensioni equivalenti. Nel caso della giacitura posta un infinitesimo alla destra del punto ***5***, la relativa tensione secondo ***Von Mises*** sarà indicata come $\boldsymbol{\sigma_{VM_{5+}}}$ e mostrata in Eq. 2.88. Nel caso della locazione un infinitesimo spostata a sinistra, la relativa tensione $\boldsymbol{\sigma_{VM_{5-}}}$ verrà calcolata in Eq. 2.89.

$$\sigma_{VM_{5+}} = \sqrt{\sigma_5^2 + 3 \cdot \tau_{5+}^2} = \sqrt{204^2 + 3 \cdot 18^2} = 207\text{MPa} \tag{2.88}$$

$$\sigma_{VM_{5-}} = \sqrt{\sigma_5^2 + 3 \cdot \tau_{5-}^2} = \sqrt{204^2 + 3 \cdot 3,7^2} = 204\text{MPa} \approx |\sigma_5| \tag{2.89}$$

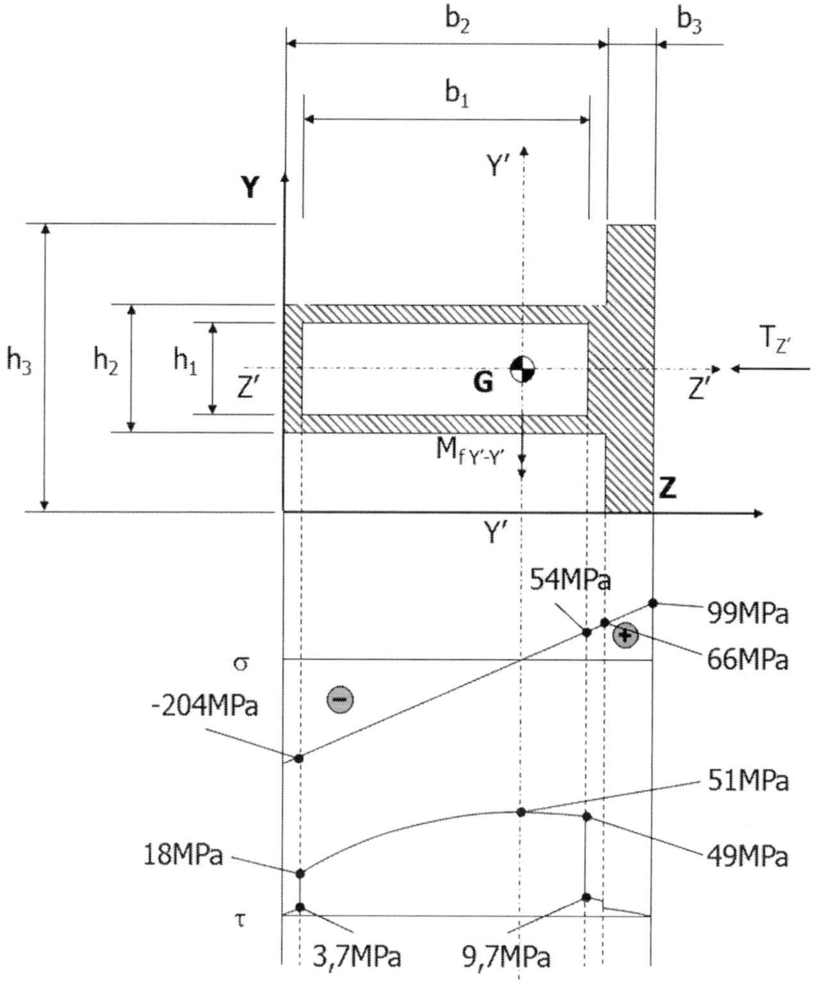

Figura 2.24: Andamento delle tensioni normali $\boldsymbol{\sigma}$ e delle tensioni tangenziali $\boldsymbol{\tau}$ nella sezione

Si riporta in Fig. 2.24 il quadro degli andamenti nella sezione delle tensioni normali $\boldsymbol{\sigma}$ e di quelle tangenziali $\boldsymbol{\tau}$.
Si può osservare come l'andamento delle tensioni normali sia lineare a ***farfalla***, con valore nullo sull'asse baricentrico ***Y'-Y'***, coincidente con l'asse neutro. Per quanto riguarda invece le tensioni tangenziali, va rilevato che il diagramma non è lineare: esso presenta un andamento

di tipo quadratico con valori nulli alle estremità. Si osservano inoltre diverse discontinuità, che, come già ravvisato, sono dovute alle repentine variazioni del termine di larghezza che figura a denominatore nella formula di ***Jourawsky***, in corrispondenza dei punti ***2***, ***3*** e ***5*** (visibili nella Fig. 2.17 di pag. 77). In particolare, la larghezza varia da $\boldsymbol{h_3=80mm}$ a $\boldsymbol{h_2=40mm}$ (tensione raddoppiata), da $\boldsymbol{h_2=40mm}$ a $\boldsymbol{(h_2-h_1)=8mm}$ (tensione quintuplicata), e da $\boldsymbol{(h_2-h_1)=8mm}$ a $\boldsymbol{h_2=40mm}$ (tensione ridotta ad $\frac{1}{5}$).

2.5 Esercizio 5

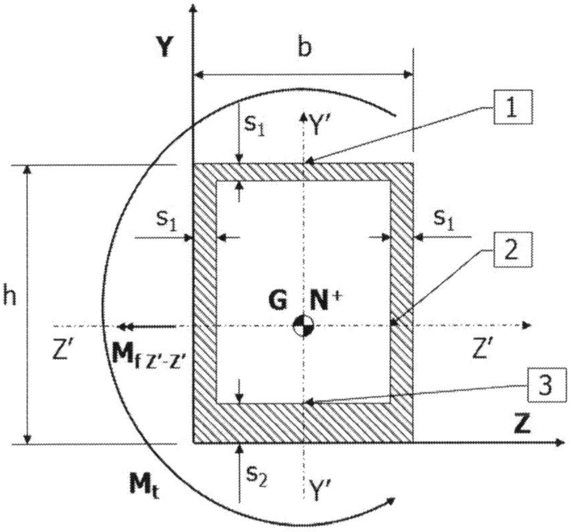

Figura 2.25: La sezione in studio, con sistemi di riferimento, quote, sollecitazioni e punti notevoli

La sezione mostrata in Fig. 2.25 è sollecitata dallo sforzo normale di trazione $\boldsymbol{N=50kN}$, dal momento flettente $\boldsymbol{M_{f\ Z'\text{-}Z'}=5.500Nm}$ e dal momento torcente $\boldsymbol{M_t=7.000Nm}$. Sapendo che $\boldsymbol{b=110mm}$, $\boldsymbol{h=140mm}$, $\boldsymbol{s_1=5mm}$ e $\boldsymbol{s_2=10mm}$, calcolare la posizione del baricentro ***G*** rispetto agli assi cartesiani ***Z-Y*** e i momenti d'inerzia rispetto agli assi baricentrici ***Z'-Z'*** ed ***Y'-Y'***. In corrispondenza dei punti ***1***, ***2*** e ***3*** si valutino le tensioni normali (discriminando fra quelle dovute allo sforzo normale e quelle imputabili al momento flettente, e calcolando poi le relative somme), quelle tangenziali e quelle ideali secondo il criterio di ***Von Mises***.

Soluzione

Il procedimento risolutivo deve necessariamente partire dalla determinazione della posizione del baricentro ***G***, rispetto al sistema di riferimento dato ***Z-Y***. Prima di passare al calcolo pratico delle coordinate del baricentro, è sempre opportuno chiedersi se la sezione presenti degli assi di simmetria: la loro presenza, infatti, agevola sensibilmente il lavoro. Nel caso in esame, si osserva che effettivamente la struttura risulta simmetrica rispetto ad un asse verticale, giacente sulla mezzeria della quota ***b***. L'asse di simmetria risulta sempre baricentrico e principale di inerzia: pertanto, l'asse baricentrico ***Y'-Y'*** deve necessariamente coincidere con l'asse di simmetria. La quota $\boldsymbol{Z_G}$ è quindi immediatamente determinata, Eq. 2.90.

$$Z_G = \frac{b}{2} = \frac{110}{2} = 55\text{mm} \tag{2.90}$$

Viceversa, la sezione in studio non risulta simmetrica rispetto ad alcun asse orizzontale. Di conseguenza, non si può stabilire a priori la quota verticale del baricentro: si può solo ragionevolmente supporre che $\boldsymbol{Y_G}$ sia inferiore a $\boldsymbol{\frac{h}{2} = 70mm}$, vista la particolare geometria della sezione, che presenta uno spessore rinforzato nella sua parte inferiore.

$$Y_G = \frac{S_{Z-Z}}{A} \tag{2.91}$$

La quota verticale del baricentro viene calcolata (Eq. 2.91) come rapporto fra il momento statico $\boldsymbol{S_{Z\text{-}Z}}$ riferito all'intera sezione rispetto all'asse ***Z-Z*** e l'area della sezione stessa, ***A***. Si può osservare che la sezione in studio può essere ottenuta, sottraendo da una sezione "piena", avente le dimensioni di ingombro ***(b·h)***, indicata con $\boldsymbol{A_1}$, la superficie interna "vuota" $\boldsymbol{A_2}$. Si veda al proposito la Fig. 2.26. In altre parole, il dominio dell'integrale per il calcolo del momento statico che coincide con la superficie utile della sezione ***A***, può essere espresso dalla differenza $\boldsymbol{(A_1\text{-}A_2)}$. Per le note proprietà di linearità, l'integrale su ***A*** può quindi essere scritto come la differenza fra due integrali, calcolati rispettivamente sulle sezioni "piena", $\boldsymbol{A_1}$, e "vuota", $\boldsymbol{A_2}$. Questi due integrali, possono essere valutati facilmente, alla luce dell'osservazione espressa dall'Eq. 2.92, che fa riferimento alla determinazione della quota verticale del baricentro ***G_1***, della superficie $\boldsymbol{A_1}$, indicata come $\boldsymbol{Y_{G\_1}}$.

$$Y_{G\_1} = \frac{\int_{A_1} y\, dA_1}{A_1} \Leftrightarrow \int_{A_1} y\, dA_1 = Y_{G\_1} \cdot A_1 \tag{2.92}$$

La stessa osservazione vale ovviamente anche nella determinazione della quota verticale del baricentro ***G_2*** dell'area "vuota" $\boldsymbol{A_2}$. Tale

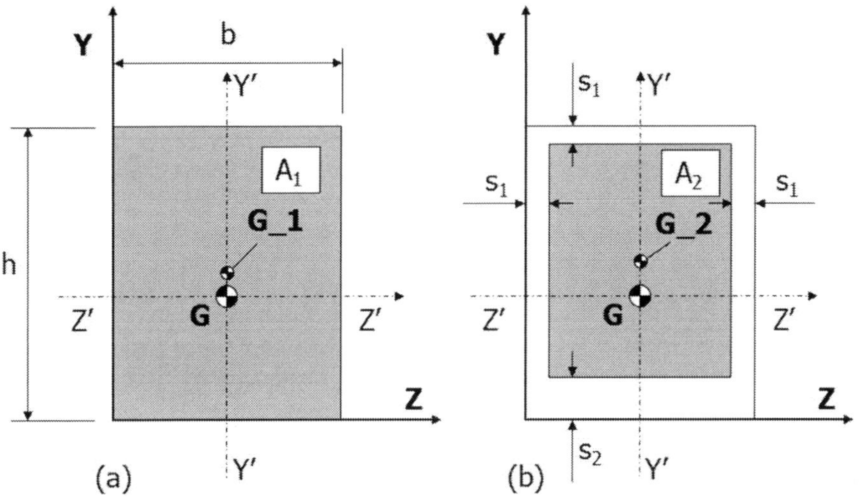

Figura 2.26: (a) Individuazione dell'area "piena" $\boldsymbol{A_1}$ e (b) dell'area "vuota" $\boldsymbol{A_2}$ con indicazione delle posizioni dei rispettivi baricentri

quota viene indicata con il simbolo $\boldsymbol{Y_{G\_2}}$ nell'Eq. 2.93. E' sempre opportuno procedere in questo modo, piuttosto che risolvere analiticamente gli integrali, dato che le quote baricentriche e le aree $\boldsymbol{A_1}$ e $\boldsymbol{A_2}$ sono immediatamente determinabili con semplici considerazioni geometriche, anche tenendo conto della simmetria delle superfici rettangolari. Il calcolo è, dunque, operato come in Eq. 2.93

$$\begin{aligned}
Y_G &= \frac{S_{Z-Z}}{A} = \frac{\int_A y\,dA}{A} = \frac{\int_{A_1} y\,dA_1 - \int_{A_2} y\,dA_2}{A_1 - A_2} = \\
&= \frac{Y_{G_1} \cdot A_1 - Y_{G_2} \cdot A_2}{A_1 - A_2} = \\
&= \frac{\frac{h}{2} \cdot b \cdot h - \left(s_2 + \frac{h-s_1-s_2}{2}\right) \cdot (b - 2 \cdot s_1) \cdot (h - s_1 - s_2)}{b \cdot h - (b - 2 \cdot s_1) \cdot (h - s_1 - s_2)} = \\
&= \frac{\frac{140}{2} \cdot 110 \cdot 140 - \left(10 + \frac{140-5-10}{2}\right) \cdot (110 - 2 \cdot 5) \cdot (140 - 5 - 10)}{110 \cdot 140 - (110 - 2 \cdot 5) \cdot (140 - 5 - 10)} = \\
&= 59,2\text{mm}
\end{aligned} \tag{2.93}$$

Si passa ora alla determinazione dei momenti inerziali baricentrici, ad iniziare da quello rispetto all'asse orizzontale ***Z'-Z'***. Si ricorda in proposito che il momento inerziale è anch'esso definito come un integrale sull'intera sezione ***A***, Eq. 2.94.

$$I_{Z'-Z'} = \int_A y'^2 \, dA \tag{2.94}$$

Poco fa si è osservato che la sezione in studio può essere intesa come la differenza fra una sezione "piena" con le dimensioni d'ingombro ***(b·h)***, ed una "vuota" corrispondente alla cavità interna. Tali superfici sono state indicate rispettivamente come $\boldsymbol{A_1}$ ed $\boldsymbol{A_2}$ in Fig. 2.26. Tenendo quindi presente che il dominio di integrazione è ottenibile come $\boldsymbol{A_1}$-$\boldsymbol{A_2}$ e ricordando la linearità dell'operazione di integrazione, il momento inerziale relativo all'intera sezione può essere scritto come la differenza fra due momenti d'inerzia, Eq. 2.95. Questi sono entrambi valutati rispetto all'asse ***Z'-Z'*** e si riferiscono il primo all'area $\boldsymbol{A_1}$ ed il secondo all'area detratta $\boldsymbol{A_2}$. Così procedendo, il calcolo è facilitato, visto che ci si riconduce a sezioni rettangolari di cui è immediato calcolare il momento d'inerzia. Si deve tuttavia evidenziare che l'asse ***Z'-Z'*** non è baricentrico per le superfici $\boldsymbol{A_1}$ ed $\boldsymbol{A_2}$: questa osservazione può essere immediatamente compresa dall'esame della Fig. 2.26, in cui lo stesso asse è riportato unitamente alle posizioni dei baricentri ***G_1*** e ***G_2***. Non ci si può dunque esimere dall'applicazione del Teorema di ***Huygens-Steiner***: la stima dei momenti inerziali anzidetti dovrà contenere il termine di trasporto opportunamente calcolato.

$$
\begin{aligned}
I_{Z'-Z'} &= \int_{A_1} y'^2 \, dA_1 - \int_{A_2} y'^2 \, dA_2 = \\
&= \frac{1}{12} \cdot b \cdot h^3 + b \cdot h \cdot \left(\frac{h}{2} - Y_G\right)^2 + \\
&- \left[\frac{1}{12} \cdot (b - 2 \cdot s_1) \cdot (h - s_1 - s_2)^3 + \right. \\
&\left. + (b - 2 \cdot s_1) \cdot (h - s_1 - s_2) \cdot \left(s_2 + \frac{h - s_1 - s_2}{2} - Y_G\right)^2\right] = \\
&= \frac{1}{12} \cdot 110 \cdot 140^3 + 110 \cdot 140 \cdot \left(\frac{140}{2} - 59,2\right)^2 + \\
&- \left[\frac{1}{12} \cdot (110 - 2 \cdot 5) \cdot (140 - 5 - 10)^3 + \right. \\
&\left. + (110 - 2 \cdot 5) \cdot (140 - 5 - 10) \cdot \left(10 + \frac{140 - 5 - 10}{2} - 59,2\right)^2\right] = \\
&= 8.462.421 \mathrm{mm}^4
\end{aligned}
\tag{2.95}
$$

Allo stesso modo si può procedere per il calcolo del momento inerziale $\boldsymbol{I_{Y'\text{-}Y'}}$ rispetto all'asse baricentrico verticale ***Y'-Y'***. Esso risulterà dato dalla differenza fra due contributi di momento d'inerzia, entrambi calcolati rispetto ad ***Y'-Y'***, con riferimento rispettivamente alle aree $\boldsymbol{A_1}$ ed $\boldsymbol{A_2}$ di Fig. 2.26. Anche in tal caso il calcolo è reso più semplice dalla geometria rettangolare delle aree $\boldsymbol{A_1}$ ed $\boldsymbol{A_2}$. Si ha inoltre un vantaggio aggiuntivo legato al fatto che, come si diceva, i momenti inerziali sono rispetto ad ***Y'-Y'*** e tale asse risulta baricentrico anche per le superfici $\boldsymbol{A_1}$ ed $\boldsymbol{A_2}$. In altre parole, come si riscontra facilmente dall'osservazione della Fig. 2.26, i baricentri ***G_1*** e ***G_2*** giacciono sull'asse ***Y'-Y'***. Non è quindi necessario applicare il Teorema di ***Huygens-Steiner***, con notevole risparmio nei calcoli come evidenziato nell'Eq. 2.96.

$$
\begin{aligned}
I_{Y'-Y'} &= \int_A z'^2 \, dA = \int_{A_1} z'^2 \, dA_1 - \int_{A_2} z'^2 \, dA_2 = \\
&= \frac{1}{12} \cdot h \cdot b^3 - \frac{1}{12} \cdot (h - s_1 - s_2) \cdot (b - 2 \cdot s_1)^3 = \\
&= \frac{1}{12} \cdot 140 \cdot 110^3 - \frac{1}{12} \cdot (140 - 5 - 10) \cdot (110 - 2 \cdot 5)^3 = \\
&= 5.111.667 \mathrm{mm}^4
\end{aligned}
\tag{2.96}
$$

Si passa ora al computo delle tensioni nei punti indicati in Fig. 2.25 di pag. 95. Verranno indicate con il simbolo $\boldsymbol{\sigma_N}$ le tensioni normali dovute allo sforzo normale di trazione, con $\boldsymbol{\sigma_{M_f}}$ le tensioni normali da momento flettente, e con $\boldsymbol{\sigma}$ le tensioni normali complessive. Con $\boldsymbol{\tau}$ si indicheranno le tensioni tangenziali dovute al momento torcente e con $\boldsymbol{\sigma_{VM}}$ le tensioni ideali secondo il criterio di ***Von Mises***. Opportuni pedici, ***1***, ***2***, ***3*** verranno inoltre aggiunti, con riferimento ai punti notevoli di Fig. 2.25.

Si osserva che la tensione normale da sforzo normale è uniformemente distribuita sull'intera sezione, pertanto è opportuno determinarla separatamente, ancor prima di riferirsi ai punti notevoli di cui sopra. Essa è data dal rapporto fra la forza $\boldsymbol{N}$ e l'area della sezione $\boldsymbol{A}$ come indicato nell'Eq. 2.97. Il valore determinato verrà quindi utilizzato per il computo, punto per punto, della tensioni normale totale.

$$\begin{aligned}\sigma_N &= \frac{N}{A} = \frac{N}{A_1 - A_2} = \frac{N}{b \cdot h - (b - 2 \cdot s_1) \cdot (h - s_1 - s_2)} = \\ &= \frac{50 \cdot 10^3}{110 \cdot 140 - (110 - 2 \cdot 5) \cdot (140 - 5 - 10)} = 17\text{MPa}\end{aligned} \tag{2.97}$$

Punto 1:
Si osserva prima di tutto che tale punto giace sul bordo superiore e che tale bordo è il più distante rispetto all'asse baricentrico ***Z'-Z'***. Inoltre, la struttura è sollecitata da un momento $\boldsymbol{M_{f\,Z'\text{-}Z'}}$, che tende le fibre inferiori. Ne consegue che la tensione normale da momento flettente nel punto in questione avrà il valore massimo in valore assoluto, ma con segno negativo ad indicare la compressione. Nello specifico, la tensione normale $\boldsymbol{\sigma_{M_{f\,1}}}$ è espressa dall'Eq. 2.98, in cui il termine $\boldsymbol{y_1}$ rappresenta la distanza fra il punto ***1*** e l'asse neutro, coincidente con l'asse baricentrico ***Z'-Z'***.

$$\begin{aligned}\sigma_{M_{f\,1}} &= -\frac{M_{f\,Z'-Z'}}{I_{Z'-Z'}} \cdot y_1 = -\frac{M_{f\,Z'-Z'}}{I_{Z'-Z'}} \cdot (h - Y_G) = \\ &= -\frac{5.500 \cdot 10^3}{8.462.421} \cdot (140 - 59,2) = -52\text{MPa}\end{aligned} \tag{2.98}$$

La tensione normale totale è quindi data dall'Eq. 2.99.

$$\sigma_1 = \sigma_N + \sigma_{M_{f\,1}} = 17 - 52 = -35\text{MPa} \tag{2.99}$$

Per il calcolo della tensione tangenziale, occorre prima di tutto considerare la tipologia di sollecitazione che la produce, ossia il momento torcente $\boldsymbol{M_t}$. In secondo luogo, occorre stabilire se la sezione sia di tipologia "aperta" oppure "chiusa", in quanto gli sforzi generati su di essa per effetto della torsione sono molto diversi nei due casi. Molto diverse sono inoltre le formulazioni da impiegare nella stima quantitativa. Nel presente caso la sezione mostrata nella Fig. 2.25 di pag. 95 è della tipologia "chiusa": il materiale circoscrive cioè interamente la parte "vuota" all'interno. Si utilizza pertanto la formula di ***Bredt***, che è basata sull'***analogia idrodinamica***: in base ad essa le linee di flusso della tensione tangenziale nello spessore della sezione sono paragonate ai filetti fluidi che percorrono un canale, il cui tracciato ricalca quello della sezione stessa. Il valore quantitativo della tensione tangenziale è inoltre associato all'entità della velocità del fluido, supposta costante nello spessore. Il calcolo della tensione $\boldsymbol{\tau_1}$ nel punto ***1*** è mostrato in Eq. 2.101: al denominatore compaiono, il valore 2, lo spessore locale ($\boldsymbol{s_1=5mm}$ nel caso esaminato) e il termine $\boldsymbol{A_u}$. Quest'ultimo rappresenta quella che viene abitualmente indicata come "area utile" per la determinazione delle caratteristiche meccaniche in sezioni "mono connesse" sollecitate a momento torcente. Essa è determinabile, come indicato in Fig. 2.27, dopo avere tracciato la linea media rispetto alle linee interna ed esterna della sezione. La linea media rappresenta la mezzeria dell'ipotetico canale percorso dai filetti fluidi utilizzato per l'***analogia idrodinamica***. L'area utile $\boldsymbol{A_u}$ è data dalla superficie racchiusa dalla linea media appena tracciata: la sua estensione è evidenziata in Fig. 2.27 e calcolata esplicitamente nell'Eq. 2.100.

$$\begin{aligned} A_u &= (b - s_1) \cdot \left(h - \frac{s_1}{2} - \frac{s_2}{2}\right) = \\ &= (110 - 5) \cdot \left(140 - \frac{5}{2} - \frac{10}{2}\right) = 13.912,5\text{mm}^2 \end{aligned} \tag{2.100}$$

$$\tau_1 = \frac{M_t}{2 \cdot A_u \cdot s_1} = \frac{7.000 \cdot 10^3}{2 \cdot 13.912,5 \cdot 5} = 50\text{MPa} \tag{2.101}$$

Infine, la tensione ideale secondo il criterio di ***Von Mises***, $\boldsymbol{\sigma_{VM_1}}$, risulta esprimibile dall'Eq. 2.102, essendo data dalla combinazione della tensione normale (totale) e della tensione tangenziale appena trovate.

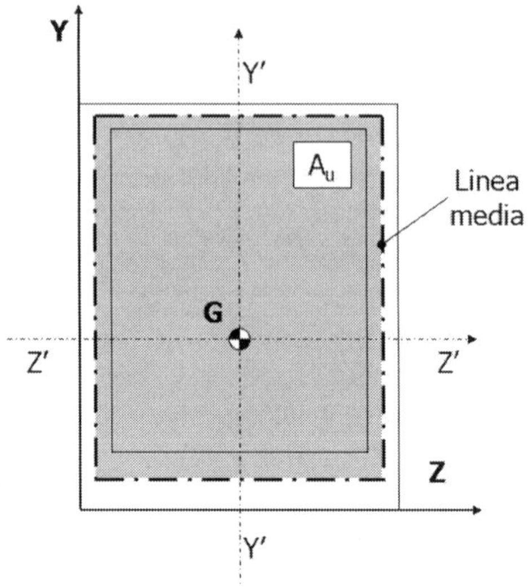

Figura 2.27: Individuazione dell' "area utile" $\boldsymbol{A_u}$ per l'applicazione della formula di ***Bredt***

$$\sigma_{VM_1} = \sqrt{\sigma_1^2 + 3 \cdot \tau_1^2} = \sqrt{35^2 + 3 \cdot 50^2} = 94\text{MPa} \tag{2.102}$$

Punto 2:
La tensione normale da momento flettente è evidentemente nulla, in quanto il punto *2* cade sull'asse baricentrico ***Z'-Z'***, che coincide con l'asse neutro. La tensione normale in *2* è quindi legata solo alla componente di sforzo normale $\boldsymbol{\sigma_N}$ precedentemente valutata. Si determina quindi il termine $\boldsymbol{\sigma_2}$, secondo l'Eq. 2.103 :

$$\sigma_2 \equiv \sigma_N = 17\text{MPa} \tag{2.103}$$

La tensione tangenziale nel punto in esame, $\boldsymbol{\tau_2}$, deve essere valutata con l'applicazione della formula di ***Bredt*** introdotta precedentemente. Il calcolo è mostrato nell'Eq. 2.104. Si precisa che l' "area utile" da considerare nel calcolo è sempre data dal parametro $\boldsymbol{A_u}$, precedentemente determinato in Eq. 2.100. Va infatti osservato che l'area utile dipende solamente dalla geometria della sezione e non dal punto considerato per il computo della tensione tangenziale. La posizione in cui si opera il calcolo interviene invece nella determinazione dell'altro parametro posto al denominatore della formula di ***Bredt***, ossia lo spessore locale della sezione, che in questo caso è dato dalla quota $\boldsymbol{s_1}$. E' immediato riscontrare, che a fronte di uguali spessori $\boldsymbol{s_1=5mm}$, le tensioni tangenziali, $\boldsymbol{\tau_1}$ e $\boldsymbol{\tau_2}$, in ***1*** ed in ***2*** coincidono.

$$\tau_2 = \frac{M_t}{2 \cdot A_u \cdot s_1} = \frac{7.000 \cdot 10^3}{2 \cdot 13.912,5 \cdot 5} \equiv \tau_1 = 50\text{MPa} \tag{2.104}$$

Infine, la tensione normale equivalente secondo ***Von Mises***, $\boldsymbol{\sigma_{VM_2}}$, è data dalla combinazione delle tensioni normale e tangenziale secondo l'Eq. 2.105.

$$\sigma_{VM_2} = \sqrt{\sigma_2^2 + 3 \cdot \tau_2^2} = \sqrt{17^2 + 3 \cdot 50^2} = 89\text{MPa} \tag{2.105}$$

Punto 3:
Si osserva preliminarmente che, a fronte di un momento flettente $\boldsymbol{M_{f\,Z'\text{-}Z'}}$, che tende le fibre inferiori, il punto ***3***, si trova al di sotto dell'asse ***Z'-Z'***, che coincide con l'asse neutro. Pertanto, la tensione normale dovuta alla flessione, $\boldsymbol{\sigma_{M_{f\,3}}}$, risulta positiva, ad indicare uno stato di trazione. Il calcolo è operato dall'Eq. 2.106, dove il termine $\boldsymbol{y_3}$ indica la distanza fra il punto ***3*** e l'asse baricentrico ***Z'-Z'***.

$$\begin{aligned}\sigma_{M_{f\,3}} &= \frac{M_{f\,Z'-Z'}}{I_{Z'-Z'}} \cdot y_3 = \frac{M_{f\,Z'-Z'}}{I_{Z'-Z'}} \cdot (Y_G - s_2) = \\ &= \frac{5.500 \cdot 10^3}{8.462.421} \cdot (59,2 - 10) = 32\text{MPa}\end{aligned} \tag{2.106}$$

La tensione normale totale in ***3*** risulta pertanto: Eq. 2.107.

$$\sigma_3 = \sigma_N + \sigma_{M_{f\,3}} = 17 + 32 = 49\text{MPa} \tag{2.107}$$

La tensione tangenziale in ***3***, $\boldsymbol{\tau_3}$, viene valutata tramite la formula di ***Bredt*** riportata nell'Eq. 2.108. Anche in questo caso si considera l'estensione dell'area utile $\boldsymbol{A_u}$ ricavata nell'Eq. 2.100. Per quanto riguarda lo spessore, si fa notare che la sezione è rinforzata in corrispondenza del punto ***3*** e che il valore da considerare è, dunque, $\boldsymbol{s_2=10mm}$. A spessore maggiore corrisponde una tensione tangenziale minore: nel presente caso, ad uno spessore raddoppiato corrisponde una tensione dimezzata. Questa risultanza è coerente con l'***analogia idrodinamica*** prima introdotta: infatti, a parità di portata, la velocità di un fluido che percorre un canale è inversamente proporzionale alla sezione (e quindi alla larghezza del canale stesso). Visto che la velocità del fluido è associata al valore della tensione e che la larghezza del canale è assimilata allo spessore della sezione, resta confermato, che la tensione diminuisce all'aumentare dello spessore.

$$\tau_3 = \frac{M_t}{2 \cdot A_u \cdot s_2} = \frac{7.000 \cdot 10^3}{2 \cdot 13.912,5 \cdot 10} = \frac{\tau_1}{2} = \frac{\tau_2}{2} = 25\text{MPa} \tag{2.108}$$

Infine, la tensione normale equivalente secondo ***Von Mises***, $\boldsymbol{\sigma_{VM_3}}$, è calcolata nell'Eq. 2.109.

$$\sigma_{VM_3} = \sqrt{\sigma_3^2 + 3 \cdot \tau_3^2} = \sqrt{49^2 + 3 \cdot 25^2} = 66\text{MPa} \tag{2.109}$$

Si riporta in Fig. 2.28 un quadro riassuntivo degli andamenti delle tensioni normali dovute allo sforzo normale, $\boldsymbol{\sigma_N}$, e al momento flettente, $\boldsymbol{\sigma_{M_f}}$. Si riporta inoltre il grafico della tensione normale totale, $\boldsymbol{\sigma}$, risultante dalla loro composizione. Si indica infine in Fig. 2.29 la distribuzione nella sezione delle tensioni tangenziali $\boldsymbol{\tau}$ derivanti dalla sollecitazione torcente.

Si può osservare come l'andamento delle tensioni normali sia lineare a ***farfalla***, con valore nullo in corrispondenza dell'asse baricentrico ***Z'-Z'***, che svolge il ruolo di asse neutro, e massimo alle estremità. L'andamento della tensione tangenziale viene rappresentato all'interno della sezione: si nota come sia costante lungo lo spessore e minimo in corrispondenza della parte inferiore del profilo. Si osserva inoltre che le linee di flusso delle tensioni tangenziali hanno una distribuzione coerente con quella dei filetti fluidi, che percorrono un canale avente il layout della sezione, secondo il senso indicato dal momento torcente $\boldsymbol{M_t}$ applicato.

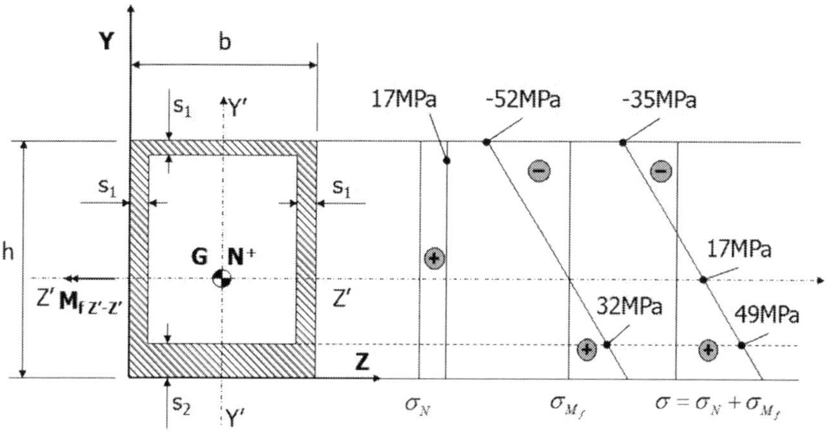

Figura 2.28: Andamento nella sezione delle tensioni normali da sforzo normale ($\boldsymbol{\sigma_N}$) e da momento flettente ($\boldsymbol{\sigma_{M_f}}$) e delle tensioni normali risultanti ($\boldsymbol{\sigma}$)

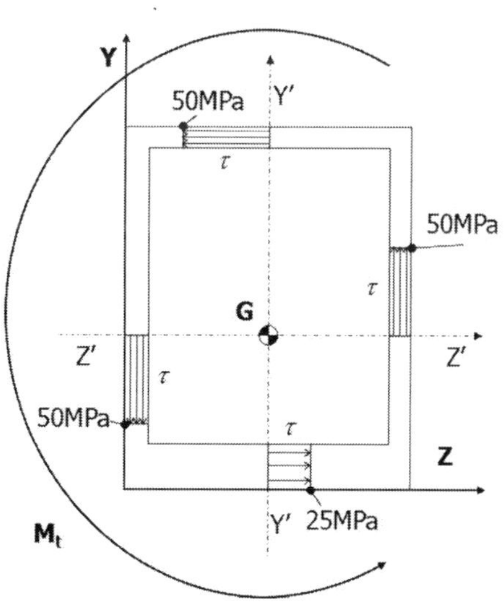

Figura 2.29: Distribuzione nella sezione delle tensioni tangenziali da torsione ($\boldsymbol{\tau}$)

Capitolo 3

Metodo delle forze nella soluzione di strutture iperstatiche

3.1 Esercizio 1

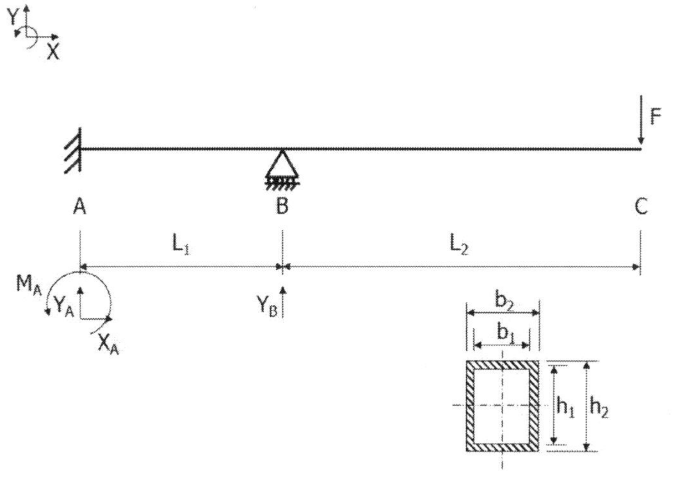

Figura 3.1: La struttura iperstatica in studio con sistema di riferimento, quote, carichi e vincoli

La struttura mostrata in Fig. 3.1 è vincolata nei punti ***A*** e ***B*** rispettivamente tramite un incastro ed un carrello, ed è sollecitata in ***C*** da una forza concentrata di intensità $\boldsymbol{F=3.500N}$. Risultano note le quote $\boldsymbol{L_1=800mm}$ e $\boldsymbol{L_2=1.400mm}$, si sa inoltre che la struttura è realizzata mediante una trave con sezione a cassone, avente dimensioni interne $\boldsymbol{b_1=50mm}$ e $\boldsymbol{h_1=90mm}$, ed esterne $\boldsymbol{b_2=60mm}$ e $\boldsymbol{h_2=100mm}$. Si determinino le reazioni vincolari in $\boldsymbol{A}$ e $\boldsymbol{B}$, si disegnino i diagrammi completi delle caratteristiche delle sollecitazioni ($\boldsymbol{N, T, M_f}$) e si calcoli il coefficiente di sicurezza ($\boldsymbol{CS}$) minimo per un acciaio avente un limite di snervamento $\boldsymbol{S_y=250MPa}$.

Soluzione

Si osserva in prima battuta che la struttura è vincolata tramite un incastro, che corrisponde ad una molteplicità di vincolo pari a *3*, e tramite un carrello, che aggiunge un ulteriore vincolo. Pertanto, il grado di vincolo complessivo risulta pari a *4*, a fronte dei tre gradi di libertà posseduti da un corpo nel piano. Di conseguenza, la struttura risulta una volta "sovra-vincolata", ossia una volta ***iperstatica***. In tali casi, il calcolo delle reazioni vincolari non può essere eseguito, semplicemente risolvendo le tre equazioni di equilibrio, in quanto si avrebbe un sistema di *3* equazioni (corrispondenti ai tre equilibri alla traslazione orizzontale, a quella verticale, ed alla rotazione) nelle *4* incognite $\boldsymbol{X_A}$, $\boldsymbol{Y_A}$, $\boldsymbol{Y_B}$ e $\boldsymbol{M_A}$. Tale sistema risulterebbe indeterminato e porterebbe ad infinite soluzioni possibili. Per dirimere la questione, occorre sostituire alla struttura data una struttura "isostatica equivalente", in cui un vincolo (in generale: i vincoli sovrabbondanti) è stato soppresso, ed al suo posto è stata esplicitata la relativa reazione vincolare. Quest'ultima viene indicata come "incognita iperstatica": il metodo applicato viene indicato in letteratura come ***metodo delle forze***, in quanto le incognite iperstatiche sono forze o momenti. A questo punto, viene aggiunta una quarta equazione, che tiene conto di come si deforma la struttura in corrispondenza del vincolo soppresso: essa è detta "di congruenza", perché deve garantire la congruenza con esso. La struttura in esame presenta diversi vincoli: in $\boldsymbol{A}$ sono impedite le due traslazioni e la rotazione, in $\boldsymbol{B}$ è impedita la traslazione verticale. Dovendo eliminare uno di essi, è chiaro che possono esistere numerose isostatiche equivalenti sulla base delle quali scrivere l'equazione di congruenza. Vengono mostrate nelle Figg. 3.2 e 3.3 due possibili soluzioni con indicazione delle incognite iperstatiche. La soluzione verrà ricercata con riferimento all'isostatica equivalente di Fig. 3.2: si comprenderà nel seguito, perché questa scelta sia la più valida dal punto di vista della semplicità di calcolo.

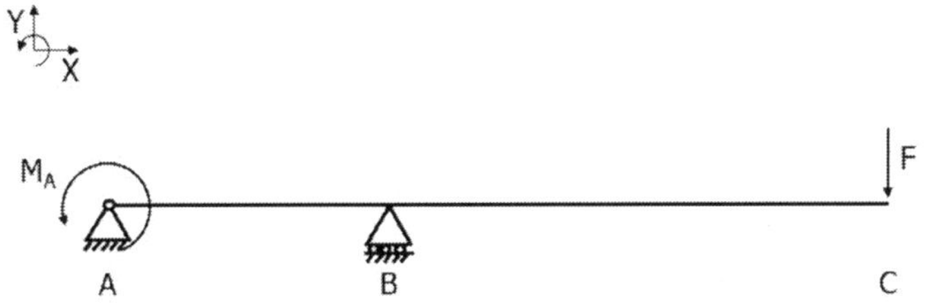

Figura 3.2: Struttura "isostatica equivalente" a seguito della soppressione del vincolo di rotazione in $\boldsymbol{A}$

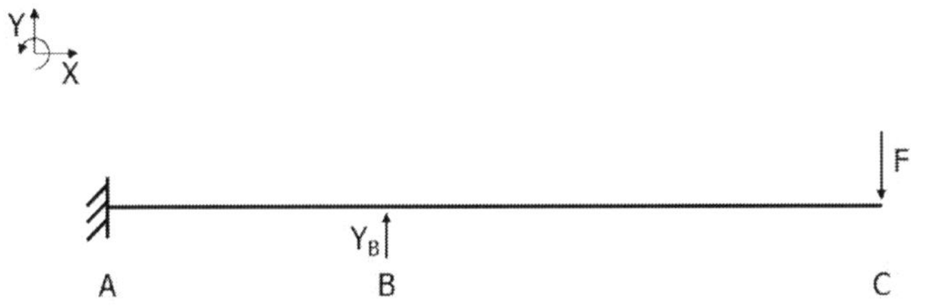

Figura 3.3: Struttura "isostatica equivalente" a seguito della soppressione del vincolo di traslazione verticale in $\boldsymbol{B}$

Con riferimento alla Fig. 3.2 si osserva, dunque, che si è soppresso il vincolo che impediva la rotazione in $\boldsymbol{A}$, aggiungendo al suo posto l'incognita iperstatica $\boldsymbol{M_A}$. L'equazione di congruenza che ne deriva impone che la rotazione $\boldsymbol{\theta_A}$ in $\boldsymbol{A}$ sia nulla. Tale equazione (Eq. 3.1), evidenzia che la rotazione è una funzione delle due azioni che sollecitano la struttura isostatica equivalente, ossia la forza $\boldsymbol{F}$ e l'incognita iperstatica $\boldsymbol{M_A}$. Pertanto, determinate le relative espressioni analitiche, l'Eq. 3.1 diviene un'equazione lineare, che permette di calcolare la $\boldsymbol{M_A}$.

$$\theta_A(F, M_A) = 0 \tag{3.1}$$

La questione si riconduce quindi a determinare le espressioni analitiche di cui sopra. Per operare tale calcolo, conviene applicare il ***Principio di sovrapposizione degli effetti***: le rotazioni dovute ad $\boldsymbol{F}$ ed a $\boldsymbol{M_A}$ saranno quindi valutate separatamente, e successivamente si sommeranno algebricamente i risultati ottenuti.

Rotazione indotta da $\boldsymbol{F}$
La valutazione analitica di spostamenti angolari o lineari può essere, in generale, convenientemente operata tramite l'applicazione dei ***Corollari di Mohr***.
Si utilizzerà pertanto questo metodo, che richiede preliminarmente la tracciatura del diagramma del momento flettente $\boldsymbol{M_f}$ sulla struttura in Fig. 3.4(a), dove si considera solo l'azione della forza $\boldsymbol{F}$. Tale diagramma, Fig. 3.4(b), è di semplice tracciatura, essendo nullo in $\boldsymbol{A}$ e in $\boldsymbol{C}$ e massimo in $\boldsymbol{B}$. Si osservi che in $\boldsymbol{A}$ e in $\boldsymbol{C}$ si hanno rispettivamente un appoggio, che non esplica momento, ed un estremo libero, non vi sono inoltre coppie applicate dall'esterno; il valore del momento in $\boldsymbol{B}$ è chiaramente dato dal prodotto $\boldsymbol{F \cdot L_2}$. L'entità della rotazione $\boldsymbol{\theta_{A\_F}}$ nel punto $\boldsymbol{A}$, dovuta alla forza $\boldsymbol{F}$, è mostrata graficamente in Fig. 3.4 (c).
Passando quindi all'applicazione dei ***corollari di Mohr***, sulla base dell'andamento del momento flettente di Fig. 3.4 (b), occorre determinare un "carico distribuito fittizio", $\boldsymbol{q^*}$, che dovrà essere applicato a quella che viene indicata come "struttura fittizia". Quest'ultima non è in generale uguale a quella "reale" (cioè quella di Fig. 3.4(a)), ma è ad essa legata tramite una corrispondenza fra i vincoli ivi presenti. Il calcolo del carico fittizio è dato in generale da $\left(\boldsymbol{q^* = \frac{M_f}{EI}}\right)$, dove $\boldsymbol{M_f}$, $\boldsymbol{E}$ ed $\boldsymbol{I}$ sono, rispettivamente, i valori puntuali del momento flettente, del modulo elastico del materiale ed del momento inerziale per la flessione della sezione. La procedura di caricamento della struttura fittizia è illustrata in Fig. 3.5. I ***corollari di Mohr*** permettono ora una stima agevole degli spostamenti, dal momento che il taglio nel sistema fittizio, $\boldsymbol{T^*}$, corrisponde alla rotazione, $\boldsymbol{\theta}$, nel sistema reale, mentre il momento flettente nel sistema fittizio, $\boldsymbol{M_f^*}$, corrisponde allo spostamento verticale, $\boldsymbol{\eta}$, nel sistema reale. Si vedano le Eqq. 3.2 e 3.3, che valgono in ogni punto delle strutture fittizia e reale.

$$T^* = \theta \tag{3.2}$$

$$M_f^* = \eta \tag{3.3}$$

Come prima si diceva, la struttura fittizia va determinata sulla base di quella reale, ma in generale non coincide con questa. Nella sua determinazione occorre tenere presenti le equivalenze fra tagli, momenti e spostamenti nelle Eqq. 3.2 e 3.3. In corrispondenza del punto $\boldsymbol{C}$ nella struttura reale vi è un estremo libero, in cui la rotazione e lo spostamento verticale sono in generali diversi da zero: di conseguenza, nella struttura

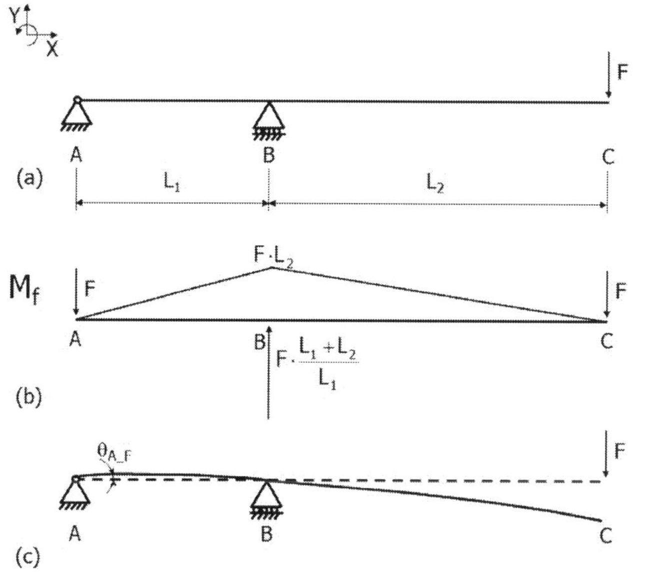

Figura 3.4: (a) Isostatica equivalente sotto l'azione della sola forza $\boldsymbol{F}$, (b) Diagramma del momento flettente, (c) Deformata qualitativa con indicazione della rotazione $\boldsymbol{\theta_{A\_F}}$

fittizia deve essere posto un vincolo, che esplichi sia taglio che momento: tale vincolo è un incastro. Nel punto $\boldsymbol{B}$ vi è un carrello intermedio che impedisce lo spostamento verticale, ma consente la rotazione, con condizione di continuità. Pertanto, nella struttura fittizia è stata posta una cerniera interna, che non trasmette momento e genera azioni interne (cioè auto-equilibrate) di taglio. Infine, nel punto $\boldsymbol{A}$ vi è un appoggio di estremità, che permette la rotazione ma non lo spostamento verticale. Nella struttura fittizia va quindi posto un vincolo, che reagisca a taglio ma non a momento: tale vincolo è ancora un appoggio. Quello dell'appoggio di estremità è un caso particolare, in cui il vincolo nella struttura reale e il vincolo in quella fittizia coincidono.
Se ci si limita alla stima di uno spostamento angolare, come nel presente caso, ci si può limitare allo studio del taglio fittizio, tralasciando quello del momento fittizio. Solitamente, la determinazione del taglio è più semplice dal punto di vista computazionale: si capisce quindi perché sia stato più conveniente partire dall'isostatica equivalente in Fig. 3.2 (pag. 109), piuttosto che da quella in Fig. 3.3 (pag. 109). Quest'ultima avrebbe

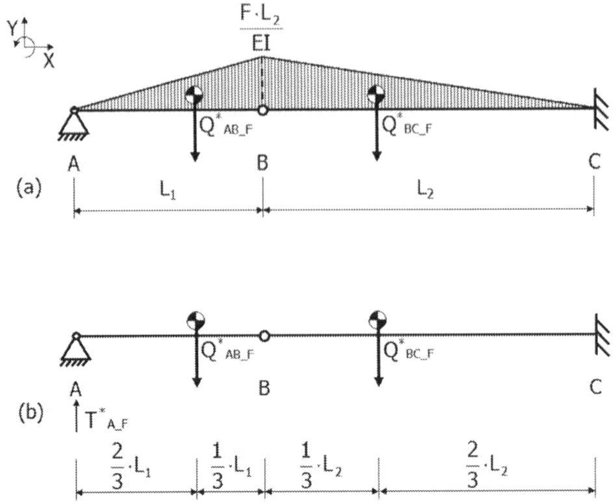

Figura 3.5: (a) Struttura fittizia caricata dal carico distribuito fittizio, (b) Reazione vincolare $\boldsymbol{T^*_{A\_F}}$ che deve essere determinata per la stima della rotazione $\boldsymbol{\theta_{A\_F}}$

richiesto una condizione di congruenza sullo spostamento verticale del punto $\boldsymbol{B}$, costringendo allo studio del momento fittizio.

Secondo l'Eq. 3.2 la rotazione $\boldsymbol{\theta_{A\_F}}$ coincide con il taglio fittizio $\boldsymbol{T^*_{A\_F}}$ in $\boldsymbol{A}$ che altro non è che la reazione in $\boldsymbol{A}$ sulla struttura fittizia. Si veda al proposito anche la Fig. 3.5 (b).
Tale calcolo può essere facilmente operato, osservando che il momento fittizio in $\boldsymbol{B}$ è necessariamente nullo, perché, come ravvisato anche prima, la cerniera interna non trasmette momento. Tale momento è dovuto alla reazione vincolare $\boldsymbol{T^*_{A\_F}}$ ed al carico $\boldsymbol{Q^*_{AB\_F}}$. Quest'ultimo non è altro che la risultante del carico distribuito fittizio, sul tratto $\boldsymbol{AB}$. Entrambi le risultanti $\boldsymbol{Q^*_{AB\_F}}$ e $\boldsymbol{Q^*_{BC\_F}}$, riportate in Fig. 3.5, sono determinabili calcolando le aree delle distribuzioni triangolari di carico. Inoltre, tali forze sono applicate in corrispondenza dei baricentri delle citate distribuzioni triangolari: in particolare $\boldsymbol{Q^*_{AB\_F}}$ si trova ad una distanza $\left(\frac{2}{3}\cdot \boldsymbol{L_1}\right)$ dal punto $\boldsymbol{A}$ e $\left(\frac{1}{3}\cdot \boldsymbol{L_1}\right)$ dal punto $\boldsymbol{B}$, mentre $\boldsymbol{Q^*_{BC\_F}}$ è a una distanza $\left(\frac{1}{3}\cdot \boldsymbol{L_2}\right)$ dal punto $\boldsymbol{B}$ e $\left(\frac{2}{3}\cdot \boldsymbol{L_2}\right)$ dal punto $\boldsymbol{C}$. Per i calcoli, occorre considerare il solo termine $\boldsymbol{Q^*_{AB\_F}}$, che viene stimato

nell'Eq. 3.4, mentre la nullità in $\boldsymbol{B}$ del momento dovuto a $\boldsymbol{T^*_{A\_F}}$ e a $\boldsymbol{Q^*_{AB\_F}}$ è espressa dall'Eq. 3.5. Tale equazione permette il calcolo di $\boldsymbol{T^*_{A\_F}}$, che coincide con la rotazione $\boldsymbol{\theta_{A\_F}}$.

$$Q^*_{AB\_F} = \frac{\frac{F \cdot L_2}{EI} \cdot L_1}{2} = \frac{F \cdot L_1 \cdot L_2}{2EI} \tag{3.4}$$

$$\begin{aligned} & T^*_{A\_F} \cdot L_1 - Q^*_{AB\_F} \cdot \frac{1}{3} \cdot L_1 = 0 \Leftrightarrow \\ & \Leftrightarrow T^*_A \cdot L_1 - \frac{F \cdot L_1 \cdot L_2}{2EI} \cdot \frac{1}{3} \cdot L_1 = 0 \Leftrightarrow \\ & \Leftrightarrow T^*_{A\_F} = \frac{F \cdot L_1 \cdot L_2}{6EI} \equiv \theta_{A\_F} \end{aligned} \tag{3.5}$$

Rotazione indotta da $\boldsymbol{M_A}$

Anche in questo caso si utilizza il metodo dei ***Corollari di Mohr***. Si procede quindi preliminarmente alla tracciatura del diagramma del momento flettente $\boldsymbol{M_f}$ sulla struttura in Fig. 3.6 (a), dove si considera solo l'azione della coppia concentrata $\boldsymbol{M_A}$. Tale diagramma, Fig. 3.6 (b), è di rapida tracciatura, dato che assume valore $\boldsymbol{M_A}$ nel punto $\boldsymbol{A}$, e scende linearmente a zero in corrispondenza del punto $\boldsymbol{B}$; il tratto $\boldsymbol{BC}$ risulta invece completamente scarico. Si osservi che i vincoli in $\boldsymbol{A}$ ed in $\boldsymbol{B}$ non possono esplicare momenti, pertanto il momento in $\boldsymbol{A}$ deve essere pari all'azione applicata dall'esterno, mentre in $\boldsymbol{B}$ non può che essere nullo. L'entità della rotazione $\boldsymbol{\theta_{A\_M_A}}$ nel punto $\boldsymbol{A}$, per effetto della coppia $\boldsymbol{M_A}$, è mostrata graficamente in Fig. 3.6 (c).
Passando all'applicazione dei ***Corollari di Mohr***, sulla base dell'andamento del momento flettente di Fig. 3.6 (b), si determina il carico distribuito fittizio $\boldsymbol{q^*}$, da applicarsi alla struttura fittizia. Tale calcolo è immediato, dato che, come già visto, $\left(\boldsymbol{q^* = \frac{M_f}{EI}}\right)$. La struttura fittizia caricata con il carico distribuito fittizio è mostrata in Fig. 3.7 (a). La rotazione in ogni punto della struttura, ed in particolare nel punto $\boldsymbol{A}$, può essere ora facilmente calcolata, ricordando che il taglio $\boldsymbol{T^*_{A\_M_A}}$ nel sistema fittizio corrisponde alla rotazione $\boldsymbol{\theta_{A\_M_A}}$ nel sistema reale, come già illustrato in termini generali nell'Eq. 3.2 di pag. 110 ed indicato in Fig. 3.7 (b).

.

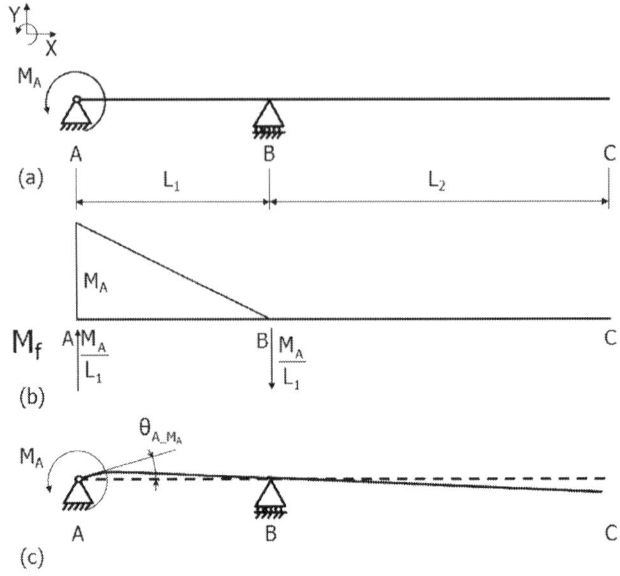

Figura 3.6: (a) Isostatica equivalente sotto l'azione della sola coppia $\boldsymbol{M_A}$, (b) Diagramma del momento flettente, (c) Deformata qualitativa con indicazione della rotazione $\boldsymbol{\theta_{A\_M_A}}$

La determinazione di $\boldsymbol{T^*_{A\_M_A}}$ viene operata, imponendo che il momento flettente si annulli in $\boldsymbol{B}$, dato che il vincolo cerniera interna non trasmette momento. Tale momento è dovuto alla reazione vincolare $\boldsymbol{T^*_{A\_M_A}}$ ed al carico $\boldsymbol{Q^*_{AB\_M_A}}$. Quest'ultimo non è altro che la risultante del carico distribuito fittizio, in corrispondenza del tratto $\boldsymbol{AB}$. Tale risultante è facilmente calcolabile come l'area della distribuzione triangolare di carico. Il relativo punto di applicazione giace in corrispondenza del baricentro della distribuzione triangolare, ad una distanza $\left(\frac{1}{3} \cdot \boldsymbol{L_1}\right)$ dal punto $\boldsymbol{A}$ e $\left(\frac{2}{3} \cdot \boldsymbol{L_1}\right)$ dal punto $\boldsymbol{B}$. L'intensità della risultante viene stimata per comodità di calcolo nell'Eq. 3.6, mentre l'annullamento in $\boldsymbol{B}$ del momento dovuto a $\boldsymbol{T^*_{A\_M_A}}$ e a $\boldsymbol{Q^*_{AB\_M_A}}$ è espresso dall'Eq. 3.7. Tale equazione permette infine il calcolo di $\boldsymbol{T^*_{A\_M_A}}$ che coincide con la rotazione $\boldsymbol{\theta_{A\_M_A}}$

$$Q^*_{AB\_M_A} = \frac{M_A}{EI} \cdot \frac{L_1}{2} = \frac{M_A \cdot L_1}{2EI} \tag{3.6}$$

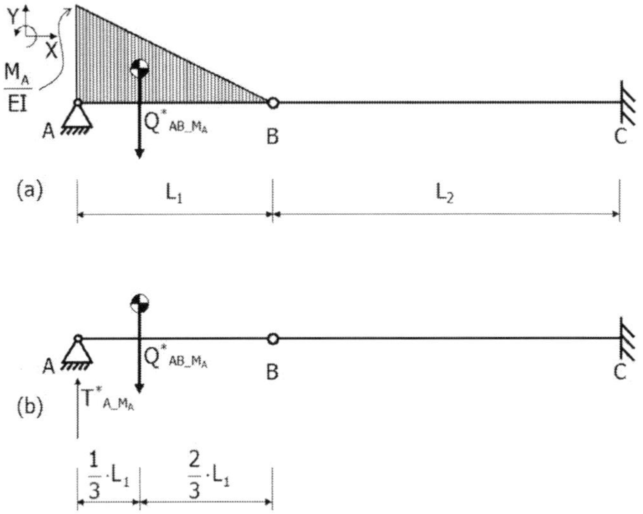

Figura 3.7: (a) Struttura fittizia caricata dal carico distribuito fittizio, (b) Reazione vincolare $\boldsymbol{T^*_{A\_M_A}}$ che deve essere determinata per la stima della rotazione $\boldsymbol{\theta_{A\_M_A}}$

$$\begin{aligned} & T^*_{A\_M_A} \cdot L_1 - Q^*_{AB\_M_A} \cdot \frac{2}{3} \cdot L_1 = 0 \Leftrightarrow \\ & \Leftrightarrow T^*_A \cdot L_1 - \frac{M_A \cdot L_1}{2EI} \cdot \frac{2}{3} \cdot L_1 = 0 \Leftrightarrow \\ & \Leftrightarrow T^*_{A\_M_A} = \frac{M_A \cdot L_1}{3EI} \equiv \theta_{A\_M_A} \end{aligned} \tag{3.7}$$

Alla luce delle stime operate, l'equazione di congruenza (Eq. 3.1 di pag. 109) può essere esplicitata e risolta mediante l'Eq. 3.8. Si noti che nell'Eq. 3.8 i due contributi sono sommati, dato che sia la forza $\boldsymbol{F}$ che il momento $\boldsymbol{M_A}$ comportano una rotazione antioraria (si confronti la Fig. 3.4 (c) di pag. 111 con la Fig. 3.6 (c)).

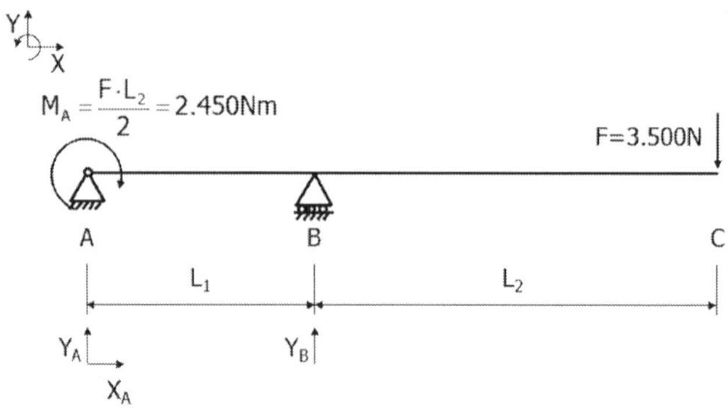

Figura 3.8: Isostatica equivalente con indicazione dei carichi noti, fra cui l'incognita iperstatica $\boldsymbol{M_A}$ appena determinata, e di quelli ancora da valutare

$$\begin{aligned}
&\theta_A(F, M_A) = 0 \Leftrightarrow \theta_{A_F} + \theta_{A_M_A} = 0 \Leftrightarrow \\
&\Leftrightarrow \frac{F \cdot L_1 \cdot L_2}{6EI} + \frac{M_A \cdot L_1}{3EI} = 0 \Leftrightarrow \\
&\Leftrightarrow M_A = -\frac{F \cdot L_2}{2} = -\frac{3.500 \cdot 1400}{2} = \\
&= -2.450.000\text{Nmm} = -2.450\text{Nm}
\end{aligned} \tag{3.8}$$

Si osservi come nell'Eq. 3.8 il termine $\boldsymbol{EI}$, a denominatore degli spostamenti angolari, si semplifichi: questo mostra che l'entità dell'incognita iperstatica non dipende né dal materiale (tramite il modulo elastico $\boldsymbol{E}$), né dalla geometria della sezione (tramite il momento inerziale $\boldsymbol{I}$).
Ora che l'incognita iperstatica è stata determinata, la struttura isostatica equivalente (Fig. 3.2 di pag. 109) può essere risolta come una normale isostatica. Per comodità, questa viene riproposta in Fig. 3.8, in cui sono evidenziate le azioni note (la forza $\boldsymbol{F}$ data e il momento $\boldsymbol{M_A}$ con il suo segno e modulo appena calcolato) e le reazioni vincolari ancora incognite ($\boldsymbol{X_A}$, $\boldsymbol{Y_A}$, $\boldsymbol{Y_B}$). Il calcolo viene operato, risolvendo il sistema delle tre equazioni di equilibrio alla traslazione orizzontale, alla traslazione verticale ed alla rotazione. Per quest'ultima, si considera il punto $\boldsymbol{A}$ come polo. Si veda l'Eq. 3.9.

$$\begin{cases} X_A = 0 \\ Y_A + Y_B - F = 0 \\ -2.450 \cdot 10^3 + Y_B \cdot L_1 - F \cdot (L_1 + L_2) = 0 \end{cases} \tag{3.9}$$

Sostituendo i valori numerici ai parametri noti, si ottiene il seguente sistema, Eq. 3.10. E' chiaro che la $\boldsymbol{X_A}$ risulta nulla, dato che non sono applicate forze orizzontali. Si noti come la terza equazione presenti una sola incognita, il valore della reazione $\boldsymbol{Y_B}$, che quindi può essere immediatamente calcolato e, conseguentemente, anche la reazione $\boldsymbol{Y_A}$.

$$\begin{cases} X_A = 0 \\ Y_A + Y_B - 3.500 = 0 \\ -2.450 \cdot 10^3 + Y_B \cdot 800 - 3.500 \cdot (800 + 1.400) = 0 \end{cases} \tag{3.10}$$

$$\begin{cases} X_A = 0 \\ Y_B = \frac{7.700 \cdot 10^3 + 2.450 \cdot 10^3}{800} = 12.688\text{N} \\ Y_A = -12.688 + 3.500 = -9.188\text{N} \end{cases}$$

Il segno negativo per $\boldsymbol{Y_A}$ indica evidentemente che il verso è opposto rispetto a quello convenzionalmente ipotizzato in Fig. 3.8.
Riassumendo, la soluzione del sistema nelle Eqq. 3.9 e 3.10 ha portato alla determinazione delle reazioni vincolari.

$$\begin{cases} X_A = 0\text{N} \\ Y_A = -9.188\text{N} \\ Y_B = 12.688\text{N} \end{cases} \tag{3.11}$$

Di seguito si disegnano i diagrammi delle caratteristiche delle sollecitazioni, considerando convenzionalmente positive le reazioni concordi a quelle rappresentate sul concio di trave di Fig. 3.9. Si ricorda che il diagramma del momento flettente $\boldsymbol{M_f}$ deve essere disegnato dalla parte delle fibre tese, con pendenza negativa ancorché il taglio $\boldsymbol{T}$, cioè la sua derivata ($\boldsymbol{T} = \frac{\mathbf{d}\boldsymbol{M}}{\mathbf{d}\boldsymbol{x}}$) risulti positivo. I diagrammi dei momenti flettenti si disegnano dopo avere tracciato la linea tratteggiata, che indica la parte inferiore della struttura: se le fibre sono tese dal lato di tale linea, visibile in Fig. 3.9, allora il momento flettente è positivo.

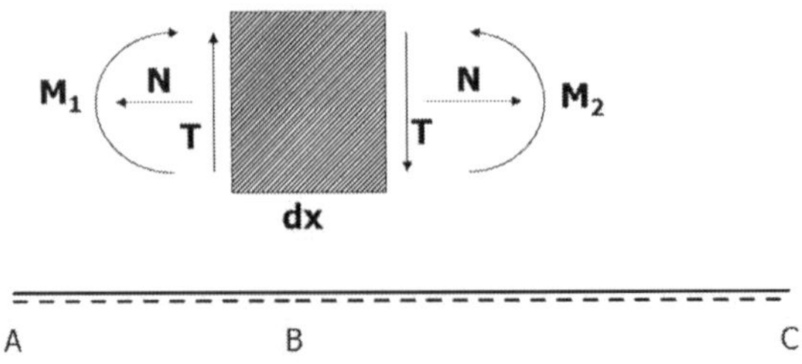

Figura 3.9: Convenzione sui segni e linea tratteggiata disegnata sulla struttura

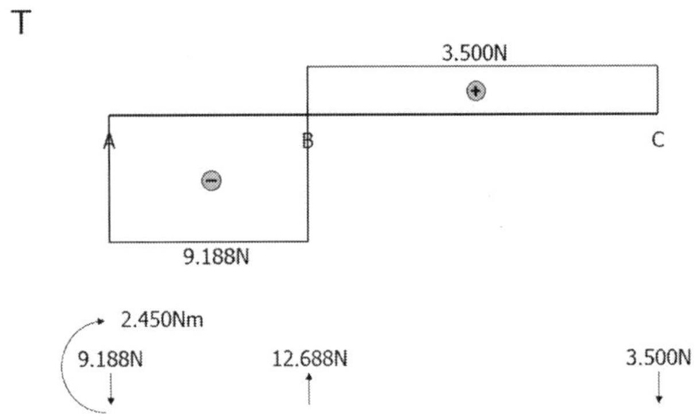

Figura 3.10: Diagramma del taglio

Poiché la struttura non è soggetta a sforzo normale nelle Figg. 3.10 si riportano e 3.11 rispettivamente i diagrammi del taglio $\boldsymbol{T}$ e del momento flettente $\boldsymbol{M_f}$.

Dall'analisi dei diagrammi risulta che il punto maggiormente sollecitato è il punto $\boldsymbol{B}$, considerando una locazione spostata di un infinitesimo verso sinistra. In tale posizione si rilevano un taglio massimo pari a $\boldsymbol{T=9.188N}$ ed un momento flettente massimo pari a $\boldsymbol{M_f=4.900Nm}$. Dato che la trave presenta una sezione a cassone, i tre punti (***1***, ***2*** e ***3***), indicati nella Fig. 3.12 debbono essere considerati per la verifica. Con riferimento al punto ***3*** si precisa che la relativa giacitura deve essere intesa un infinitesimo al di sotto dello spigolo interno della sezione a cassone.

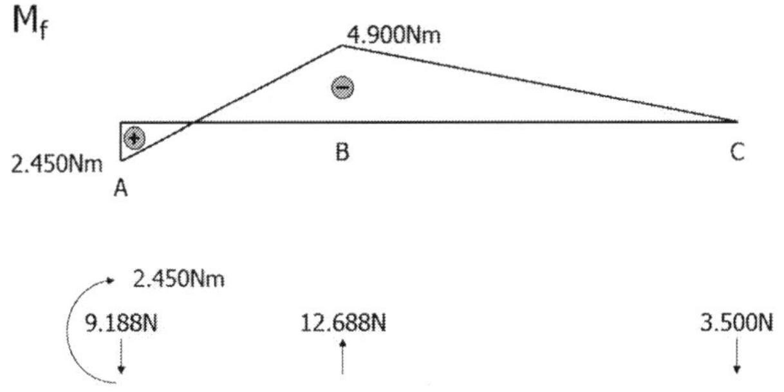

Figura 3.11: Diagramma del momento flettente

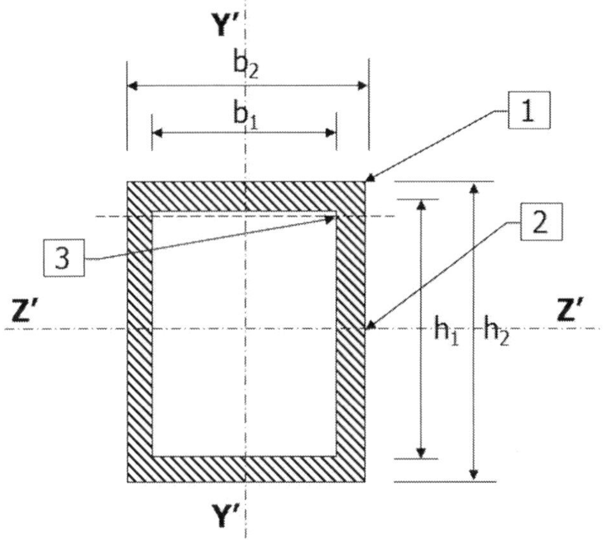

Figura 3.12: Dettaglio della sezione a cassone e punti da considerare per la verifica

Si procede preliminarmente al calcolo di alcuni parametri che dipendono solo dalla geometria della sezione. Nell'Eq. 3.12 viene calcolato il momento inerziale $I_{Z'\text{-}Z'}$ dell'intera sezione rispetto all'asse orizzontale baricentrico ***Z'-Z'***. Nell'Eq. 3.13 si opera il calcolo del momento statico rispetto all'asse ***Z'-Z'***, con riferimento a sola metà sezione. Tale momento statico, indicato come $\boldsymbol{S^*_{Z'-Z'_2}}$, è il momento statico massimo, che si utilizzerà nel computo della tensione tangenziale nel punto ***2***. Infine, nell'Eq. 3.14 è valutato il momento statico rispetto a ***Z'-Z'***, ma riferito solo alla porzione superiore della sezione, cioè alla superficie rettangolare con base $\boldsymbol{b_2}$ ed altezza $\boldsymbol{\frac{h_2-h_1}{2}}$.

$$\begin{aligned} I_{Z'-Z'} &= \frac{1}{12} \cdot \left(b_2 \cdot h_2^3 - b_1 \cdot h_1^3\right) = \\ &= \frac{1}{12} \cdot \left(60 \cdot 100^3 - 50 \cdot 90^3\right) = \\ &= 1.962.500\text{mm}^4 \end{aligned} \tag{3.12}$$

$$\begin{aligned} S^*_{Z'-Z'_2} &= \left(\frac{h_1}{2} + \frac{h_2 - h_1}{4}\right) \cdot b_2 \cdot \frac{h_2 - h_1}{2} + \frac{h_1}{4} \cdot (b_2 - b_1) \cdot \frac{h_1}{2} = \\ &= \left(\frac{90}{2} + \frac{100-90}{4}\right) \cdot 60 \cdot \frac{100-90}{2} + \frac{90}{4} \cdot (60-50) \cdot \frac{90}{2} = \\ &= 24.375\text{mm}^3 \end{aligned} \tag{3.13}$$

$$\begin{aligned} S^*_{Z'-Z'_3} &= \left(\frac{h_1}{2} + \frac{h_2 - h_1}{4}\right) \cdot b_2 \cdot \frac{h_2 - h_1}{2} = \\ &= \left(\frac{90}{2} + \frac{100-90}{4}\right) \cdot 60 \cdot \frac{100-90}{2} = \\ &= 14.250\text{mm}^3 \end{aligned} \tag{3.14}$$

Punto 1:
In corrispondenza del punto ***1*** e su tutto il bordo superiore la tensione normale da momento flettente è massima, $\boldsymbol{\sigma_{M_f\,1}}$, mentre la tensione tangenziale da taglio è nulla. Il calcolo è operato nell'Eq. 3.15, dove il termine $\boldsymbol{y_1}$ rappresenta la distanza del punto ***1*** rispetto all'asse ***Z'-Z'***.

$$\begin{aligned} \sigma_{M_f\,1} &= \frac{M_f}{I_{Z'-Z'}} \cdot y_1 = \frac{M_f}{I_{Z'-Z'}} \cdot \frac{h_2}{2} = \\ &= \frac{4.900 \cdot 10^3}{1.962.500} \cdot \frac{100}{2} = 125\text{MPa} \end{aligned} \tag{3.15}$$

Punto 2:
In corrispondenza del punto ***2*** e su tutto l'asse baricentrico ***Z'-Z'*** la

tensione normale da momento flettente è nulla, in quanto l'asse appena citato è anche l'asse neutro della sezione. Risulta invece massima la tensione tangenziale da taglio $\boldsymbol{\tau_{T\,2}}$: il relativo calcolo è operato in Eq. 3.16 secondo la formula di ***Jourawsky***. La tensione ideale secondo il criterio di ***Von Mises***, $\boldsymbol{\sigma_{VM\,2}}$, viene calcolata in Eq. 3.17.

$$\tau_{T\,2} = \frac{S^*_{Z'-Z'_2} \cdot T}{I_{Z'-Z'} \cdot (b_2 - b_1)} = \frac{24.375 \cdot 9.188}{1.962.500 \cdot (60-50)} = 11\text{MPa} \tag{3.16}$$

$$\sigma_{VM\,2} = \sqrt{3} \cdot \tau_{T\,2} = \sqrt{3} \cdot 11 = 20\text{MPa} \tag{3.17}$$

Punto 3:
E' sempre bene verificare la sezione in punti come il punto ***3***, dove la tensione normale da momento flettente è molto prossima al valore massimo e la tensione tangenziale da taglio presenta un improvviso incremento, per effetto della brusca variazione della larghezza della sezione. Come ravvisabile infatti dalla Fig. 3.12, essa passa da $\boldsymbol{b_2}$ a $\boldsymbol{(b_2\text{-}b_1)}$. La tensione normale flettente, $\boldsymbol{\sigma_{M_f\,3}}$, è calcolata nell'Eq. 3.18, dove il termine $\boldsymbol{y_3}$ rappresenta la distanza fra il punto ***3*** e l'asse ***Z'-Z'***. La tensione tangenziale da taglio, $\boldsymbol{\tau_{T\,3}}$, è invece calcolata nell'Eq. 3.19. Dato che il punto ***3*** è collocato un infinitesimo al di sotto dello spigolo, come evidenziato in Fig. 3.12, verrà considerata la larghezza minore, che comporta il valore più elevato per la tensione tangenziale. La tensione equivalente secondo ***Von Mises***, $\boldsymbol{\sigma_{VM\,3}}$, è infine calcolata nell'Eq. 3.21.

$$\begin{aligned}\sigma_{M_f\,3} &= \frac{M_f}{I_{Z'-Z'}} \cdot y_3 = \frac{M_f}{I_{Z'-Z'}} \cdot \frac{h_1}{2} = \\ &= \frac{4.900 \cdot 10^3}{1.962.500} \cdot \frac{90}{2} = 112\text{MPa}\end{aligned} \tag{3.18}$$

$$\tau_{T\,3} = \frac{S^*_{Z'-Z'_3} \cdot T}{I_{Z'-Z'} \cdot (b_2 - b_1)} = \frac{14.250 \cdot 9.188}{1.962.500 \cdot (60-50)} = \tag{3.19}$$

$$= 6,7\text{MPa} \tag{3.20}$$

$$\sigma_{VM\,3} = \sqrt{\sigma^2_{M_f\,3} + 3 \cdot \tau^2_{T\,3}} = \sqrt{112^2 + 3 \cdot (6,7)^2} = 113\text{MPa} \tag{3.21}$$

Si osserva che la tensione normale più elevata è stata riscontrata in corrispondenza del punto ***1*** (Eq. 3.15). E' quindi in tale posizione che si opera la verifica, con il calcolo del coefficiente di sicurezza ***CS***, dato dal rapporto fra il limite di snervamento $\boldsymbol{S_y}$ e la tensione nel punto maggiormente sollecitato come indicato nell'Eq. 3.22.

$$CS = \frac{S_y}{\sigma_{M_{f\,1}}} = \frac{230}{125} = 1,84 \tag{3.22}$$

3.2 Esercizio 2

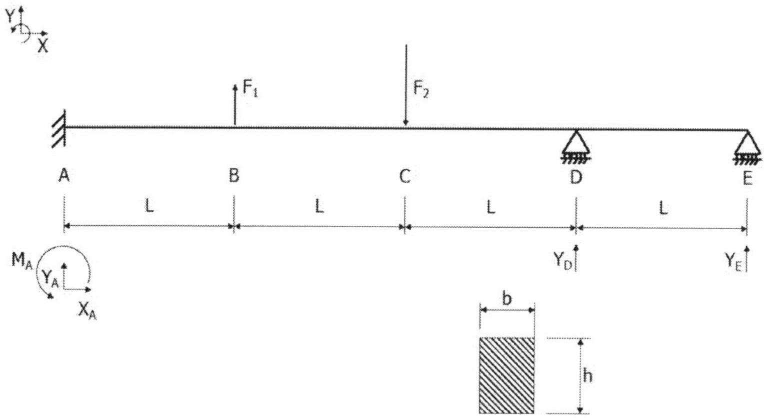

Figura 3.13: La struttura iperstatica in studio con sistema di riferimento, quote, carichi e vincoli

La struttura mostrata in Fig. 3.13 è vincolata nel punto ***A*** tramite un incastro e nei punti ***D*** ed ***E*** tramite carrelli. Il sistema dei carichi è costituito da due forze ***F₁=2.400N*** (verticale verso l'alto) ed ***F₂=4.200N*** (verticale verso il basso), applicate rispettivamente nei punti ***B*** e ***C***. Risulta nota la quota ***L=700mm*** e si conosce la geometria rettangolare della sezione, avente base ***b=30mm*** e altezza ***h=40mm***. Si determinino le reazioni vincolari nei punti ***A***, ***D*** ed ***E***, si disegnino i diagrammi completi delle sollecitazioni (***N, T, M_f***) e si calcoli il coefficiente di sicurezza (***CS***) minimo per un acciaio avente un limite di snervamento ***S_y=340MPa***.

Soluzione

Si osserva in prima battuta che la struttura è vincolata tramite un incastro, che corrisponde ad una molteplicità di vincolo pari a ***3***, e tramite due carrelli, che corrispondono ciascuno a vincoli di molteplicità ***1***. Ne consegue che il grado di vincolo complessivo risulta pari a ***5***, a fronte dei tre gradi di libertà posseduti dalla struttura piana in studio. Tale struttura è pertanto doppiamente "sovra-vincolata": in tale condizioni si parla di sistema ***due volte iperstatico***. Il calcolo delle reazioni vincolari non può chiaramente essere eseguito, semplicemente risolvendo

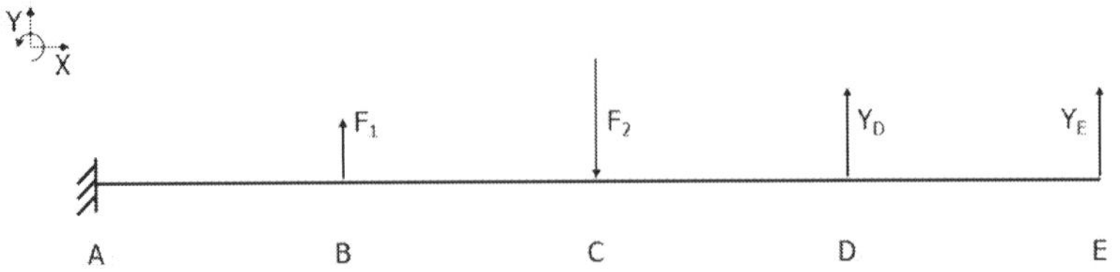

Figura 3.14: Struttura "isostatica equivalente" a seguito della soppressione dei due vincoli alla traslazione verticale in $\boldsymbol{D}$ e in $\boldsymbol{E}$

il sistema delle condizioni di equilibrio, in quanto si avrebbero ***3*** sole equazioni (corrispondenti ai tre equilibri alla traslazione orizzontale, a quella verticale ed alla rotazione) a fronte di ben ***5*** incognite, indicate dai simboli $\boldsymbol{M_A}$, $\boldsymbol{X_A}$, $\boldsymbol{Y_A}$, $\boldsymbol{Y_D}$ ed $\boldsymbol{Y_E}$ in Fig. 3.13. Tale sistema risulterebbe indeterminato e porterebbe ad $\infty^{\boldsymbol{2}}$ soluzioni possibili. Per dirimere la questione, occorre sostituire alla struttura data una struttura "isostatica equivalente", in cui i vincoli sovrabbondanti sono stati soppressi, inserendo al loro posto le rispettive reazioni vincolari. Visto che la struttura potrebbe essere risolta come un'ordinaria isostatica, se tali azioni fossero note, si può affermare che queste rappresentano le effettive incognite del problema e sono per questo definite "incognite iperstatiche". Il metodo che sarà applicato nella soluzione è noto come ***metodo delle forze***, proprio perché le incognite sono forze o momenti. A questo punto, devono essere aggiunte tante equazioni quanti sono i vincoli sovrabbondanti soppressi. Tali equazioni sono legate alla deformazione della struttura sotto il carico attivo e sotto le incognite iperstatiche: in particolare, devono garantire la congruenza in corrispondenza dei vincoli soppressi e sono per questo dette "equazioni di congruenza". La struttura in esame presenta, come detto, una molteplicità di vincolo pari a ***5***, contro ***3*** soli gradi di libertà da togliere. Per arrivare all'isostatica equivalente, occorre allora sottrarre ***2*** gradi di vincolo. La loro scelta è del tutto arbitraria, anche se chiaramente influenza pesantemente il processo risolutivo. Nel presente caso si sceglie di eliminare i due carrelli in $\boldsymbol{D}$ ed $\boldsymbol{E}$: nella Fig. 3.14 tali vincoli sono stati quindi cancellati e sono al loro posto comparse le forze verticali (convenzionalmente rivolte verso l'alto) $\boldsymbol{Y_D}$ ed $\boldsymbol{Y_E}$, che svolgono il ruolo di incognite iperstatiche.

Visto che si hanno due vincoli sovrabbondanti soppressi, occorre scrivere due equazioni di congruenza: queste devono garantire che i punti $\boldsymbol{D}$ e $\boldsymbol{E}$ non siano soggetti a spostamento verticale. Tali equazioni sono mostrate nell'Eq. 3.23, evidenziando che gli spostamenti $\boldsymbol{\eta_D}$ ed $\boldsymbol{\eta_E}$ sono funzione di tutte le componenti in gioco, ossia le forze $\boldsymbol{F_1}$ e $\boldsymbol{F_2}$ e le incognite $\boldsymbol{Y_D}$ ed $\boldsymbol{Y_E}$. Determinate le relative espressioni analitiche, l'Eq. 3.23 non è altro che un sistema lineare di due equazioni nelle due incognite $\boldsymbol{Y_D}$ ed $\boldsymbol{Y_E}$.

$$\begin{cases} \eta_D(F_1, F_2, Y_D, Y_E) = 0 \\ \eta_E(F_1, F_2, Y_D, Y_E) = 0 \end{cases} \tag{3.23}$$

Per operare il calcolo degli spostamenti di cui sopra, conviene applicare il ***principio di sovrapposizione degli effetti***: le frecce dovute ad $\boldsymbol{F_1}$, $\boldsymbol{F_2}$, $\boldsymbol{Y_D}$, $\boldsymbol{Y_E}$ saranno quindi valutate separatamente, e successivamente si sommeranno algebricamente i risultati ottenuti.

Spostamenti indotti da $\boldsymbol{F_1}$
La struttura isostatica equivalente, in cui si considera solo la forza $\boldsymbol{F_1}$, è disegnata in Fig. 3.15 (a). La valutazione analitica di spostamenti angolari o lineari può essere, in generale, convenientemente operata tramite l'applicazione dei ***corollari di Mohr***. Tale metodo richiede preliminarmente la tracciatura del diagramma del momento flettente $\boldsymbol{M_f}$ della struttura in Fig. 3.15 (a). Tale diagramma, rappresentato in Fig. 3.15 (b), è di semplice determinazione, essendo esso nullo sul tratto $\boldsymbol{BE}$, su cui non agiscono componenti di sollecitazione, ed essendo lineare nel tratto $\boldsymbol{AB}$, con massimo nel punto $\boldsymbol{A}$. Si osservi che in $\boldsymbol{B}$ agisce la sola forza $\boldsymbol{F_1}$, senza che vi siano momenti applicati dall'esterno, mentre in $\boldsymbol{A}$ si ha il momento d'incastro, dato immediatamente da $\boldsymbol{F_1 \cdot L}$. Le entità degli spostamenti in $\boldsymbol{D}$ ed $\boldsymbol{E}$ per effetto della forza $\boldsymbol{F_1}$ sono mostrate qualitativamente in Fig. 3.15 (c).
Passando quindi all'applicazione dei ***corollari di Mohr***, occorre prima di tutto determinare la cosiddetta "struttura fittizia": questa non coincide in generale con quella "reale" (ossia quella di Fig. 3.15 (a)), ma deve essere determinata a partire da questa, tramite considerazioni sui suoi vincoli e sugli spostamenti inibiti e consentiti. Sulla base dell'andamento del momento flettente di Fig. 3.15 (b), occorre quindi determinare un "carico distribuito fittizio", $\boldsymbol{q^*}$, che dovrà essere applicato alla struttura fittizia. Il calcolo del carico fittizio è dato in generale da $\left(\boldsymbol{q^* = \frac{M_f}{EI}}\right)$, dove $\boldsymbol{M_f}$, $\boldsymbol{E}$ ed $\boldsymbol{I}$ sono, rispettivamente, i valori puntuali del momento flettente, del modulo elastico del materiale e del momento inerziale per

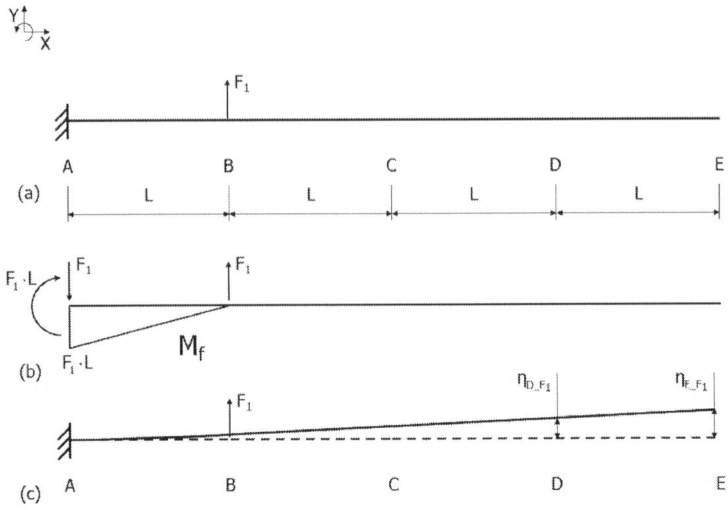

Figura 3.15: (a) Isostatica equivalente sotto l'azione della sola forza $\boldsymbol{F_1}$, (b) Diagramma del momento flettente, (c) Deformata qualitativa con indicazione degli spostamenti $\boldsymbol{\eta_{D\_F_1}}$ e $\boldsymbol{\eta_{E\_F_1}}$

la flessione della sezione. La struttura fittizia caricata dal carico fittizio è mostrata in Fig. 3.16 (a). I ***corollari di Mohr*** permettono ora una stima agevole degli spostamenti, dal momento che il Taglio nel sistema fittizio, $\boldsymbol{T^*}$, corrisponde alla rotazione, $\boldsymbol{\theta}$, nel sistema reale, mentre il momento flettente nel sistema fittizio, $\boldsymbol{M_f^*}$, corrisponde allo spostamento verticale, $\boldsymbol{\eta}$, nel sistema reale. Si vedano le Eqq. 3.24 e 3.25, che valgono in ogni punto delle strutture fittizia e reale.

$$T^* = \theta \tag{3.24}$$

$$M_f^* = \eta \tag{3.25}$$

La struttura fittizia deve essere ricavata alla luce delle corrispondenze fra tagli, momenti, spostamenti angolari e spostamenti lineari. In corrispondenza del punto $\boldsymbol{E}$ la struttura reale presenta un estremo libero, in cui sono possibili spostamenti angolari e lineari. Di conseguenza, la struttura fittizia dovrà presentare un vincolo che reagisca sia a taglio che a momento: tale vincolo è rappresentato da un incastro. Viceversa, in $\boldsymbol{A}$ la presenza dell'incastro impedisce rotazioni e spostamenti verticali quindi la struttura fittizia dovrà presentare un "vincolo" che non

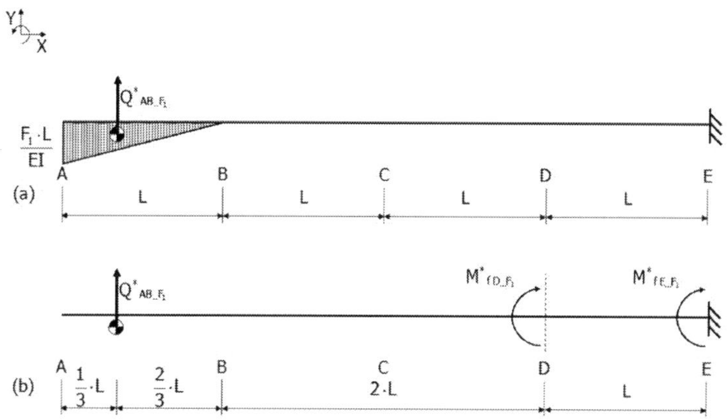

Figura 3.16: (a) Struttura fittizia caricata dal carico distribuito fittizio, (b) Momenti flettenti $\boldsymbol{M^*_{f\,D\_F_1}}$ e $\boldsymbol{M^*_{f\,E\_F_1}}$ che devono essere calcolati per stimare gli spostamenti $\boldsymbol{\eta_{D\_F_1}}$ e $\boldsymbol{\eta_{E\_F_1}}$

reagisca né a taglio, né a momento. E' chiaro che imporre una reazione nulla equivale a richiedere che nella struttura fittizia il punto $\boldsymbol{A}$ non sia vincolato, sia cioè un estremo libero. Tipicamente, nelle travi a mensola come quella di Fig. 3.15 (a) incastro ed estremo libero si scambiano i ruoli al passaggio dalla struttura reale a quella fittizia.
Secondo l'Eq. 3.25 gli spostamenti $\boldsymbol{\eta_{D\_F_1}}$ e $\boldsymbol{\eta_{E\_F_1}}$ coincidono con i momenti flettenti $\boldsymbol{M^*_{f\,D\_F_1}}$ e $\boldsymbol{M^*_{f\,E\_F_1}}$, valutati nei punti $\boldsymbol{D}$ ed $\boldsymbol{E}$ della struttura fittizia rispettivamente. Si veda al proposito anche la Fig. 3.16 (b).
Questi due momenti sono dovuti al solo carico distribuito fittizio, avente andamento lineare sul tratto $\boldsymbol{AB}$. La risultante di tale carico, $\boldsymbol{Q^*_{AB\_F_1}}$, visibile in Fig. 3.16, è facilmente determinabile come l'area della distribuzione triangolare. Il punto di applicazione della forza $\boldsymbol{Q^*_{AB\_F_1}}$ è inoltre in corrispondenza del baricentro della distribuzione triangolare: esso dista $\left(\frac{1}{3}\cdot \boldsymbol{L}\right)$ dal punto $\boldsymbol{A}$ e $\left(\frac{2}{3}\cdot \boldsymbol{L}\right)$ dal punto $\boldsymbol{B}$. Il calcolo della risultante $\boldsymbol{Q^*_{AB\_F_1}}$ viene mostrato nell'Eq. 3.26, mentre i momenti in $\boldsymbol{D}$ ed $\boldsymbol{E}$ sono valutati nelle Eqq. 3.27 e 3.28 rispettivamente. Queste equazioni conducono al calcolo degli spostamenti $\boldsymbol{\eta_{D\_F_1}}$ e $\boldsymbol{\eta_{E\_F_1}}$.

$$Q^*_{AB\_F_1} = \frac{\frac{F_1\cdot L}{EI}\cdot L}{2} = \frac{F\cdot L^2}{2EI} \tag{3.26}$$

$$\begin{aligned} M^*_{f\,D\_F_1} &= Q^*_{AB\_F_1} \cdot \left(\frac{2}{3} \cdot L + 2 \cdot L\right) = \\ &= \frac{F \cdot L^2}{2EI} \cdot \left(\frac{2}{3} \cdot L + 2 \cdot L\right) = \\ &= \frac{F \cdot L^3}{3EI} + \frac{F \cdot L^2}{2EI} \cdot 2 \cdot L = \\ &= \frac{4}{3} \cdot \frac{F \cdot L^3}{EI} = \eta_{D\_F_1} \end{aligned} \tag{3.27}$$

$$\begin{aligned} M^*_{f\,E\_F_1} &= Q^*_{AB\_F_1} \cdot \left(\frac{2}{3} \cdot L + 3 \cdot L\right) = \\ &= \frac{F \cdot L^2}{2EI} \cdot \left(\frac{2}{3} \cdot L + 3 \cdot L\right) = \\ &= \frac{F \cdot L^3}{3EI} + \frac{F \cdot L^2}{2EI} \cdot 3 \cdot L = \\ &= \frac{11}{6} \cdot \frac{F \cdot L^3}{EI} = \eta_{D\_F_1} \end{aligned} \tag{3.28}$$

Osservazione
Secondo l'Eq. 3.24 la rotazione in corrispondenza del punto $\boldsymbol{B}$ della struttura reale, $\boldsymbol{\theta_{B\_F_1}}$, coincide con il taglio nello stesso punto nella struttura fittizia, $\boldsymbol{T^*_{B\_F_1}}$ (si veda la Fig. 3.16(b)). Tale taglio è rappresentato dalla risultante $\boldsymbol{Q^*_{AB\_F_1}}$ di Eq. 3.26, quindi è ricavabile dall'Eq. 3.29:

$$\theta_{B\_F_1} = T^*_{B\_F_1} = \frac{F \cdot L^2}{2EI} \tag{3.29}$$

Lo spostamento nello stesso punto, $\boldsymbol{\eta_{B\_F_1}}$, coincide invece con il momento flettente $\boldsymbol{M^*_{f\,B\_F_1}}$ ricavabile dall'Eq. 3.30:

$$\eta_{B\_F_1} = M^*_{f\,B\_F_1} = \frac{F \cdot L^2}{2EI} \cdot \frac{2}{3} \cdot L = \frac{F \cdot L^3}{3EI} \tag{3.30}$$

Di conseguenza, confrontando le Eqq. 3.27, 3.29 e 3.30, è immediatamente riscontrabile che lo spostamento del punto $\boldsymbol{D}$, dovuto alla forza $\boldsymbol{F_1}$ in $\boldsymbol{B}$, è così esprimibile, secondo l'Eq. 3.31:

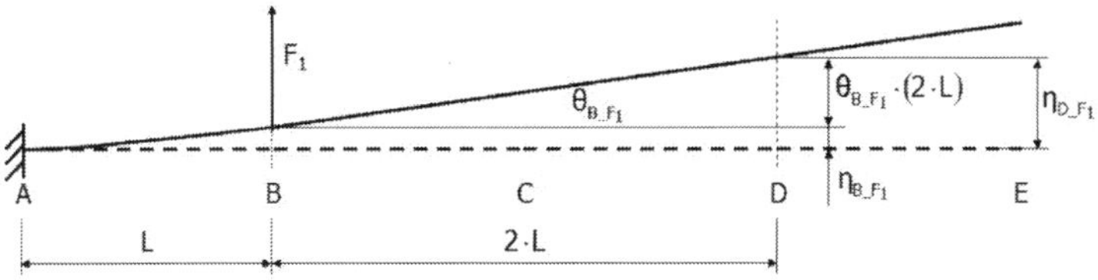

Figura 3.17: Determinazione della freccia in un punto più vicino all'estremità, indotta da una forza concentrata più vicina all'incastro

$$\eta_{D\_F_1} = \eta_{B\_F_1} + \theta_{B\_F_1} \cdot (2 \cdot L) \tag{3.31}$$

Di conseguenza, una forza concentrata come la $\boldsymbol{F_1}$ in una trave a mensola determina uno spostamento in corrispondenza del suo punto di applicazione ed uno spostamento amplificato in tutti i punti più lontani dall'incastro. L'entità dello spostamento in uno di questi punti remoti è dato dalla somma di due termini, di cui il primo rappresenta lo spostamento del punto di applicazione e il secondo la rotazione rigida del tratto scarico della trave (nel presente caso $\boldsymbol{BD}$). Il primo termine è dato da $\left(\frac{\boldsymbol{F \cdot \Delta_1^3}}{\boldsymbol{3EI}}\right)$, mentre il secondo è dato da $\left(\frac{\boldsymbol{F \cdot \Delta_1^2}}{\boldsymbol{2EI}} \cdot \boldsymbol{\Delta_2}\right)$, dove $\boldsymbol{\Delta_1}$ rappresenta la distanza fra la forza e l'incastro e $\boldsymbol{\Delta_2}$ rappresenta la distanza fra la forza e il punto remoto di cui si sta calcolando lo spostamento. $\boldsymbol{\Delta_2}$ coincide inoltre con l'estensione del tratto scarico della trave che ruota rigidamente. Si veda la trattazione grafica in Fig. 3.17.

Spostamenti indotti da $\boldsymbol{F_2}$

Anche in tal caso si può procedere tramite i ***Corollari di Mohr***, ma risulta molto più conveniente sfruttare l'osservazione del punto precedente. Essa permette di calcolare in maniera immediata gli spostamenti in $\boldsymbol{D}$ ed $\boldsymbol{E}$ indotti dalla forza $\boldsymbol{F_2}$, rispettivamente $\boldsymbol{\eta_{D\_F_2}}$ ed $\boldsymbol{\eta_{E\_F_2}}$. Tali spostamenti, come indicato nelle Eqq. 3.32 e 3.33, possiedono un segno negativo, in quanto orientati verso il basso.

$$\begin{aligned} \eta_{D\_F_2} &= \eta_{C\_F_2} + \theta_{C\_F_2} \cdot L = \\ &= -\frac{F_2 \cdot (2 \cdot L)^3}{3EI} - \frac{F_2 \cdot (2 \cdot L)^2}{2EI} \cdot L = \\ &= -\frac{14}{3} \cdot \frac{F_2 \cdot L^3}{EI} \end{aligned} \tag{3.32}$$

$$\begin{aligned}\eta_{E\_F_2} &= \eta_{C\_F_2} + \theta_{C\_F_2} \cdot (2 \cdot L) = \\ &= -\frac{F_2 \cdot (2 \cdot L)^3}{3EI} - \frac{F_2 \cdot (2 \cdot L)^2}{2EI} \cdot (2 \cdot L) = \\ &= -\frac{20}{3} \cdot \frac{F_2 \cdot L^3}{EI}\end{aligned} \tag{3.33}$$

Spostamenti indotti da $\boldsymbol{Y_D}$
Anche in tal caso si potrebbe procedere tramite i ***Corollari di Mohr***, ma risulta molto più rapido seguire il procedimento visto precedentemente. Esso permette di calcolare in maniera immediata gli spostamenti in $\boldsymbol{D}$ ed $\boldsymbol{E}$ indotti dall'azione (incognita iperstatica) $\boldsymbol{Y_D}$, rispettivamente $\boldsymbol{\eta_{D\_Y_D}}$ ed $\boldsymbol{\eta_{E\_Y_D}}$. Tali spostamenti, come indicato nelle Eqq. 3.34 e 3.35, possiedono un segno positivo in quanto orientati verso l'alto.

$$\eta_{D\_Y_D} = \frac{Y_D \cdot (3 \cdot L)^3}{3EI} = 9 \cdot \frac{Y_D \cdot L^3}{EI} \tag{3.34}$$

$$\begin{aligned}\eta_{E\_Y_D} &= \eta_{D\_Y_D} + \theta_{D\_Y_D} \cdot L = \frac{Y_D \cdot (3 \cdot L)^3}{3EI} + \frac{Y_D \cdot (3 \cdot L)^2}{2EI} \cdot L \\ &= \frac{27}{2} \cdot \frac{Y_D \cdot L^3}{EI}\end{aligned} \tag{3.35}$$

Spostamenti indotti da $\boldsymbol{Y_E}$
Anche in questo caso lo spostamento $\boldsymbol{\eta_{E\_Y_E}}$ è facilmente calcolabile tramite l'Eq. 3.36, dove il termine $\boldsymbol{\Delta_1}$ prima citato è uguale all'intera luce della trave $\boldsymbol{4 \cdot L}$, mentre $\boldsymbol{\Delta_2}$ è evidentemente nullo.

$$\eta_{E\_Y_E} = \frac{Y_E \cdot (4 \cdot L)^3}{3EI} = \frac{64}{3} \cdot \frac{Y_E \cdot L^3}{EI} \tag{3.36}$$

Leggermente più complesso è il calcolo dello spostamento $\boldsymbol{\eta_{D\_Y_E}}$ nel punto $\boldsymbol{D}$, indotto dall'azione $\boldsymbol{Y_E}$. Si osserva infatti che ci si trova nella situazione opposta a quella precedente: una forza applicata in una posizione remota rispetto all'incastro induce uno spostamento in un punto collocato più vicino rispetto al vincolo. In tal caso, non si può più

utilizzare l'osservazione precedente, ma conviene tornare a fare ricorso ai ***Corollari di Mohr***.
La struttura isostatica equivalente, in cui si considera il solo contributo di $\boldsymbol{Y_E}$, è disegnata in Fig. 3.18 (a). E' immediato tracciare il diagramma del momento flettente $\boldsymbol{M_f}$: esso ha un andamento lineare, risulta nullo in corrispondenza del punto $\boldsymbol{E}$ (estremo libero, senza coppie applicate dall'esterno) e massimo all'incastro $\boldsymbol{A}$. In tale punto $\boldsymbol{M_f}$ assume un valore dato da $\boldsymbol{Y_E \cdot (4 \cdot L)}$. La distribuzione del momento è evidenziata in Fig. 3.18 (b), mentre in Fig. 3.18 (c) si riporta una rappresentazione qualitativa della deformata della struttura, sotto l'azione di $\boldsymbol{Y_E}$, con indicazione degli spostamenti $\boldsymbol{\eta_{D\_Y_E}}$ e $\boldsymbol{\eta_{E\_Y_E}}$.
Passando quindi all'applicazione dei ***Corollari di Mohr***, occorre prima di tutto considerare la "struttura fittizia", che è la stessa prima considerata, in cui l'incastro e l'estremo libero si scambiano i ruoli. Tale struttura deve essere caricata con il "carico distribuito fittizio" $\boldsymbol{q^*}$, che è di immediata determinazione, una volta determinato il diagramma del momento $\boldsymbol{M_f}$, essendo ad esso legato dalla relazione $\left(\boldsymbol{q^* = \frac{M_f}{EI}}\right)$. La procedura di caricamento della struttura fittizia con il carico fittizio è mostrata in Fig. 3.19 (a). Come visto precedentemente, Eqq. 3.24 e 3.25 di pag. 126, gli spostamenti angolari e lineari sono facilmente calcolabili, sfruttando il loro legame con il taglio ed il momento nella struttura fittizia.

Si ha in particolare che lo spostamento $\boldsymbol{\eta_{D\_Y_E}}$ coincide con il momento fittizio $\boldsymbol{M^*_{f\,D\_Y_E}}$. Procedendo da destra verso sinistra nella struttura fittizia rappresentata in Fig. 3.19 (b), tale momento dipende da tre contributi, legati al momento d'incastro in $\boldsymbol{E}$, $\boldsymbol{M^*_{f\,E\_Y_E}}$, al taglio in $\boldsymbol{E}$, $\boldsymbol{T^*_{E\_Y_E}}$, ed alla risultante del carico distribuito sul solo tratto $\boldsymbol{DE}$ della struttura fittizia, $\boldsymbol{Q^*_{DE\_Y_E}}$.
Il taglio $\boldsymbol{T^*_{E\_Y_E}}$ può essere facilmente determinato come la risultante del carico fittizio distribuito sull'intera luce della trave, $\boldsymbol{Q^*_{AE\_Y_E}}$. Tale risultante è pari all'area della distribuzione triangolare ed è applicata ad una distanza pari a $\left(\boldsymbol{\frac{2}{3} \cdot (4 \cdot L)}\right)$ dal punto $\boldsymbol{E}$, il che permette il calcolo del momento d'incastro $\boldsymbol{M^*_{f\,E\_Y_E}}$. Si vedano le Eqq. 3.37 e 3.38. La risultante del carico distribuito su $\boldsymbol{DE}$, $\boldsymbol{Q^*_{DE\_Y_E}}$, è invece data dall'Eq. 3.39.

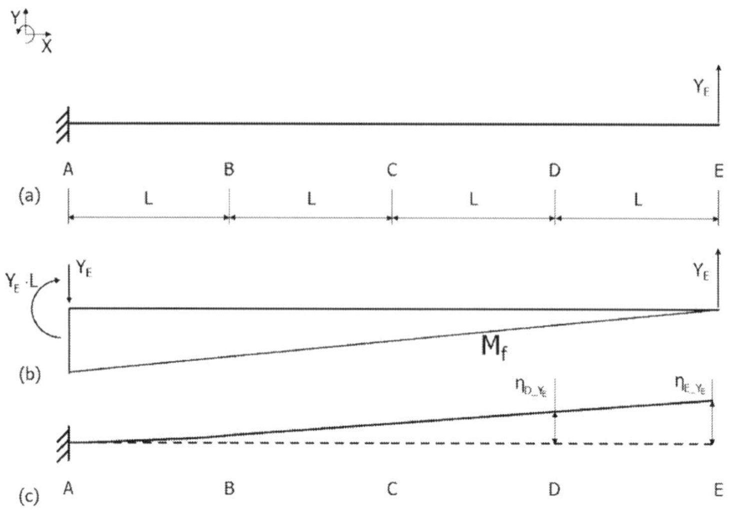

Figura 3.18: (a) Isostatica equivalente sotto l'azione della sola forza $\boldsymbol{Y_E}$, (b) Diagramma del momento flettente, (c) Deformata qualitativa con indicazione degli spostamenti $\boldsymbol{\eta_{D\_Y_E}}$ e $\boldsymbol{\eta_{E\_Y_E}}$

$$T^*_{E\_Y_E} = \frac{\frac{Y_E \cdot (4 \cdot L)}{EI} \cdot (4 \cdot L)}{2} = \frac{Y_E \cdot (4 \cdot L)^2}{2EI} = 8 \cdot \frac{Y_E \cdot L^2}{EI} \tag{3.37}$$

$$M^*_{f\,E\_Y_E} = T^*_{E\_Y_E} \cdot \frac{2}{3} \cdot (4 \cdot L) = \frac{64}{3} \cdot \frac{Y_E \cdot L^3}{EI} \tag{3.38}$$

$$Q^*_{DE\_Y_E} = \frac{\frac{Y_E \cdot L}{EI} \cdot L}{2} = \frac{Y_E \cdot L^2}{2EI} \tag{3.39}$$

Tenendo presente che la $\boldsymbol{Q^*_{DE\_Y_E}}$ è collocata ad una distanza pari a $\left(\frac{1}{3} \cdot \boldsymbol{L}\right)$ dal punto $\boldsymbol{D}$, il momento flettente $\boldsymbol{M^*_{f\,D\_Y_E}}$ è infine calcolato tramite l'Eq. 3.40: tale momento equivale allo spostamento $\boldsymbol{\eta_{D\_Y_E}}$ cercato, anch'esso di segno positivo.

$$\begin{aligned} M^*_{f\,D\_Y_E} &= M^*_{f\,E\_Y_E} - T^*_{E\_Y_E} \cdot L + Q^*_{DE\_Y_E} \cdot \frac{1}{3} \cdot L = \\ &= \frac{64}{3} \cdot \frac{Y_E \cdot L^3}{EI} - 8 \cdot \frac{Y_E \cdot L^2}{EI} \cdot L + \frac{Y_E \cdot L^2}{2EI} \cdot \frac{1}{3} \cdot L = \\ &= \left(\frac{64}{3} - 8 + \frac{1}{6}\right) \cdot \frac{Y_E \cdot L^3}{EI} = \frac{27}{2} \cdot \frac{Y_E \cdot L^3}{EI} = \eta_{D\_Y_E} \end{aligned} \tag{3.40}$$

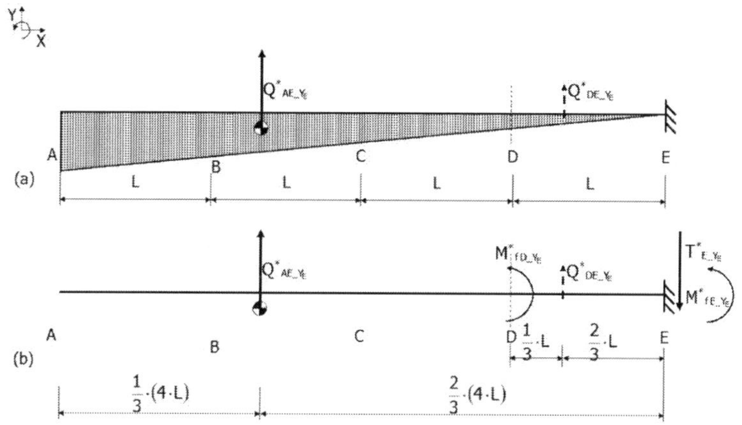

Figura 3.19: (a) Struttura fittizia caricata dal carico distribuito fittizio, (b) Momento flettente $\boldsymbol{M^*_{f\,D\_Y_E}}$, che deve essere determinato per stimare lo spostamento $\boldsymbol{\eta_{D\_Y_E}}$, ed altre azioni di taglio e momento utili per il calcolo

Alla luce delle stime operate, il sistema delle equazioni di congruenza dell'Eq. 3.23 di pag. 125 può essere scritto come segue nell'Eq. 3.41. Come evidenziato precedentemente, nella somma algebrica degli spostamenti in $\boldsymbol{D}$ ed in $\boldsymbol{E}$ si deve tenere presente che le forze $\boldsymbol{F_1}$, $\boldsymbol{Y_D}$ e $\boldsymbol{Y_E}$ inducono spostamenti positivi, mentre la $\boldsymbol{F_2}$ comporta uno spostamento negativo.

$$\begin{cases} \eta_D(F_1, F_2, Y_D, Y_E) = \eta_{D\_F_1} + \eta_{D\_F_2} + \eta_{D\_Y_D} + \eta_{D\_Y_E} = 0 \\ \eta_E(F_1, F_2, Y_D, Y_E) = \eta_{E\_F_1} + \eta_{E\_F_2} + \eta_{E\_Y_D} + \eta_{E\_Y_E} = 0 \end{cases} \tag{3.41}$$

$$\begin{cases} \frac{4}{3} \cdot \frac{F_1 \cdot L^3}{EI} - \frac{14}{3} \cdot \frac{F_2 \cdot L^3}{EI} + 9 \cdot \frac{Y_D \cdot L^3}{EI} + \frac{27}{2} \cdot \frac{Y_E \cdot L^3}{EI} = 0 \\ \frac{11}{6} \cdot \frac{F_1 \cdot L^3}{EI} - \frac{20}{3} \cdot \frac{F_2 \cdot L^3}{EI} + \frac{27}{2} \cdot \frac{Y_D \cdot L^3}{EI} + \frac{64}{3} \cdot \frac{Y_E \cdot L^3}{EI} = 0 \end{cases}$$

Si nota che i coefficienti al denominatore $\boldsymbol{EI}$ si cancellano: la soluzione risulterà quindi indipendente dal materiale (attraverso il modulo elastico $\boldsymbol{E}$) e dalla geometria della sezione (tramite il momento inerziale $\boldsymbol{I}$). Si osserva altresì che si semplificano anche tutti i termini $\boldsymbol{L^3}$.

$$\begin{cases} \frac{4}{3} \cdot F_1 - \frac{14}{3} \cdot F_2 + 9 \cdot Y_D + \frac{27}{2} \cdot Y_E = 0 \\ \frac{11}{6} \cdot F_1 - \frac{20}{3} \cdot F_2 + \frac{27}{2} \cdot Y_D + \frac{64}{3} \cdot Y_E = 0 \end{cases}$$

Sostituendo i valori delle forze date $\boldsymbol{F_1}$ e $\boldsymbol{F_2}$, si ottiene dunque il sistema nell'Eq. 3.42.

$$\begin{cases} -16.400 + 9 \cdot Y_D + \frac{27}{2} \cdot Y_E = 0 \\ -23.600 + \frac{27}{2} \cdot Y_D + \frac{64}{3} \cdot Y_E = 0 \end{cases} \tag{3.42}$$

Il sistema dell'Eq. 3.42 conduce alla calcolo delle incognite $\boldsymbol{Y_D}$ ed $\boldsymbol{Y_E}$ riportato nelle Eqq. 3.43 e 3.44.

$$\begin{cases} 32.800 = 18 \cdot Y_D + 27 \cdot Y_E \Rightarrow Y_D = \frac{32.800 - 27 \cdot Y_E}{18} \\ 141.600 = 81 \cdot Y_D + 128 \cdot Y_E \Rightarrow \\ 141.600 = 4,5 \cdot (32.800 - 27 \cdot Y_E) + 128 \cdot Y_E \end{cases} \tag{3.43}$$

$$\begin{cases} 128 \cdot Y_E - 121,5 \cdot Y_E = 141.600 - 147.600 \\ Y_E = -\frac{6.000}{6,5} = -923\text{N} \\ Y_D = \frac{32.800 - 27 \cdot Y_E}{18} = \frac{32.800 + 27 \cdot 923}{18} = 3.207\text{N} \end{cases} \tag{3.44}$$

Riassumendo, la soluzione del sistema contenuto nell'Eq. 3.42 ha portato alla stima delle due incognite iperstatiche riportate nell'Eq. 3.44. Va precisato che il segno negativo per la $\boldsymbol{Y_E}$ indica che tale reazione ha un senso opposto (ossia verso il basso) rispetto a quello convenzionalmente ipotizzato all'inizio.

Ora che le incognite iperstatiche sono state calcolate, la struttura isostatica equivalente (Fig. 3.14 di pag. 124) può essere risolta come una normale isostatica. Per comodità, questa viene riproposta in Fig. 3.20, in cui sono evidenziate le azioni note (le forze date $\boldsymbol{F_1}$ e $\boldsymbol{F_2}$ e le reazioni $\boldsymbol{Y_D}$ e $\boldsymbol{Y_E}$ appena calcolate) e le reazioni vincolari ancora incognite ($\boldsymbol{X_A}$, $\boldsymbol{Y_A}$, $\boldsymbol{M_A}$). Il calcolo viene operato, risolvendo il sistema delle tre equazioni di equilibrio alla traslazione orizzontale, a quella verticale ed alla rotazione riportata nell'Eq. 3.45. Per quest'ultima, si considera il punto $\boldsymbol{A}$ come polo.

$$\begin{cases} X_A = 0 \\ Y_A + F_1 - F_2 + Y_D - Y_E = 0 \\ M_A + F_1 \cdot L - F_2 \cdot (2 \cdot L) + Y_D \cdot (3 \cdot L) - Y_E \cdot (4 \cdot L) = 0 \end{cases} \tag{3.45}$$

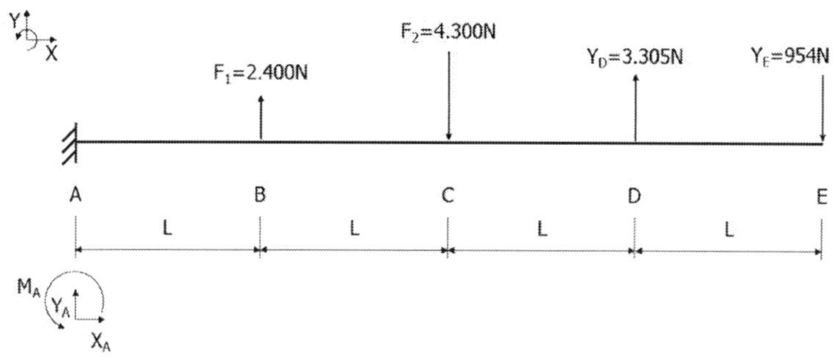

Figura 3.20: Isostatica equivalente con indicazione dei carichi noti, fra cui le incognite iperstatiche $\boldsymbol{Y_D}$ ed $\boldsymbol{Y_E}$ appena determinate, e di quelli ancora da valutare

Sostituendo i valori numerici, risulta il seguente sistema, Eq. 3.46. E' chiaro che la $\boldsymbol{X_A}$ è nulla, dato che non sono applicate forze lungo l'asse della trave $\boldsymbol{AE}$. La seconda e la terza equazione presentano una sola incognita, rispettivamente $\boldsymbol{Y_A}$ e $\boldsymbol{M_A}$, e possono quindi essere risolte agevolmente.

$$\begin{cases} X_A = 0 \\ Y_A + 2.400 - 4.200 + 3.207 - 923 = 0 \\ M_A + 2.400 \cdot 700 - 4.200 \cdot 1.400 + \\ +3.207 \cdot 2.100 - 923 \cdot 2.800 = 0 \end{cases} \tag{3.46}$$

La soluzione del sistema nelle Eqq. 3.45 e 3.46 porta quindi alla seguente soluzione, Eq. 3.47, in cui il segno negativo per $\boldsymbol{Y_A}$ indica che tale reazione ha un senso opposto rispetto a quello inizialmente supposto: essa è quindi diretta verso il basso.

$$\begin{cases} X_A = 0 \\ Y_A = -484\text{N} \\ M_A = 49.700\text{Nmm} \end{cases} \tag{3.47}$$

Di seguito si disegnano i diagrammi delle caratteristiche delle sollecitazioni, considerando convenzionalmente positive le reazioni concordi a quelle rappresentate sul concio di trave di Fig. 3.21. Si ricorda che il

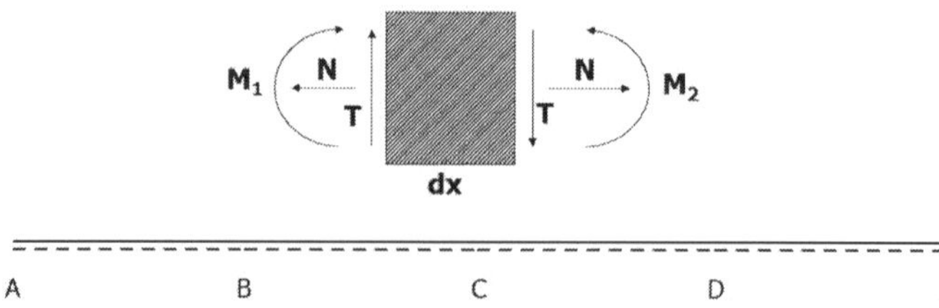

Figura 3.21: Convenzione sui segni e linea tratteggiata disegnata sulla struttura

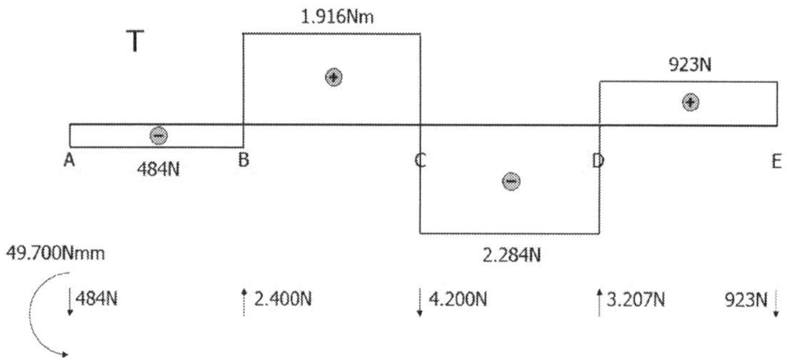

Figura 3.22: Diagramma del taglio

diagramma del momento flettente $\boldsymbol{M_f}$ deve essere disegnato dalla parte delle fibre tese, con pendenza negativa ancorché il taglio $\boldsymbol{T}$, cioè la sua derivata ($\boldsymbol{T} = \frac{dM}{dx}$) risulti positivo. I diagrammi dei momenti flettenti si disegnano dopo avere tracciato la linea tratteggiata, che indica la parte inferiore della struttura: se le fibre sono tese dal lato di tale linea, visibile in Fig. 3.21, allora il momento flettente è positivo.
Poiché la struttura non è soggetta a sforzo normale, nelle Figg. 3.22 e 3.23 si riportano, rispettivamente, i diagrammi del taglio $\boldsymbol{T}$ e del momento flettente $\boldsymbol{M_f}$.

Dall'analisi dei diagrammi risulta che il punto maggiormente sollecitato è il $\boldsymbol{C}$, considerando una posizione spostata di un infinitesimo verso destra. In tale locazione si rilevano un taglio massimo $\boldsymbol{T_{max}}$ pari a ***T=2.284N*** ed un momento flettente massimo $\boldsymbol{M_{f\_max}}$ pari a ***$\boldsymbol{M_f}$=952,7Nm***. Dal momento che la trave presenta una sezione rettangolare, la verifica verrà operata sui bordi superiore ed inferiore di essa,

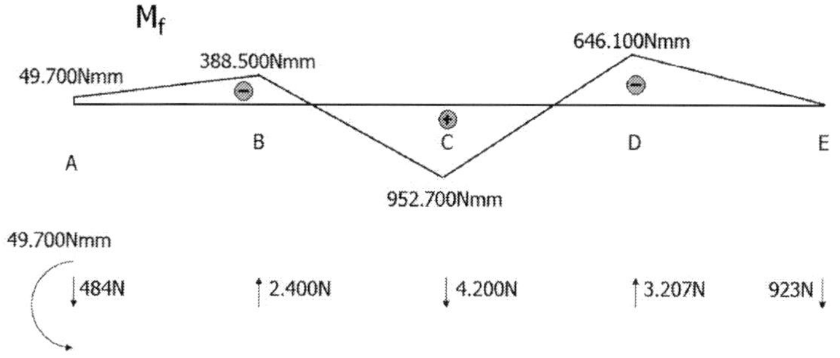

Figura 3.23: Diagramma del momento flettente

in cui la tensione normale da momento flettente, avente andamento a ***farfalla***, presenta il valore massimo ($\boldsymbol{\sigma_{Mf\_max}}$). Si considererà poi un punto collocato sull'asse baricentrico orizzontale, dove la tensione tangenziale da taglio, avente andamento parabolico, risulta massima ($\boldsymbol{\tau_{T\_max}}$). I relativi calcoli sono mostrati rispettivamente nell'Eq. 3.48 ed nell'Eq. 3.49. Si indicano con $\boldsymbol{W_f}$ e con $\boldsymbol{A}$ rispettivamente il momento resistente a flessione e la superficie della sezione rettangolare.

$$\begin{aligned} \sigma_{Mf\_max} &= \pm \frac{M_{f\_max}}{W_f} = \pm \frac{6 \cdot M_{f\_max}}{b \cdot h^2} = \\ &= \pm \frac{6 \cdot 952.700}{30 \cdot 40^2} = \pm 119\text{MPa} \end{aligned} \tag{3.48}$$

$$\tau_{T\_max} = \frac{3}{2} \cdot \frac{T_{max}}{A} = \frac{3}{2} \cdot \frac{T_{max}}{b \cdot h} = \frac{3}{2} \cdot \frac{2.284}{30 \cdot 40} = 2,9\text{MPa} \tag{3.49}$$

Si osserva come il valore trovato per la tensione tangenziale massima $\boldsymbol{\tau_{T\_max}}$ sia di gran lunga inferiore e, quindi, trascurabile rispetto a quello della tensione normale flettente $\boldsymbol{\sigma_{Mf\_max}}$. Quindi si deve fare riferimento a quest'ultima per il calcolo del coefficiente di sicurezza minimo $\boldsymbol{CS}$ della struttura ottenuto mediante l'Eq. 3.50, in cui si utilizza il limite di snervamento $\boldsymbol{S_y}$ del materiale.

$$CS = \frac{S_y}{|\sigma_{Mf\_max}|} = \frac{340}{119} = 2,86 \tag{3.50}$$

3.3 Esercizio 3

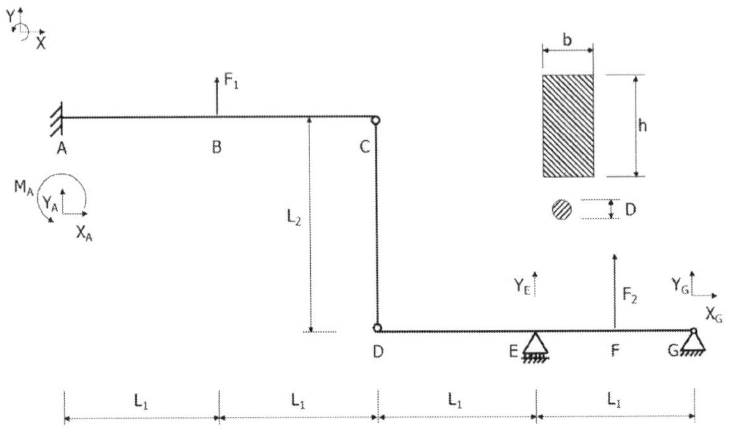

Figura 3.24: La struttura iperstatica in studio con sistema di riferimento, quote, carichi e vincoli

La struttura mostrata in Fig. 3.24 è vincolata nei punto ***A*** tramite un incastro, nel punto ***E*** tramite un carrello e in ***G*** per mezzo di una cerniera. E' inoltre presente una biella che collega i punti ***C*** e ***D***. Il sistema delle sollecitazioni è dato da due forze ***F_1=13.400N*** ed ***F_2=25.200N***, entrambe con retta d'azione verticale e direzione verso l'alto, applicate rispettivamente nei punti ***B*** e ***F***. Risultano inoltre note le quote ***L_1=900mm*** e ***L_2=1.200mm*** e le geometrie delle travi ***AC*** e ***DG*** e dell'asta ***CD***. In particolare,le travi presentano una sezione rettangolare, avente base ***b=40mm*** e altezza ***h=80mm***, mentre l'asta ha sezione circolare con diametro ***D=15mm***. Si conoscono infine i materiali delle travi e dell'asta: le travi sono in acciaio al carbonio con Modulo di Young ***E_1=210GPa***, l'asta è invece in una lega di Alluminio avente un Modulo di Young di ***E_2=68GPa***. Si valutino le reazioni vincolari nei punti ***A***, ***C***, ***D***, ***E*** e ***G***, si disegnino i diagrammi completi delle caratteristiche delle sollecitazioni (***N, T, M_f***). Si calcoli, infine, il coefficiente di sicurezza (***CS***) minimo, sapendo che l'acciaio di cui sono costituite le travi ha un limite di snervamento ***$S_{y\_acciaio}$=350MPa***, mentre la lega di Alluminio, con cui è realizzata l'asta, snerva a ***S_{y_Al}=110MPa***.

Soluzione

Si osserva innanzitutto che la struttura in studio è formata da tre elementi: la trave ***AC***, la trave ***DG*** e l'asta ***CD***. I tre corpi nel piano posseggono ***3*** gradi di libertà ciascuno, per un totale di ***9*** gradi di libertà, che devono essere equilibrati dal sistema vincolare. I vincoli sono rappresentati da un incastro in ***A*** (molteplicità di vincolo pari a ***3***), una cerniera in ***C*** (molteplicità ***2***), una cerniera in ***D*** (molteplicità ***2***), un carrello in ***E*** (molteplicità ***1***) e un appoggio in ***G*** (molteplicità ***2***). Eseguendo la somma dei gradi di vincolo, si ottiene ***10***, a fronte dei soli ***9*** gradi di libertà da eliminare. Ne consegue che la struttura è nel suo insieme una volta "sovra-vincolata", ossia una volta ***iperstatica***. Il calcolo delle reazioni vincolari non può chiaramente essere eseguito, semplicemente risolvendo il sistema delle condizioni di equilibrio, in quanto tale sistema sarebbe indeterminato e porterebbe ad infinite soluzioni possibili. Per dirimere la questione, occorre sostituire alla struttura data una struttura "isostatica equivalente", in cui il vincolo sovrabbondante sia stato soppresso, ed al suo posto sia stata inserita la corrispondente reazione vincolare. Dato che la struttura potrebbe essere risolta come un'ordinaria isostatica, se tale azione fosse nota, si può concludere che questa rappresenta la reale incognita del problema. Per la ragione esposta tale azione prende il nome di "incognita iperstatica". Il metodo che sarà applicato nella soluzione è detto ***metodo delle forze***, proprio perché le incognite sono sempre dei carichi, forze o momenti. La struttura isostatica si risolve a questo punto, aggiungendo alle equazioni di equilibrio un'ulteriore equazione (in generale, una per ogni vincolo sovrabbondante soppresso), che tiene conto di come si deformi la struttura in corrispondenza del vincolo soppresso. Tale equazione è detta "equazione di congruenza", perché deve garantire la congruenza con il vincolo che è stato soppresso: in altre parole, occorre garantire che la deformata della struttura non vada mai a violare i vincoli imposti.
La struttura in esame presenta, come detto, un grado di vincolo pari a ***10***, contro ***9*** gradi di libertà complessivi. Questo indica che si ha un solo vincolo sovrabbondante da eliminare. L'opera di soppressione del vincolo è del tutto arbitraria, ma è chiaro che la sua scelta influenza pesantemente il procedimento e può renderlo, a seconda dei casi molto più semplice o più complesso. Nel presente caso, appare ragionevole svincolare in corrispondenza della biella, elemento di interconnessione fra le due travi. All'eliminazione della biella segue l'aggiunta delle due forze $\boldsymbol{Y_C}$ e $\boldsymbol{Y_D}$ che essa trasmette rispettivamente alle travi ***AC*** e ***DG***.

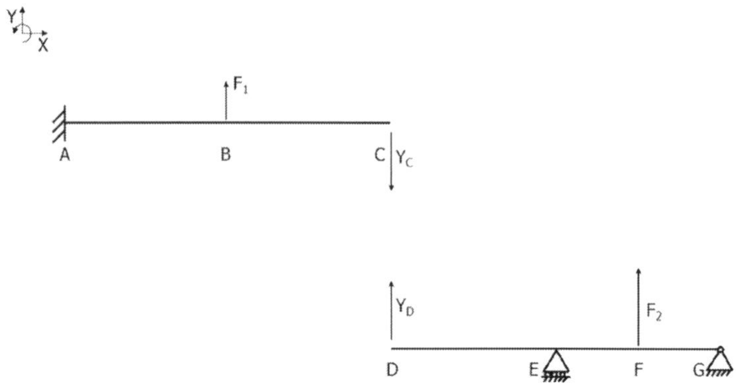

Figura 3.25: Struttura "isostatica equivalente" a seguito della soppressione della biella che si connetteva alle due travi in $\boldsymbol{C}$ ed in $\boldsymbol{D}$

E' immediato constatare, che per l'equilibrio della biella stessa le $\boldsymbol{Y_C}$ e $\boldsymbol{Y_D}$ sono uguali. La struttura isostatica equivalente viene mostrata in Fig. 3.25, con indicazione dell'incognita iperstatica $\boldsymbol{Y_C}=\boldsymbol{Y_D}$.

In tal caso, dato che si ha un solo vincolo sovrabbondante soppresso, basta scrivere una sola equazione di congruenza. Questa va ricavata con la dovuta attenzione, per tenere conto del fatto che il vincolo eliminato era di tipo interno. In particolare, occorre imporre che la differenza fra gli spostamenti $\boldsymbol{\eta_C}$ ed $\boldsymbol{\eta_D}$, corrispondente allo spostamento relativo fra i punti $\boldsymbol{C}$ e $\boldsymbol{D}$, deve essere uguale alla dilatazione della biella, indicata con il simbolo $\boldsymbol{\Delta\, L_2}$. Tale equazione è mostrata nell'Eq. 3.51, evidenziando che gli spostamenti $\boldsymbol{\eta_C}$ ed $\boldsymbol{\eta_D}$ sono funzione delle componenti di carico nei tratti di trave interessati, vale a dire le forze $\boldsymbol{F_1}$ e $\boldsymbol{Y_C}$ (agenti sul tratto $\boldsymbol{AC}$) per quanto riguarda $\boldsymbol{\eta_C}$, e $\boldsymbol{F_2}$ e $\boldsymbol{Y_D}$ (agenti sul tratto $\boldsymbol{DG}$) per quanto concerne $\boldsymbol{\eta_D}$. La dilatazione $\boldsymbol{\Delta\, L_2}$ è inoltre funzione dell'azione interna $\boldsymbol{Y_C}=\boldsymbol{Y_D}$. Una volta determinate le rispettive formulazioni analitiche, la relazione in Eq. 3.51 diviene una semplice equazione lineare nella sola incognita $\boldsymbol{Y_C}=\boldsymbol{Y_D}$.

$$\eta_C(F_1, Y_C) - \eta_D(F_2, Y_D) = \Delta\, L_2(Y_C = Y_D) \tag{3.51}$$

Per operare il calcolo degli spostamenti di cui sopra, conviene applicare il ***Principio di sovrapposizione degli effetti***: le varie componenti di spostamento saranno quindi calcolate separatamente e successivamente i relativi risultati verranno opportunamente composti nella scrittura dell'Eq. 3.51.

Spostamento in $\boldsymbol{C}$ *indotto da* $\boldsymbol{F_1}$

Uno dei vantaggi nell'aver operato lo svincolamento in corrispondenza della biella consiste nel fatto che le travi $\boldsymbol{AC}$ e $\boldsymbol{DG}$ possono ora essere considerate come strutture distinte. Nel presente caso si considera solo la trave a mensola $\boldsymbol{AC}$ sotto l'effetto della forza $\boldsymbol{F_1}$, si veda la Fig. 3.26 (a). La valutazione analitica di spostamenti angolari o lineari può essere, in generale, convenientemente operata tramite l'applicazione dei ***Corollari di Mohr***. Tale metodo richiede preliminarmente la determinazione del diagramma del momento flettente $\boldsymbol{M_f}$ della struttura in Fig. 3.26 (a). Tale diagramma, rappresentato in Fig. 3.26 (b), è di semplice determinazione, essendo esso nullo sul tratto $\boldsymbol{BC}$, su cui non agiscono componenti di sollecitazione, ed essendo lineare nel tratto $\boldsymbol{AB}$, con massimo nel punto $\boldsymbol{A}$. Si osservi che in $\boldsymbol{B}$ agisce la sola forza $\boldsymbol{F_1}$, senza che vi siano momenti applicati dall'esterno, mentre in $\boldsymbol{A}$ si ha il momento d'incastro, dato immediatamente da $\boldsymbol{F_1 \cdot L_1}$. L'entità dello spostamento in $\boldsymbol{C}$ per effetto della forza $\boldsymbol{F_1}$ è qualitativamente illustrato in Fig. 3.26 (c).

Venendo quindi all'applicazione dei ***Corollari di Mohr***, il primo passo consiste nella determinazione della cosiddetta "struttura fittizia": questa non coincide in generale con quella "reale" (ossia quella di Fig. 3.26 (a)), ma è ad essa legata da considerazioni, sotto illustrate, inerenti il sistema di vincolo e gli spostamenti consentiti ed impediti. Sulla base dell'andamento del momento flettente di Fig. 3.26 (b), occorre quindi determinare un "carico distribuito fittizio", $\boldsymbol{q^*}$, che dovrà essere applicato alla struttura fittizia. Il carico fittizio è dato dalla relazione $\left(\boldsymbol{q^*} = \frac{\boldsymbol{M_f}}{\boldsymbol{E_1 I}}\right)$, dove $\boldsymbol{M_f}$, $\boldsymbol{E_1}$ ed $\boldsymbol{I}$ sono, rispettivamente, i valori puntuali del momento flettente, del modulo elastico del materiale ed del momento inerziale per la flessione della sezione. La struttura fittizia caricata dal carico fittizio è mostrata in Fig. 3.27. I ***Corollari di Mohr*** permettono ora una stima agevole degli spostamenti, dal momento che il Taglio nel sistema fittizio, $\boldsymbol{T^*}$, corrisponde alla rotazione, $\boldsymbol{\theta}$, nel sistema reale, mentre il momento flettente nel sistema fittizio, $\boldsymbol{M_f^*}$, corrisponde allo spostamento verticale, $\boldsymbol{\eta}$, nel sistema reale. Si vedano le Eqq. 3.52 e 3.53, che valgono in ogni punto delle strutture fittizia e reale.

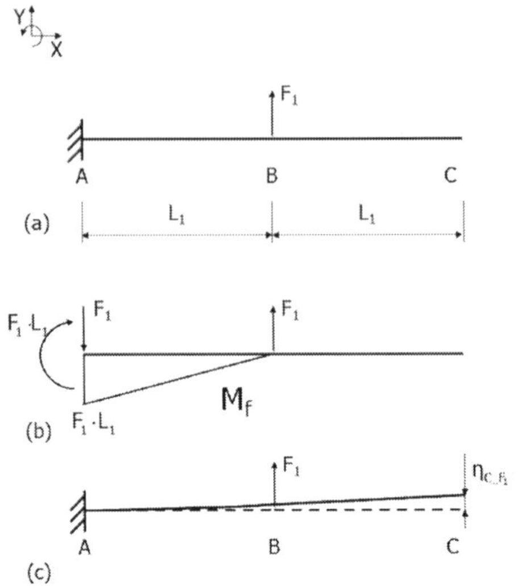

Figura 3.26: (a) Trave $\boldsymbol{AC}$ sotto l'azione della sola forza $\boldsymbol{F_1}$, (b) Diagramma del momento flettente, (c) Deformata qualitativa con indicazione dello spostamento $\boldsymbol{\eta_{C\_F_1}}$

$$T^* = \theta \tag{3.52}$$

$$M_f^* = \eta \tag{3.53}$$

Conviene spendere qualche parola sulla determinazione della struttura fittizia (Fig. 3.27), a partire da quella reale (Fig. 3.26). La struttura fittizia deve essere determinata, tenendo presenti le relazioni fra tagli e momenti e spostamenti angolari e lineari di cui alle Eqq. 3.24 e 3.25, e modificando di conseguenza il sistema dei vincoli della struttura reale. In corrispondenza del punto $\boldsymbol{C}$ la struttura reale presenta un estremo libero, in cui sono possibili spostamenti angolari e lineari. Di conseguenza, la struttura fittizia dovrà presentare un vincolo che reagisca sia a taglio che a momento: tale vincolo è rappresentato da un incastro. Viceversa, in $\boldsymbol{A}$ la presenza dell'incastro impedisce rotazioni e spostamenti verticali: nello stesso punto nella struttura fittizia il "vincolo" non dovrà esplicare né taglio, né momento. E' chiaro che imporre tale requisito equivale a imporre che nessuna reazione vincolare sia applicata e che quindi il punto $\boldsymbol{A}$ sia un estremo libero. Tipicamente, nelle travi a mensola come quella di Fig. 3.26 (a) incastro ed estremo libero si scambiano i ruoli al passaggio dalla struttura reale a quella fittizia.

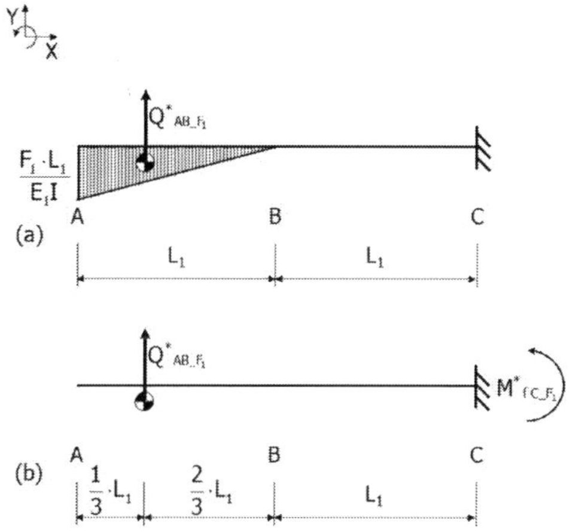

Figura 3.27: (a) Struttura fittizia caricata dal carico distribuito fittizio, (b) Momento flettente $\boldsymbol{M^*_{f\,C\_F_1}}$ che deve essere valutato per la stima dello spostamento $\boldsymbol{\eta_{C\_F_1}}$

Secondo l'Eq. 3.53 lo spostamento $\boldsymbol{\eta_{C\_F_1}}$ coincide con il momento flettente $\boldsymbol{M^*_{f\,C\_F_1}}$, valutato nello stesso punto della struttura fittizia. Si veda al proposito anche la Fig. 3.27 (b).
Questo momento è dovuto al solo carico distribuito fittizio, avente andamento lineare sul tratto $\boldsymbol{AB}$. La risultante di tale carico, $\boldsymbol{Q^*_{AB\_F_1}}$, visibile in Fig. 3.27 (b), è facilmente determinabile come l'area della distribuzione triangolare. La retta d'azione della risultante è inoltre in corrispondenza del baricentro della distribuzione triangolare: esso dista $\left(\frac{1}{3}\cdot \boldsymbol{L_1}\right)$ dal punto $\boldsymbol{A}$ e $\left(\frac{2}{3}\cdot \boldsymbol{L_1}\right)$ dal punto $\boldsymbol{B}$. Il calcolo della risultante $\boldsymbol{Q^*_{AB\_F_1}}$ viene mostrato nell'Eq. 3.54, mentre il momento in $\boldsymbol{C}$ è calcolato tramite l'Eq. 3.55. La determinazione di tale momento flettente porta alla stima dello spostamento $\boldsymbol{\eta_{C\_F_1}}$ in $\boldsymbol{C}$ dovuto ad $\boldsymbol{F_1}$.

$$Q^*_{AB\_F_1} = \frac{\frac{F_1\cdot L_1}{E_1 I}\cdot L_1}{2} = \frac{F_1\cdot L_1^2}{2E_1 I} \tag{3.54}$$

$$\begin{aligned} M^*_{f\,C\_F_1} &= Q^*_{AB\_F_1}\cdot\left(\frac{2}{3}\cdot L_1 + L_1\right) = \frac{F_1\cdot L_1^2}{2E_1 I}\cdot\frac{5}{3}\cdot L_1 = \\ &= \frac{5}{6}\cdot\frac{F_1\cdot L_1^3}{E_1 I} = \eta_{C\_F_1} \end{aligned} \tag{3.55}$$

Spostamento in $\boldsymbol{C}$ indotto da $\boldsymbol{Y_C}$
Si considera ora la trave a mensola $\boldsymbol{AC}$ sotto l'effetto della forza $\boldsymbol{Y_C}$, si veda la Fig. 3.28 (a). Anche in tal caso, verranno applicati i ***Corollari di Mohr***: viene quindi determinato preliminarmente il diagramma del momento flettente $\boldsymbol{M_f}$ della struttura in Fig. 3.28 (a). Tale diagramma, rappresentato in Fig. 3.28 (b), è di immediata determinazione, essendo esso nullo in corrispondenza del punto $\boldsymbol{C}$ e massimo all'incastro $\boldsymbol{A}$, con andamento lineare. Si osservi come in $\boldsymbol{C}$ agisca la sola forza $\boldsymbol{Y_C}$ e come non vi siano coppie concentrate. Dato che la forza opera sotto un braccio rispetto all'incastro pari a $\boldsymbol{2 \cdot L_1}$, il momento flettente massimo risulta dato da $\boldsymbol{Y_C \cdot (2 \cdot L_1)}$. L'entità dello spostamento in $\boldsymbol{C}$ per effetto dell'azione trasmessa dalla biella $\boldsymbol{Y_C}$, indicato con $\boldsymbol{\eta_{C\_Y_C}}$, è mostrato in Fig. 3.28 (c).
Passando all'applicazione dei ***Corollari di Mohr***, è chiaro che la struttura fittizia è la stessa prima considerata: occorre infatti scambiare rispettivamente i ruoli fra incastro e bordo libero, indipendentemente dal carico agente. Di quest'ultimo si tiene conto, tramite l'applicazione alla struttura fittizia del carico fittizio $\left(\boldsymbol{q^* = \frac{M_f}{E_1 I}}\right)$. La struttura fittizia caricata dal carico fittizio è mostrata in Fig. 3.29 (a). I ***Corollari di Mohr*** permettono ora una stima agevole dello spostamento $\boldsymbol{\eta_{C\_Y_C}}$ nel punto $\boldsymbol{C}$, che risulta uguale al momento flettente $\boldsymbol{M^*_{f\,C\_Y_C}}$ nel medesimo punto della struttura fittizia come indicato nella Fig. 3.29 (b).

Questo momento è dovuto unicamente al carico distribuito fittizio, avente andamento lineare sul tratto $\boldsymbol{AC}$. La risultante di tale carico, $\boldsymbol{Q^*_{AC\_Y_C}}$, visibile in Fig. 3.29(b), è facilmente determinabile come l'area della distribuzione triangolare. Il punto di applicazione della risultante si trova in corrispondenza del baricentro della distribuzione triangolare: esso dista $\left(\boldsymbol{\frac{1}{3} \cdot (2 \cdot L_1)}\right)$ dal punto $\boldsymbol{A}$ e $\left(\boldsymbol{\frac{2}{3} \cdot (2 \cdot L_1)}\right)$ dal punto $\boldsymbol{C}$. Il calcolo della risultante $\boldsymbol{Q^*_{AC\_Y_C}}$ viene mostrato in Eq. 3.56, mentre il momento in $\boldsymbol{C}$ è calcolato tramite l'Eq. 3.57. La determinazione di tale momento flettente permette la stima dello spostamento $\boldsymbol{\eta_{C\_Y_C}}$ in $\boldsymbol{C}$ dovuto ad $\boldsymbol{Y_C}$. Tale spostamento ha segno opposto rispetto a quello dovuto alla forza $\boldsymbol{F_1}$.

$$Q^*_{AC\_Y_C} = \frac{\frac{Y_C \cdot (2 \cdot L_1)}{E_1 I} \cdot (2 \cdot L_1)}{2} = \frac{Y_C \cdot 2 \cdot L_1^2}{E_1 I} \tag{3.56}$$

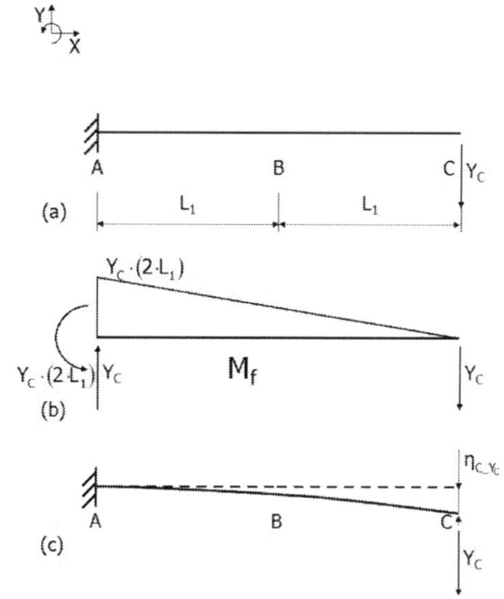

Figura 3.28: (a) Trave ***AC*** sotto l'azione della sola forza $\boldsymbol{Y_C}$, (b) Diagramma del momento flettente, (c) Deformata qualitativa con indicazione dello spostamento $\boldsymbol{\eta_{C\_Y_C}}$

$$
\begin{aligned}
M^*_{f\,C\_Y_C} &= Q^*_{AC\_Y_C} \cdot \frac{2}{3} \cdot (2 \cdot L_1) = \frac{Y_C \cdot 2 \cdot L_1^2}{E_1 I} \cdot \frac{2}{3} \cdot (2 \cdot L_1) = \\
&= \frac{8}{3} \cdot \frac{Y_C \cdot L_1^3}{E_1 I} = \eta_{C\_Y_C}
\end{aligned}
\tag{3.57}
$$

*Spostamento in **D** indotto da $\boldsymbol{F_2}$*

Si considera ora la trave a campata con sbalzo ***DG*** sotto l'effetto della forza $\boldsymbol{F_2}$ come indicato in Fig. 3.30 (a). Ai fini dell'applicazione dei ***Corollari di Mohr***, si determina in prima battuta il diagramma del momento flettente $\boldsymbol{M_f}$ della struttura in Fig. 3.30 (a). Tale diagramma, rappresentato in Fig. 3.30 (b), è di immediata determinazione, essendo esso nullo in corrispondenza dei punti ***E*** e ***G***, ed assumendo valore massimo in ***F***, con andamento lineare su ***EF*** e ***FG***. Si osservi come in ***E*** ed in ***G*** vi siano vincoli (rispettivamente un carrello ed una cerniera), che non esplicano momento, non vi sono inoltre coppie concentrate. Visto che la forza $\boldsymbol{F_2}$, applicata a centro campata, si equi-ripartisce sui

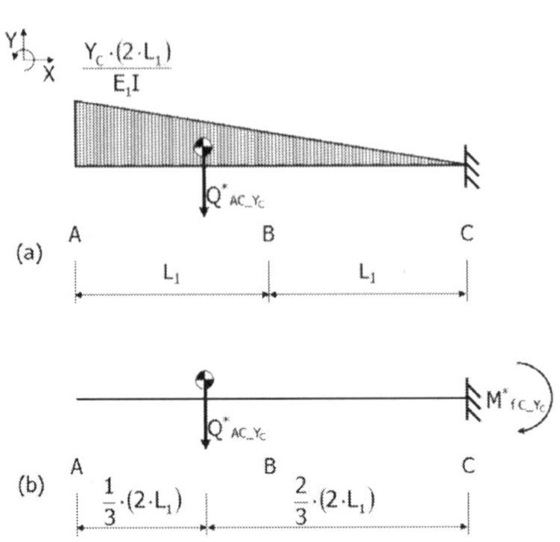

Figura 3.29: (a) Struttura fittizia caricata dal carico distribuito fittizio, (b) Momento flettente $\boldsymbol{M^*_{f\,C\_Y_C}}$ che deve essere valutato per la stima dello spostamento $\boldsymbol{\eta_{C\_Y_C}}$

vincoli, il momento massimo in $\boldsymbol{F}$ è dato da $\left(\frac{F_2}{2} \cdot \frac{L_1}{2} = \frac{F_2 \cdot L_1}{4}\right)$. Una rappresentazione qualitativa della deformata della struttura sotto il carico $\boldsymbol{F_2}$, con indicazione dello spostamento $\boldsymbol{\eta_{D\_F_2}}$ in $\boldsymbol{D}$, è illustrata in Fig. 3.30 (c).
Venendo all'applicazione dei ***Corollari di Mohr***, occorre prima di tutto determinare la struttura fittizia. Nel punto $\boldsymbol{D}$ vi è un estremo libero, ove sono permessi rotazioni e spostamenti. Il vincolo nella struttura fittizio, dovendo reagire sia a taglio che a momento, risulta un incastro. Nel punto $\boldsymbol{E}$ il carrello intermedio impedisce lo spostamento verticale, mentre permette la rotazione, che deve essere continua fra $\boldsymbol{DE}$ ed $\boldsymbol{EG}$. Il vincolo corrispondente è dunque una cerniera interna, che non trasmette momento flettente, mentre trasmette taglio. Quest'ultimo opera come forza interna, quindi auto-equilibrata fra $\boldsymbol{DE}$ ed $\boldsymbol{EG}$. Infine, in $\boldsymbol{G}$ vi è un carrello nella struttura reale, che impedisce lo spostamento e permette la rotazione. Nella struttura fittizia si deve porre un vincolo che non reagisca a momento, ma solo a taglio: tale vincolo è ancora un appoggio. L'appoggio di estremità' è un caso particolare di vincolo, che resta inalterato fra struttura reale e struttura fittizia. La struttura fittizia deve quindi essere caricata dal carico fittizio $\left(\boldsymbol{q^*} = \frac{\boldsymbol{M_f}}{\boldsymbol{E_1 I}}\right)$. Tale struttura è mostrata in Fig. 3.31 (a). I ***Corollari di Mohr*** permettono ora una stima agevole dello spostamento $\boldsymbol{\eta_{D\_F_2}}$ nel punto $\boldsymbol{D}$, che risulta uguale al

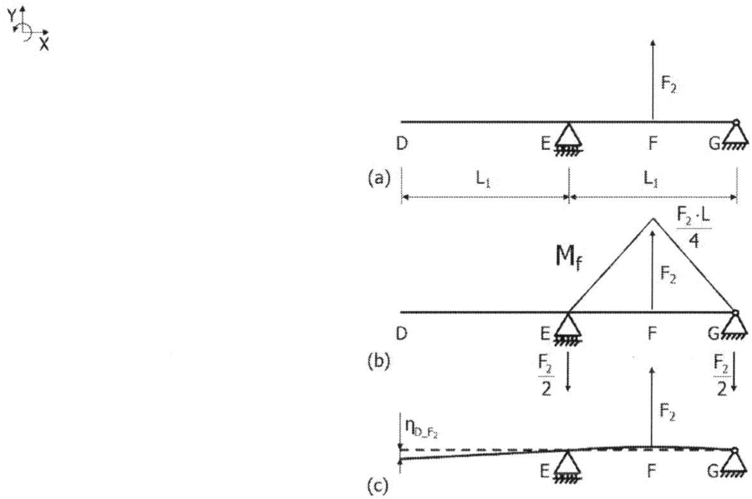

Figura 3.30: (a) Trave $\boldsymbol{DG}$ sotto l'azione della sola forza $\boldsymbol{F_2}$, (b) Diagramma del momento flettente, (c) Deformata qualitativa con indicazione dello spostamento $\boldsymbol{\eta_{D\_F_2}}$

momento flettente $\boldsymbol{M^*_{f\,D\_F_2}}$ nel medesimo punto della struttura fittizia come illustrato in Fig. 3.31 (b).

Il momento in $\boldsymbol{D}$ è dovuto sostanzialmente a due azioni: al carico distribuito fittizio sul tratto $\boldsymbol{EG}$, con risultante $\boldsymbol{Q^*_{EG\_F_2}}$, ed al taglio in $\boldsymbol{G}$, $\boldsymbol{T^*_{G\_F_2}}$. La risultante del carico distribuito è facilmente determinabile come area della distribuzione triangolare. Essa è inoltre applicata in corrispondenza del baricentro della distribuzione stessa, ossia nel punto $\boldsymbol{F}$. La risultante è mostrata in Fig. 3.31 ed è calcolata nell'Eq. 3.58. Il taglio $\boldsymbol{T^*_{G\_F_2}}$ può essere facilmente determinato, imponendo l'equilibrio alla rotazione del tratto $\boldsymbol{EG}$, rispetto al polo $\boldsymbol{E}$. I momenti in gioco sono dovuti a $\boldsymbol{Q^*_{EG\_F_2}}$ e a $\boldsymbol{T^*_{G\_F_2}}$, come indicato nell'Eq. 3.59. Infine, note $\boldsymbol{Q^*_{EG\_F_2}}$ e $\boldsymbol{T^*_{G\_F_2}}$, è possibile valutare il momento flettente nel punto $\boldsymbol{D}$, tramite l'Eq. 3.60. La determinazione di tale momento flettente permette infine la stima dello spostamento $\boldsymbol{\eta_{D\_F_2}}$ in $\boldsymbol{D}$ dovuto ad $\boldsymbol{F_2}$.

$$Q^*_{EG\_F_2} = \frac{\frac{F_2 \cdot L_1}{4E_1 I} \cdot L_1}{2} = \frac{F_2 \cdot L_1^2}{8E_1 I} \tag{3.58}$$

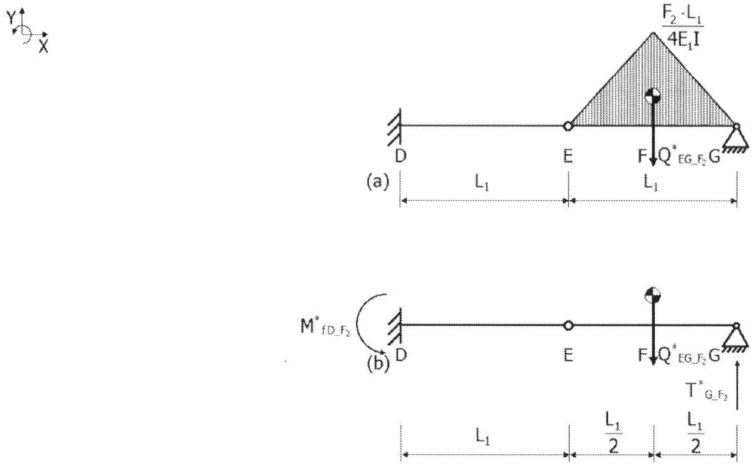

Figura 3.31: (a) Struttura fittizia caricata dal carico distribuito fittizio, (b) Momento flettente $\boldsymbol{M^*_{f\,D\_F_2}}$ legato allo spostamento $\boldsymbol{\eta_{D\_F_2}}$, con indicazione del taglio in $\boldsymbol{G}$, $\boldsymbol{T^*_{G\_F_2}}$, utile per il calcolo

$$\begin{aligned} & T^*_{G\_F_2} \cdot L_1 - Q^*_{EG\_F_2} \cdot \frac{L_1}{2} = 0 \Leftrightarrow \\ & \Leftrightarrow T^*_{G\_F_2} \cdot L_1 - \frac{F_2 \cdot L_1^2}{8E_1I} \cdot \frac{L_1}{2} = 0 \Leftrightarrow \\ & \Leftrightarrow T^*_{G\_F_2} = \frac{F_2 \cdot L_1^2}{16E_1I} \end{aligned} \tag{3.59}$$

$$\begin{aligned} M^*_{f\,D\_F_2} &= Q^*_{EG\_F_2} \cdot \frac{3}{2} \cdot L_1 - T^*_{G\_F_2} \cdot (2 \cdot L_1) = \\ &= \frac{F_2 \cdot L_1^2}{8E_1I} \cdot \left(\frac{3}{2} \cdot L_1\right) - \frac{F_2 \cdot L_1^2}{16E_1I} \cdot (2 \cdot L_1) = \\ &= \left(\frac{3}{16} - \frac{1}{8}\right) \cdot \frac{F_2 \cdot L_1^3}{E_1I} = \frac{1}{16} \cdot \frac{F_2 \cdot L_1^3}{E_1I} = \eta_{D\_F_2} \end{aligned} \tag{3.60}$$

Spostamento in $\boldsymbol{D}$ *indotto da* $\boldsymbol{Y_D}$

La trave a campata con sbalzo $\boldsymbol{DG}$ viene ora considerata sotto l'effetto della forza $\boldsymbol{Y_D}$, esplicata dalla biella, si consulti la Fig. 3.32 (a). Preliminarmente all'applicazione dei ***Corollari di Mohr***, occorre valutare

il diagramma del momento flettente $\boldsymbol{M_f}$, mostrato nella Fig. 3.32 (b). Questo risulta nullo in corrispondenza dei punti $\boldsymbol{D}$ e $\boldsymbol{G}$ e massimo nel punto $\boldsymbol{E}$, ossia sull'appoggio intermedio. L'andamento è inoltre lineare sui due tratti $\boldsymbol{DE}$ ed $\boldsymbol{EG}$. Si osservi come in $\boldsymbol{E}$ ed in $\boldsymbol{G}$ vi siano vincoli costituiti da due cerniere: come è noto, le cerniere non trasmettono momento flettente, non sono inoltre presenti coppie applicate dall'esterno: di conseguenza il valore puntuale del momento non può che essere nullo. E' inoltre immediato comprendere come, muovendo da $\boldsymbol{D}$ il momento massimo in $\boldsymbol{E}$ sia dato dalla reazione $\boldsymbol{Y_D}$, moltiplicata per il braccio $\boldsymbol{L_1}$. Una rappresentazione qualitativa della deformata della struttura sotto il carico $\boldsymbol{F_2}$, con indicazione dello spostamento $\boldsymbol{\eta_{D\_F_2}}$ in $\boldsymbol{D}$, è illustrata in Fig. 3.32 (c).
La struttura fittizia da considerare ai fini dell'applicazione dei ***Corollari di Mohr*** coincide con quella considerata al punto precedente: essa infatti dipende solo dal sistema vincolare e non dai carichi agenti. occorre prima di tutto determinare la struttura fittizia. Il carico fittizio $\boldsymbol{q^*}$ con cui caricare la struttura fittizia è dato dalla nota relazione $\left(\boldsymbol{q^*} = \frac{\boldsymbol{M_f}}{\boldsymbol{E_1 I}}\right)$ come indicato in Fig. 3.33 (a). I ***Corollari di Mohr*** permettono ora una stima agevole dello spostamento $\boldsymbol{\eta_{D\_Y_D}}$ nel punto $\boldsymbol{D}$, che risulta uguale al momento flettente nel medesimo punto della struttura fittizia, $\boldsymbol{M^*_{f\,D\_Y_D}}$. Si veda anche la Fig. 3.33 (b).

Il momento in $\boldsymbol{D}$ è dovuto alle azioni dei carichi distribuiti fittizi sui tratti $\boldsymbol{DE}$ ed $\boldsymbol{EG}$ ed al taglio $\boldsymbol{T^*_{G\_Y_D}}$ in $\boldsymbol{G}$. Le due risultanti dei carichi distribuiti, rispettivamente $\boldsymbol{Q^*_{DE\_Y_D}}$ e $\boldsymbol{Q^*_{EG\_Y_D}}$, possono essere facilmente calcolate come aree delle corrispondenti distribuzioni triangolari: le due forze risultano tra loro uguali Per quanto riguarda la loro collocazione nel layout della struttura, le rispettive rette d'azione giacciono in corrispondenza dei baricentri delle succitate distribuzioni. In particolare, la risultante $\boldsymbol{Q^*_{DE\_Y_D}}$ si trova ad una distanza pari a $\left(\frac{2}{3}\cdot \boldsymbol{L_1}\right)$ dal punto $\boldsymbol{D}$ ed ad una di $\left(\frac{1}{3}\cdot \boldsymbol{L_1}\right)$ da $\boldsymbol{E}$. La risultante $\boldsymbol{Q^*_{EG\_Y_D}}$ dista invece $\left(\frac{1}{3}\cdot \boldsymbol{L_1}\right)$ dal punto $\boldsymbol{E}$ e $\left(\frac{2}{3}\cdot \boldsymbol{L_1}\right)$ da $\boldsymbol{G}$ come indicato nella Fig. 3.33 e nell'Eq. 3.61. Il taglio $\boldsymbol{T^*_{G\_Y_D}}$ può essere facilmente determinato, imponendo l'equilibrio alla rotazione del tratto $\boldsymbol{EG}$, rispetto al polo $\boldsymbol{E}$. I momenti in gioco sono dovuti a $\boldsymbol{Q^*_{EG\_Y_D}}$ e a $\boldsymbol{T^*_{G\_Y_D}}$ come indicato nell'Eq. 3.62. Infine, note $\boldsymbol{Q^*_{DE\_Y_D}}$, $\boldsymbol{Q^*_{EG\_Y_D}}$ e $\boldsymbol{T^*_{G\_Y_D}}$, è possibile valutare il momento flettente nel punto $\boldsymbol{D}$, tramite l'Eq. 3.63. Per i ***Corollari di Mohr***, tale momento corrisponde allo spostamento $\boldsymbol{\eta_{D\_Y_D}}$ in $\boldsymbol{D}$ dovuto ad $\boldsymbol{Y_D}$.

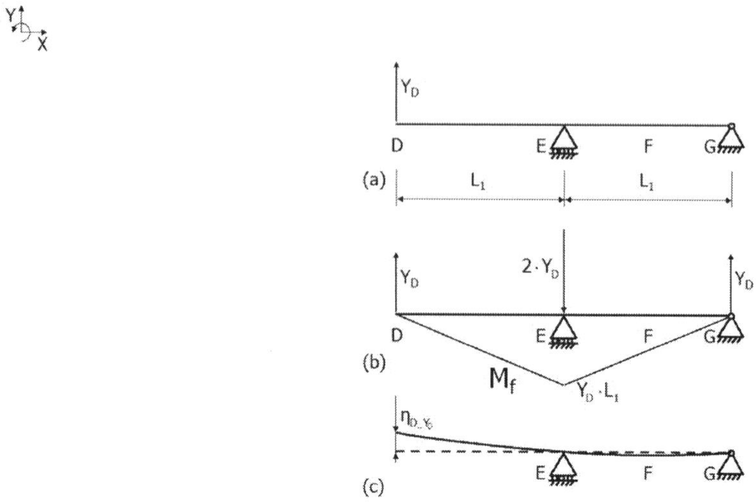

Figura 3.32: (a) Trave $\boldsymbol{DG}$ sotto l'azione della sola forza $\boldsymbol{Y_D}$, (b) Diagramma del momento flettente, (c) Deformata qualitativa con indicazione dello spostamento $\boldsymbol{\eta_{D\_Y_D}}$

$$Q^*_{DE\_Y_D} = Q^*_{EG\_Y_D} = \frac{\frac{Y_D \cdot L_1}{E_1 I} \cdot L_1}{2} = \frac{Y_D \cdot L_1^2}{2E_1 I} \tag{3.61}$$

$$\begin{aligned} & Q^*_{EG\_Y_D} \cdot \frac{1}{3} \cdot L_1 - T^*_{G\_Y_D} \cdot L_1 = 0 \Leftrightarrow \\ & \Leftrightarrow \frac{Y_D \cdot L_1^2}{2E_1 I} \cdot \frac{1}{3} \cdot L_1 - T^*_{G\_Y_D} \cdot L_1 = 0 \Leftrightarrow \\ & \Leftrightarrow T^*_{G\_Y_D} = \frac{Y_D \cdot L_1^2}{6E_1 I} \end{aligned} \tag{3.62}$$

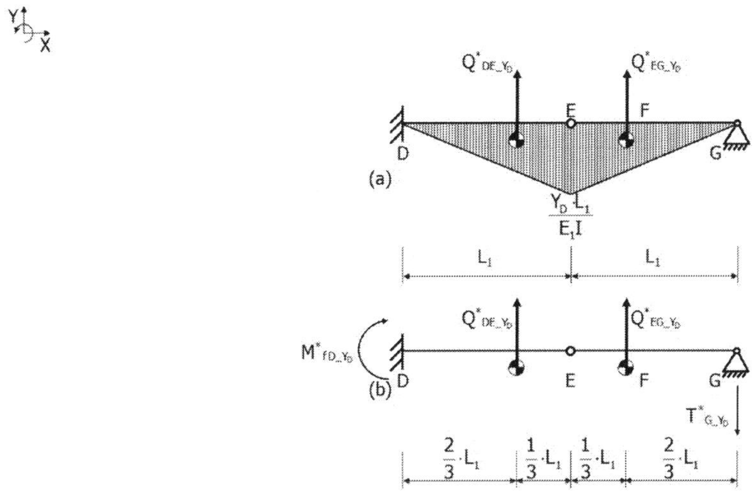

Figura 3.33: (a) Struttura fittizia caricata dal carico distribuito fittizio, (b) Momento flettente $\boldsymbol{M^*_{f\,D\_Y_D}}$ legato allo spostamento $\boldsymbol{\eta_{D\_Y_D}}$, con indicazione del taglio in $\boldsymbol{G}$, $\boldsymbol{T^*_{G\_Y_D}}$, utile per il calcolo

$$
\begin{aligned}
M^*_{f\,D\_Y_D} &= Q^*_{DE\_Y_D} \cdot \frac{2}{3} \cdot L_1 + Q^*_{EG\_Y_D} \cdot \frac{4}{3} \cdot L_1 + \\
&- T^*_{G\_Y_D} \cdot (2 \cdot L_1) = \\
&= \frac{Y_D \cdot L_1^2}{2E_1 I} \cdot \frac{2}{3} \cdot L_1 + \frac{Y_D \cdot L_1^2}{2E_1 I} \cdot \frac{4}{3} \cdot L_1 + \\
&- \frac{Y_D \cdot L_1^2}{6E_1 I} \cdot (2 \cdot L_1) = \\
&= \left(\frac{1}{3} + \frac{2}{3} - \frac{1}{3}\right) \cdot \frac{Y_D \cdot L_1^3}{E_1 I} = \\
&= \frac{2}{3} \cdot \frac{Y_D \cdot L_1^3}{E_1 I} = \eta_{D\_Y_D}
\end{aligned}
\tag{3.63}
$$

Si sono così determinate le formulazioni analitiche dei termini di spostamento legati all'inflessione delle travi $\boldsymbol{AC}$ e $\boldsymbol{DG}$. Resta solamente da esprimere il termine che, nell'Eq. 3.51 di pag. 140, si riferisce alla dilatazione dell'asta $\boldsymbol{CD}$. Tale termine, indicato con $\boldsymbol{\Delta L_2(Y_C = Y_D)}$, è immediatamente calcolabile come rapporto fra lo sforzo normale sulla biella e la relativa rigidezza assiale, $\boldsymbol{K_b}$. Si veda al proposito l'Eq. 3.64, in cui si indica con $\boldsymbol{A_2}$ la sezione circolare dell'asta, mentre $\boldsymbol{E_2}$ rappresenta il modulo elastico del materiale dell'asta.

$$\Delta L_2(Y_C = Y_D) = \frac{Y_C}{K_b} = \frac{Y_C}{\frac{E_2 A_2}{L_2}} = \frac{Y_C \cdot L_2}{E_2 A_2} \tag{3.64}$$

Prima di procedere alla scrittura dell'equazione di congruenza, conviene ricavare le espressioni dei termini globali di spostamento, in $\boldsymbol{C}$ e $\boldsymbol{D}$. In particolare, lo spostamento in $\boldsymbol{C}$ dovuto alla forza $\boldsymbol{F_1}$ ed all'incognita iperstatica $\boldsymbol{Y_C}$, indicato con il simbolo $\boldsymbol{\eta_C(F_1,Y_C)}$, è calcolato nell'Eq. 3.65. Il segno negativo prima del contributo legato a $\boldsymbol{Y_C}$ indica che tale azione determina, secondo le convenzioni adottate, uno spostamento verso il basso. Si confronti la Fig. 3.26 (a) di pag. 142 con la Fig. 3.28 (a). Analogamente, viene calcolato nell'Eq. 3.66 lo spostamento in $\boldsymbol{D}$, $\boldsymbol{\eta_D(F_2,Y_D)}$, legato alla forza $\boldsymbol{F_2}$ ed alla reazione $\boldsymbol{Y_D}$. Anche in tal caso si devono sommare algebricamente i contributi, tenendo presente che la freccia indotta da $\boldsymbol{F_2}$ risulta verso il basso. Si confronti la Fig. 3.30 (a) di pag. 147 con la Fig. 3.32 (a).

$$\eta_C(F_1, Y_C) = \eta_{C\_F_1} - \eta_{C\_Y_C} = \frac{5}{6} \cdot \frac{F_1 \cdot L_1^3}{E_1 I} - \frac{8}{3} \cdot \frac{Y_C \cdot L_1^3}{E_1 I} \tag{3.65}$$

$$\eta_D(F_2, Y_D) = \eta_{D\_Y_D} - \eta_{D\_F_2} = \frac{2}{3} \cdot \frac{Y_D \cdot L_1^3}{E_1 I} - \frac{1}{16} \cdot \frac{F_2 \cdot L_1^3}{E_1 I} \tag{3.66}$$

Si è ora pronti per la scrittura dell'equazione di congruenza, sulla base dell'Eq. 3.51 di pag. 140 e delle Eqq. 3.65 e 3.66. Nell'impostare tale relazione, riportata nell'Eq. 3.69, si deve tenere presente che $\boldsymbol{Y_C = Y_D}$: si userà quindi il solo simbolo $\boldsymbol{Y_C}$. Per rendere più agevoli i calcoli, è inoltre opportuno valutare preliminarmente i termini $\boldsymbol{I}$, momento inerziale per la flessione, ed $\boldsymbol{A_2}$, sezione della biella. Tali valutazioni sono eseguite nelle Eqq. 3.67 e 3.68.

$$I = \frac{1}{12} \cdot b \cdot h^3 = \frac{1}{12} \cdot 40 \cdot 80^3 = 1.706.667 \text{mm}^4 \tag{3.67}$$

$$A_2 = \frac{\pi}{4} \cdot D^2 = \frac{\pi}{4} \cdot 15^2 = 176,71 \text{mm}^2 \tag{3.68}$$

$$\begin{aligned}
&\eta_C(F_1, Y_C) - \eta_D(F_2, Y_C) = \Delta\, L_2(Y_C) \Leftrightarrow \\
&\frac{5}{6} \cdot \frac{F_1 \cdot L_1^3}{E_1 I} - \frac{8}{3} \cdot \frac{Y_C \cdot L_1^3}{E_1 I} - \left(\frac{2}{3} \cdot \frac{Y_C \cdot L_1^3}{E_1 I} - \frac{1}{16} \cdot \frac{F_2 \cdot L_1^3}{E_1 I} \right) = \\
&= \frac{Y_C \cdot L_2}{E_2 A_2} \Leftrightarrow \\
&\Leftrightarrow Y_C \cdot \left(\frac{8}{3} \cdot \frac{L_1^3}{E_1 I} + \frac{2}{3} \cdot \frac{L_1^3}{E_1 I} + \frac{L_2}{E_2 A_2} \right) = \\
&= \frac{5}{6} \cdot \frac{F_1 \cdot L_1^3}{E_1 I} + \frac{1}{16} \cdot \frac{F_2 \cdot L_1^3}{E_1 I} \Leftrightarrow \\
&\Leftrightarrow Y_C = \frac{\frac{5}{6} \cdot \frac{F_1 \cdot L_1^3}{E_1 I} + \frac{1}{16} \cdot \frac{F_2 \cdot L_1^3}{E_1 I}}{\frac{10}{3} \cdot \frac{L_1^3}{E_1 I} + \frac{L_2}{E_2 A_2}} \Leftrightarrow \\
&\Leftrightarrow Y_C = \frac{\frac{5}{6} \cdot \frac{13.400 \cdot 900^3}{2{,}1 \cdot 10^5 \cdot 1.706.667} + \frac{1}{16} \cdot \frac{25.200 \cdot 900^3}{2{,}1 \cdot 10^5 \cdot 1.706.667}}{\frac{10}{3} \cdot \frac{900^3}{2{,}1 \cdot 10^5 \cdot 1.706.667} + \frac{1.200}{68 \cdot 10^3 \cdot 176{,}71}} \Leftrightarrow \\
&\Leftrightarrow Y_C = Y_D = 3.767\text{N}
\end{aligned} \tag{3.69}$$

Ora che l'incognita iperstatica è stata determinata, la struttura isostatica equivalente mostrata alla Fig. 3.25 di pag. 140 può essere approcciata come una normale isostatica. Per comodità, questa viene ridisegnata nella Fig. 3.34, in cui sono evidenziate le componenti di sollecitazione note (le forze date $\boldsymbol{F_1}$ e $\boldsymbol{F_2}$ e le reazioni appena calcolate $\boldsymbol{Y_C}$ ed $\boldsymbol{Y_D}$) e le reazioni vincolari ancora incognite ($\boldsymbol{X_A}$, $\boldsymbol{Y_A}$, $\boldsymbol{M_A}$, $\boldsymbol{Y_E}$, $\boldsymbol{X_G}$ ed $\boldsymbol{Y_G}$). Come già ravvisato, conviene supporre la struttura costituita da due parti distinte: la trave a mensola $\boldsymbol{AC}$ e la trave a campata con sbalzo $\boldsymbol{DG}$. Entrambe vengono quindi risolte, scrivendo il sistema delle equazioni di equilibrio alla traslazione orizzontale, a quella verticale ed alla rotazione nel piano. Incominciando dalla trave $\boldsymbol{AC}$, il sistema è impostato nell'Eq. 3.70, in cui, per l'equilibrio alla rotazione, si considera il punto $\boldsymbol{A}$ come polo.

$$\begin{cases} X_A = 0 \\ Y_A + F_1 - Y_C = 0 \\ M_A + F_1 \cdot L_1 - Y_C \cdot (2 \cdot L_1) = 0 \end{cases} \tag{3.70}$$

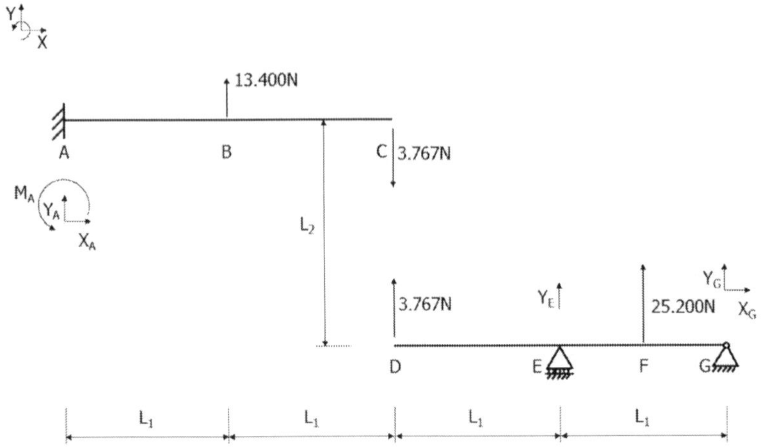

Figura 3.34: Isostatica equivalente con indicazione dei carichi noti, fra cui l'incognita iperstatica $\boldsymbol{Y_C}$= $\boldsymbol{Y_D}$ appena determinata, e di quelli ancora da valutare

Sostituendo i valori numerici si ottiene il sistema riportato nell'Eq. 3.71. E' chiaro che non si ha la reazione orizzontale $\boldsymbol{X_A}$, dal momento che non sono applicate forze lungo la direzione orizzontale. La seconda e la terza equazione presentano una sola incognita, rispettivamente $\boldsymbol{Y_A}$ e $\boldsymbol{M_A}$: queste ultime possono quindi essere immediatamente calcolate.

$$\begin{cases} X_A = 0 \\ Y_A + 13.400 - 3.767 = 0 \Rightarrow Y_A = -9.633\text{N} \\ M_A + 13.400 \cdot 900 - 3.767 \cdot 1.800 = 0 \Rightarrow \\ \Rightarrow M_A = -5.279,4\text{Nm} \end{cases} \tag{3.71}$$

La soluzione del sistema, ottenuta nell'Eq. 3.71, conduce, quindi, al quadro delle reazioni vincolari su $\boldsymbol{AC}$ in cui i segni negativi per $\boldsymbol{Y_A}$ e $\boldsymbol{M_A}$ indicano che tali reazioni hanno versi opposti rispetto a quelli inizialmente supposti: in particolare, la forza $\boldsymbol{Y_A}$ risulta verso il basso, mentre la coppia $\boldsymbol{M_A}$ ha senso orario. Si noti come tali orientazioni siano dettate dalla necessità di opporsi alla forza esterna $\boldsymbol{F_1}$.

Per quanto riguarda la trave $\boldsymbol{DG}$, il sistema è impostato nell'Eq. 3.72, in cui l'equilibrio alla rotazione è imposto rispetto al polo $\boldsymbol{G}$.

$$\begin{cases} X_G = 0 \\ Y_D + Y_E + F_2 + Y_G = 3.767 + Y_E + 25.200 + Y_G = 0 \\ Y_D \cdot (2 \cdot L_1) + Y_E \cdot L_1 + F_2 \cdot \frac{L_1}{2} = 0 \\ 3.767 \cdot 1.800 + Y_E \cdot 900 + 25.200 \cdot 450 = 0 \end{cases} \tag{3.72}$$

La soluzione del sistema di equazioni è riportata nell'Eq. 3.73. Anche in questo caso non si hanno forze orizzontali, per cui la $\boldsymbol{X_G}$ è nulla ed i segni negativi per $\boldsymbol{Y_E}$ e $\boldsymbol{Y_G}$ indicano che tali reazioni hanno versi opposti a quelli convenzionalmente supposti: esse sono cioè rivolte verso il basso, a contrastare direttamente la forza $\boldsymbol{F_2}$, di intensità piuttosto elevata.

$$\begin{cases} X_G = 0 \\ Y_E = -\frac{3.767 \cdot 1.800 + 25.200 \cdot 450}{900} = -20.134\text{N} \\ Y_G = 20.134 - 3.767 - 25.200 = -8.833\text{N} \end{cases} \tag{3.73}$$

Di seguito si disegnano i diagrammi delle caratteristiche delle sollecitazioni, considerando convenzionalmente positive le reazioni concordi a quelle rappresentate sul concio di trave di Fig. 3.35. Si ricorda che il diagramma del momento flettente $\boldsymbol{M_f}$ deve essere disegnato dalla parte delle fibre tese, con pendenza negativa ancorché il taglio $\boldsymbol{T}$, cioè la sua derivata ($\boldsymbol{T} = \frac{\mathrm{d}M}{\mathrm{d}x}$) risulti positivo. I diagrammi dei momenti flettenti si disegnano dopo avere tracciato la linea tratteggiata, che indica le parti inferiori della struttura: se le fibre sono tese dal lato di tale linea, visibile in Fig. 3.35, allora il momento flettente è positivo.
Si riportano nelle Figg. 3.36, 3.37 e 3.38 rispettivamente i diagrammi dello sforzo normale $\boldsymbol{N}$, del taglio $\boldsymbol{T}$ e del momento flettente $\boldsymbol{M_f}$.

Dall'analisi dei diagrammi risulta che i punti maggiormente sollecitati sono il punto $\boldsymbol{A}$ ed il punto $\boldsymbol{F}$, considerando per quest'ultimo una locazione spostata di un infinitesimo verso sinistra. E' bene verificarli entrambi, dato che in $\boldsymbol{A}$ si riscontra il momento flettente massimo mentre in $\boldsymbol{F}$ il taglio più elevato. In aggiunta, risulta opportuno verificare anche l'asta $\boldsymbol{CD}$, l'unica parte della struttura in cui è presente sforzo normale. In particolare, in $\boldsymbol{A}$ il momento flettente $\boldsymbol{M_{f\_A}} = \boldsymbol{M_{f\_max}}$ è pari a ***5.279,4Nm*** ed il taglio $\boldsymbol{T_A}$ a ***9.633N***, mentre in $\boldsymbol{F}$ il momento flettente $\boldsymbol{M_{f\_F}}$ è pari a ***3.975Nm*** ed il taglio $\boldsymbol{T_F} = \boldsymbol{T_{max}}$ a ***16.367N***. Lo sforzo normale sul tratto $\boldsymbol{CD}$, $\boldsymbol{N_{CD}}$, è infine pari a ***3.767N***, nella verifica va tenuto presente che l'asta è un tirante.

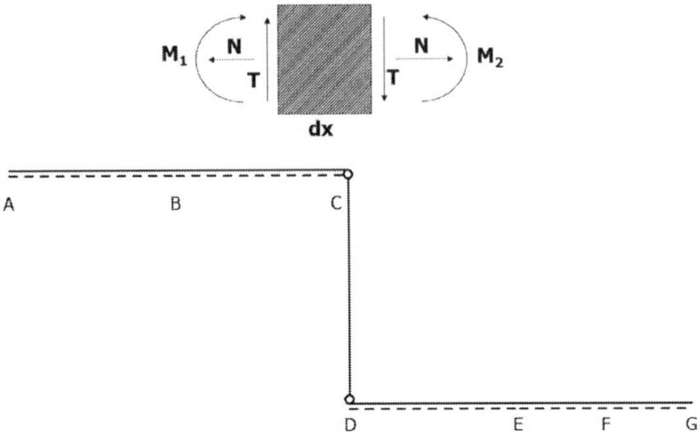

Figura 3.35: Convenzione sui segni e linea tratteggiata disegnata sulla struttura

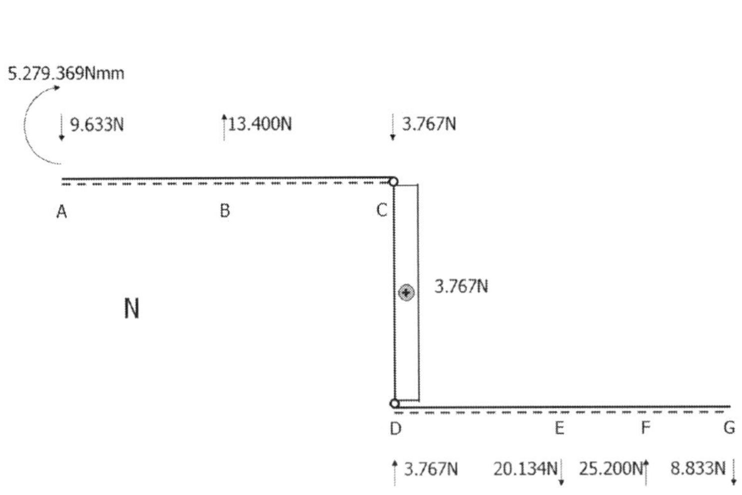

Figura 3.36: Diagramma dello sforzo normale

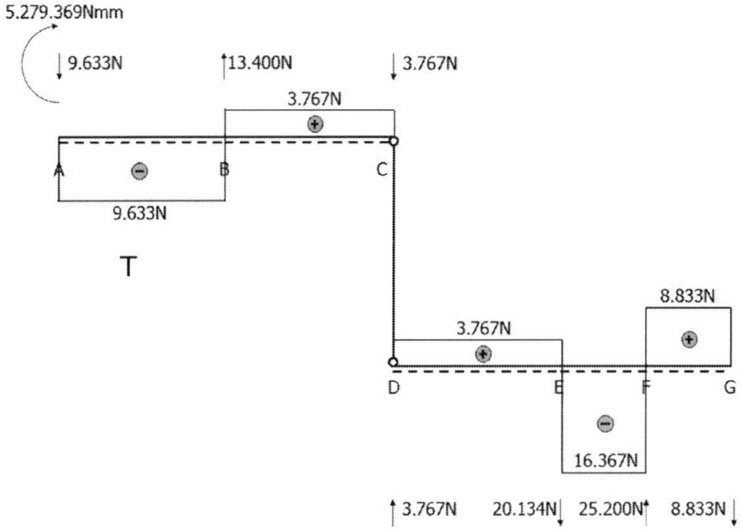

Figura 3.37: Diagramma del taglio

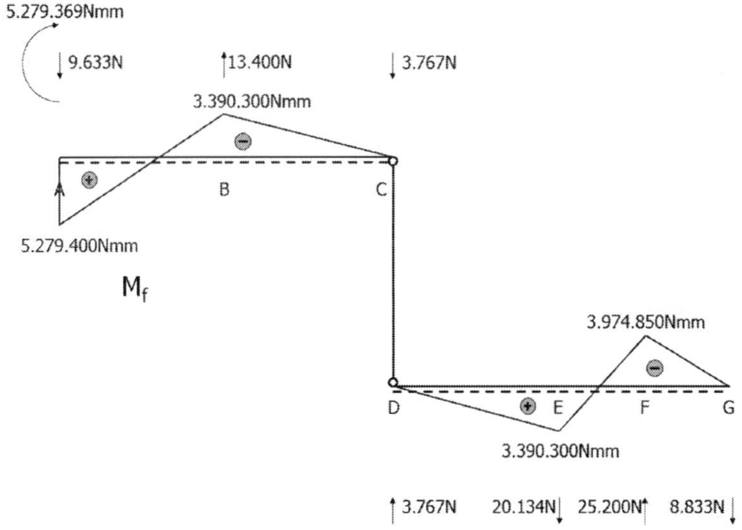

Figura 3.38: Diagramma del momento flettente

Dal momento che la trave presenta una sezione rettangolare, la verifica verrà operata sui bordi superiore ed inferiore di essa, in cui la tensione normale da momento flettente, avente andamento a ***farfalla***, presenta il valore massimo ($\boldsymbol{\sigma_{Mf\_A}}$ e $\boldsymbol{\sigma_{Mf\_F}}$). Si considererà poi un punto collocato sull'asse baricentrico orizzontale, dove la tensione tangenziale da taglio, avente andamento parabolico, risulta massima ($\boldsymbol{\tau_{T\_A}}$ e $\boldsymbol{\tau_{T\_F}}$). Viene verificato in prima battuta il punto $\boldsymbol{A}$: i calcoli delle tensioni normale e tangenziale sono mostrati nelle Eqq. 3.74 e 3.75. Si indicano con $\boldsymbol{W_f}$ e con $\boldsymbol{A_1}$ rispettivamente il momento resistente a flessione e la superficie della sezione rettangolare delle travi $\boldsymbol{AC}$ e $\boldsymbol{DG}$.

$$\begin{aligned}\sigma_{Mf\_A} &= \pm\frac{M_{f\_A}}{W_f} = \pm\frac{6\cdot M_{f\_A}}{b\cdot h^2} = \\ &= \pm\frac{6\cdot 5.279.400}{40\cdot 80^2} = \pm 124\text{MPa}\end{aligned} \tag{3.74}$$

$$\tau_{T\_A} = \frac{3}{2}\cdot\frac{T_A}{A_1} = \frac{3}{2}\cdot\frac{T_A}{b\cdot h} = \frac{3}{2}\cdot\frac{9.633}{40\cdot 80} = 5\text{MPa} \tag{3.75}$$

Si osserva come il valore trovato per la tensione tangenziale $\boldsymbol{\tau_{T\_A}}$ sia nettamente inferiore e, dunque, trascurabile rispetto a quello della tensione normale da momento flettente $\boldsymbol{\sigma_{Mf\_A}}$.
La verifica in corrispondenza del punto $\boldsymbol{F}$ viene eseguita secondo modalità analoghe nelle Eqq. 3.76 e 3.77.

$$\begin{aligned}\sigma_{Mf\_F} &= \pm\frac{M_{f\_F}}{W_f} = \pm\frac{6\cdot M_{f\_F}}{b\cdot h^2} = \\ &= \pm\frac{6\cdot 3.974.850}{40\cdot 80^2} = \pm 93\text{MPa}\end{aligned} \tag{3.76}$$

$$\tau_{T\_F} = \frac{3}{2}\cdot\frac{T_F}{A_1} = \frac{3}{2}\cdot\frac{T_F}{b\cdot h} = \frac{3}{2}\cdot\frac{16.367}{40\cdot 80} = 8\text{MPa} \tag{3.77}$$

Anche in tal caso la tensione tangenziale da taglio risulta essere trascurabile rispetto alla tensione normale da flessione.
Infine si verifica l'asta calcolando la tensione da sforzo normale, $\boldsymbol{\sigma_{N\_CD}}$ indicata nell'Eq. 3.78.

$$\sigma_{N\_CD} = \frac{N_{CD}}{A_2} = \frac{3.767}{176,71} = 21\text{MPa} \tag{3.78}$$

Dai calcoli effettuati risulta che la tensione più elevata nei tratti di trave a sezione rettangolare ($\boldsymbol{AC}$ e $\boldsymbol{DG}$) è la tensione normale flettente nel punto $\boldsymbol{A}$, $\boldsymbol{\sigma_{Mf\_A}}$, valutata nell'Eq. 3.74. Con riferimento a quest'ultima viene quindi calcolato il coefficiente di sicurezza minimo per i due tratti di trave. Tale coefficiente, indicato con $\boldsymbol{CS_{trave}}$, e valutato rispetto al limite di snervamento dell'acciaio $\boldsymbol{S_{y\_acciaio}}$, è calcolato nell'Eq. 3.79.

$$CS_{trave} = \frac{S_{y\_acciaio}}{|\sigma_{Mf\_A}|} = \frac{350}{124} = 2,82 \tag{3.79}$$

Quello appena trovato non può essere a priori considerato come il coefficiente di sicurezza minimo. Infatti anche se la tensione normale in $\boldsymbol{A}$ è la più alta riscontrata, la struttura comprende l'asta $\boldsymbol{CD}$ in cui il limite di snervamento del materiale ($\boldsymbol{S_{y\_Al}}$) è molto più basso. Il coefficiente di sicurezza per l'asta, $\boldsymbol{CS_{asta}}$, è quindi calcolato nell'Eq. 3.80.

$$CS_{asta} = \frac{S_{y\_Al}}{\sigma_{N\_CD}} = \frac{110}{21} = 5,24 \tag{3.80}$$

Il coefficiente di sicurezza minimo dell'intera struttura, $\boldsymbol{CS}$, è, infine, determinato nell'Eq. 3.81.

$$CS = min\ \{CS_{trave}\,;\, CS_{asta}\} = min\ \{2,82\,;\, 5,24\} = 2,82 \tag{3.81}$$

3.4 Esercizio 4

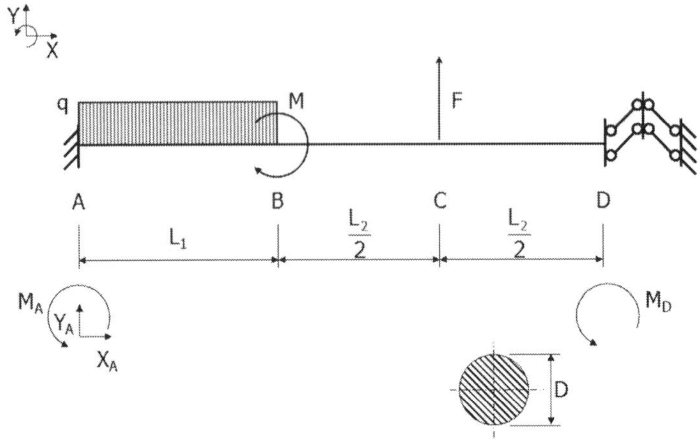

Figura 3.39: La struttura iperstatica in studio con sistema di riferimento, quote, carichi e vincoli

La struttura mostrata in Fig. 3.39 è vincolata nei punto ***A*** tramite un incastro e nel punto ***D*** tramite un doppio-doppio pendolo. Il sistema dei carichi attivi è dato da un carico distribuito, di intensità costante, pari a $\boldsymbol{q = 22\frac{N}{mm}}$, agente sul solo tratto ***AB*** e orientato verso il basso, da un momento concentrato con senso orario ***M=8.700Nm*** e da una forza ***F=23.400N***, avente direzione verticale e rivolta verso l'alto, applicata nel punto ***C***. Risultano inoltre note le quote $\boldsymbol{L_1}$***=800mm*** e $\boldsymbol{L_2}$***=1.300mm*** e si conosce la geometria della trave ***AD***, avente sezione circolare piena con diametro ***D=80mm***. Si valutino le reazioni vincolari nei punti ***A*** e ***D***, si disegnino i diagrammi completi delle caratteristiche delle sollecitazioni (***N, T,*** $\boldsymbol{M_f}$). Si calcoli quindi il coefficiente di sicurezza (***CS***) minimo, sapendo che la trave è realizzata con un acciaio bonificato, avente un limite di snervamento $\boldsymbol{S_y}$***=550MPa***.

Soluzione

La struttura è vincolata, come indicato nel testo, nei due punti ***A*** e ***D***. L'incastro in ***A*** sottrae ***3*** gradi di libertà e presenta dunque una molteplicità di vincolo pari a ***3***. Il vincolo doppio-doppio pendolo in ***D*** impedisce la sola rotazione, e presenta una molteplicità pari a ***1***. In totale, si hanno quindi ***4*** gradi di vincolo, a fronte dei soli ***3*** gradi di libertà posseduti dalla trave ***AD*** nel piano. Ne consegue che la struttura è una volta "sovra-vincolata", ossia una volta ***iperstatica***. Il calcolo delle reazioni vincolari non può chiaramente essere eseguito, semplicemente risolvendo il sistema costituito dalle tre equazioni di equilibrio alla traslazione orizzontale, a quella verticale ed alla rotazione. Procedendo in tal modo, infatti, si avrebbero ***3*** sole equazioni nelle ***4*** incognite rappresentate dalle reazioni in ***A***, $\boldsymbol{X_A}$, $\boldsymbol{Y_A}$ e $\boldsymbol{M_A}$ e da quella in ***D***, $\boldsymbol{M_D}$. Il sistema risulterebbe indeterminato: avendo infinite soluzioni, non permetterebbe di individuare univocamente le reazioni vincolari della struttura in studio. La questione può essere affrontata, sostituendo alla struttura data una struttura detta "isostatica equivalente", in cui il vincolo sovrabbondante (o i vincoli sovrabbondanti, qualora siano più di uno) viene soppresso ed al suo posto viene indicata la relativa reazione vincolare. Una volta eliminato il vincolo sovrabbondante la struttura diventa isostatica, e la corrispondente reazione vincolare rappresenta l'effettiva incognita del problema; per la ragione esposta tale reazione prende il nome di "incognita iperstatica". Il metodo che sarà applicato nella soluzione è detto ***metodo delle forze***, proprio perché l'incognita è data da una componente di sollecitazione, sia essa una forza o un momento. Il problema dell'indeterminazione di cui sopra si affronta quindi aggiungendo un'ulteriore equazione al sistema delle condizioni di equilibrio: tale equazione deve tenere conto di come si deforma la struttura in corrispondenza del vincolo soppresso. Essa è detta "equazione di congruenza", proprio perché deve garantire la congruenza della deformata della struttura sotto il carico incognito che rappresenta il vincolo soppresso.

La struttura in esame presenta, come detto, un grado di vincolo pari a ***4*** e ***3*** gradi di libertà nel piano. Si ha quindi un solo vincolo sovrabbondante, che deve essere eliminato ai fini della determinazione dell'isostatica equivalente. E' chiaro che il vincolo da sopprimere può essere scelto arbitrariamente, anche se tale scelta ha pesanti ripercussioni sull'iter di soluzione del problema e sui calcoli che devono essere eseguiti. Nel presente caso, appare ragionevole sopprimere il vincolo del doppio-doppio pendolo, inserendo al suo posto la relativa reazione vincolare, ossia il momento $\boldsymbol{M_D}$. Quest'ultimo sarà dunque l'incognita iperstatica, che dovrà essere determinata in base a considerazioni sulla congruenza. La struttura isostatica equivalente viene mostrata in Fig. 3.40, in cui è

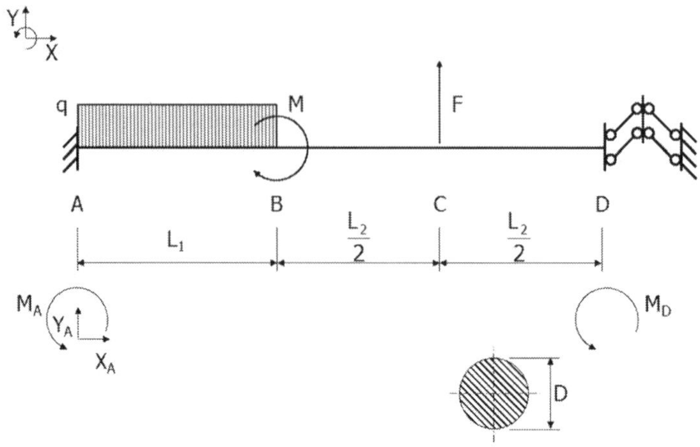

Figura 3.40: Struttura "isostatica equivalente" a seguito della soppressione del doppio-doppio pendolo in $\boldsymbol{D}$

scomparso il vincolo del doppio-doppio pendolo ed è invece evidenziata l'incognita $\boldsymbol{M_A}$.

L'equazione di congruenza nel presente caso deve garantire che non si abbiano spostamenti angolari in $\boldsymbol{D}$, spostamenti che sono inibiti dal vincolo doppio-doppio pendolo soppresso. La relativa relazione viene mostrata nell'Eq. 3.82, ponendo in evidenza come lo spostamento $\boldsymbol{\theta_D}$ sia una funzione di tutte le componenti in gioco, ossia del carico distribuito $\boldsymbol{q}$, della coppia $\boldsymbol{M}$, della forza $\boldsymbol{F}$ e dell'incognita iperstatica $\boldsymbol{M_D}$. La soluzione dell'iperstatica ruota attorno alla determinazione delle relative espressioni analitiche. Note queste, l'equazione di congruenza (Eq. 3.82) diviene un'equazione lineare nella sola incognita $\boldsymbol{M_D}$, che può essere agevolmente calcolata e risolta.

$$\theta_D(q, M, F, M_D) = 0 \tag{3.82}$$

Per operare il calcolo delle rotazioni di cui sopra, conviene applicare il ***principio di sovrapposizione degli effetti***: le varie componenti di sollecitazioni saranno quindi considerate separatamente e separatamente se ne determineranno gli effetti sotto forma delle rotazioni nel punto $\boldsymbol{D}$. I relativi risultati verranno quindi sommati algebricamente nella scrittura dell'equazione di congruenza.

*Rotazione in **D** indotta dal carico distribuito **q***
La valutazione analitica di spostamenti angolari o lineari può essere, in generale, convenientemente operata tramite l'applicazione dei ***Corollari di Mohr***. Tale metodo richiede preliminarmente la determinazione del diagramma del momento flettente $\boldsymbol{M_f}$ della struttura in Fig. 3.41 (a). Tale diagramma, rappresentato in Fig. 3.41 (b), è nullo sul tratto $\boldsymbol{BD}$, su cui non agiscono componenti di sollecitazione, ed ha andamento crescente da $\boldsymbol{B}$ verso $\boldsymbol{A}$, fino a raggiungere il valore massimo all'incastro. Si può osservare che nel punto $\boldsymbol{B}$ non vi sono coppie concentrate, per cui il valore del momento flettente è inizialmente nullo. Dal momento che la funzione del momento flettente $\boldsymbol{M_f}$ è ottenibile tramite doppia integrazione del carico distribuito $\boldsymbol{q}$, $\left(\boldsymbol{q = \frac{d^2 M_f}{dx^2}}\right)$, risulta che, a fronte di un carico costante, il momento dovrà essere descritto da una funzione del secondo ordine, ossia una parabola. Consegue quindi che il relativo diagramma ha andamento parabolico sul tratto $\boldsymbol{AB}$. Facendo riferimento ad una coordinata $\boldsymbol{x}$ da $\boldsymbol{B}$ verso $\boldsymbol{A}$, il valore massimo del momento è calcolabile tramite l'Eq. 3.83, in cui si parte dal presupposto che la forza infinitesima possa essere scritta come $\boldsymbol{(q \cdot dx)}$ e che essa operi sotto un braccio $\boldsymbol{(L_1 - x)}$.

$$
\begin{aligned}
M_{f\,A\_q} &= \int_0^{L_1} q \cdot (L_1 - x)\, dx = \int_0^{L_1} (q \cdot L_1 - q \cdot x)\, dx = \\
&= \left[q \cdot L_1 \cdot x - q \cdot \frac{x^2}{2} \right]_0^{L_1} = q \cdot L_1^2 - q \cdot \frac{L_1^2}{2} = \frac{q \cdot L_1^2}{2}
\end{aligned}
\tag{3.83}
$$

L'Eq. 3.83 mostra che il momento flettente massimo in $\boldsymbol{A}$, ossia per $\boldsymbol{x{=}L_1}$, è $\left(\boldsymbol{M_{f\,A\_q} = \frac{q \cdot L_1^2}{2}}\right)$. Se si considera una quota $\boldsymbol{x}$ generica, si può ricavare la funzione mostrata nell'Eq. 3.84, che risulterà particolarmente utile nell'applicazione dei ***Corollari di Mohr***.

$$
M_f(x) = \frac{q \cdot x^2}{2}
\tag{3.84}
$$

L'entità dello spostamento angolare in $\boldsymbol{D}$, per effetto del carico distribuito $\boldsymbol{q}$, è qualitativamente illustrata in Fig. 3.41 (c).
Il primo passo nell'applicazione dei ***Corollari di Mohr*** consiste nella determinazione della cosiddetta "struttura fittizia": questa non coincide in generale con quella "reale" (ossia quella di Fig. 3.41 (a)), ma è ad essa legata da considerazioni, sotto illustrate, inerenti il sistema di vincolo e

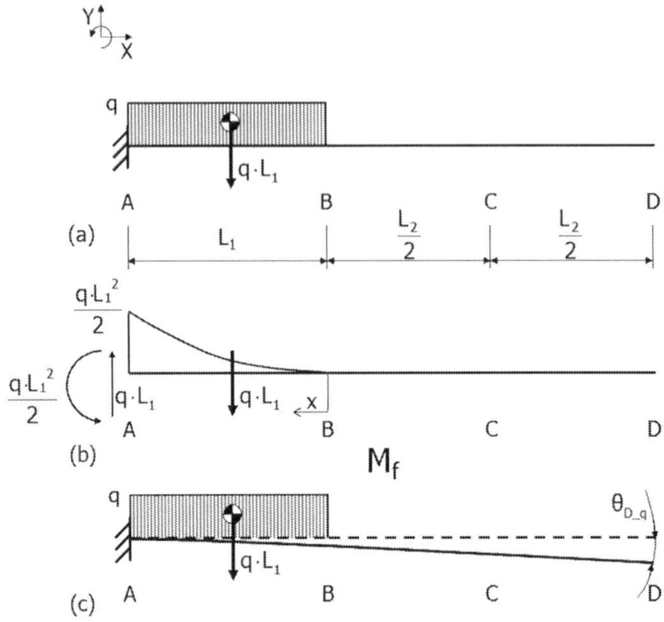

Figura 3.41: (a) Isostatica equivalente sotto l'azione del solo carico distribuito $\boldsymbol{q}$, (b) Diagramma del momento flettente, (c) Deformata qualitativa con indicazione della rotazione $\boldsymbol{\theta_{D\_q}}$

gli spostamenti consentiti ed impediti. Sulla base dell'andamento del momento flettente di Fig. 3.41 (b) ed Eq. 3.84, occorre quindi determinare un "carico distribuito fittizio", $\boldsymbol{q^*}$, da applicarsi alla struttura fittizia. Il carico fittizio si ricava facilmente, in base alla relazione $\left(\boldsymbol{q^*} = \frac{\boldsymbol{M_f}}{\boldsymbol{EI}}\right)$, dove $\boldsymbol{M}_{\boldsymbol{f}}$, $\boldsymbol{E}$ ed $\boldsymbol{I}$ sono, rispettivamente, i valori puntuali del momento flettente, del modulo elastico del materiale ed del momento inerziale per la flessione della sezione. La struttura fittizia caricata dal carico fittizio è mostrata in Fig. 3.42. I ***Corollari di Mohr*** permettono ora una stima agevole degli spostamenti, dal momento che il Taglio nel sistema fittizio, $\boldsymbol{T^*}$, corrisponde alla rotazione, $\boldsymbol{\theta}$, nel sistema reale, mentre il momento flettente nel sistema fittizio, $\boldsymbol{M_f^*}$, corrisponde allo spostamento $\boldsymbol{\eta}$, nel sistema reale. Si vedano le Eqq. 3.85 e 3.86, che valgono in ogni punto delle strutture fittizia e reale.

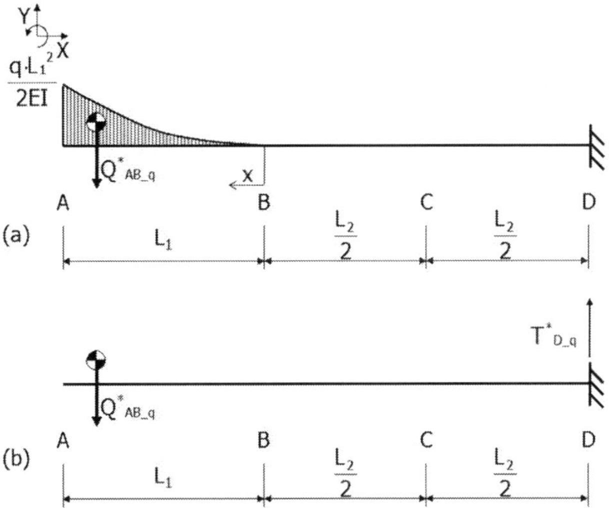

Figura 3.42: (a) Struttura fittizia caricata dal carico distribuito fittizio, (b) Taglio $\boldsymbol{T^*_{D\_q}}$ che deve essere valutato per la stima della rotazione $\boldsymbol{\theta_{D\_q}}$

$$T^* = \theta \tag{3.85}$$

$$M_f^* = \eta \tag{3.86}$$

E' bene riflettere sulle modalità di determinazione della struttura fittizia (Fig. 3.42), a partire da quella reale (Fig. 3.41). La struttura fittizia deve essere determinata alla luce delle relazioni fra tagli e spostamenti angolari e tra momenti e spostamenti lineari illustrate nelle Eqq. 3.85 e 3.86. In corrispondenza del punto $\boldsymbol{D}$ la struttura reale presenta un estremo libero, in cui sono possibili spostamenti angolari e lineari. Di conseguenza, la struttura fittizia dovrà presentare un vincolo che reagisca sia a taglio che a momento: tale vincolo è rappresentato da un incastro. Viceversa, in $\boldsymbol{A}$ la presenza dell'incastro impedisce rotazioni e spostamenti verticali: nello stesso punto nella struttura fittizia il "vincolo" non dovrà esplicare né taglio, né momento. E' chiaro che imporre tale requisito equivale a imporre che nessuna reazione vincolare sia applicata e che quindi il punto $\boldsymbol{A}$ sia un estremo libero. Tipicamente, nelle travi a mensola come quella di Fig. 3.41 (a) incastro ed estremo libero si

scambiano rispettivamente i ruoli nella conversione da struttura reale a struttura fittizia.
Secondo l'Eq. 3.85 la rotazione $\boldsymbol{\theta_{D\_q}}$ coincide con il taglio $\boldsymbol{T^*_{D\_q}}$, valutato nello stesso punto della struttura fittizia. Tale valore del taglio coincide evidentemente con la risultante del carico distribuito, $\boldsymbol{Q^*_{AB\_q}}$, che deve essere equilibrata dalla reazione verticale all'incastro. Si veda al proposito anche la Fig. 3.42 (b).
Il termine $\boldsymbol{Q^*_{AB\_q}}$ è facilmente determinabile come l'area della distribuzione del carico fittizio, ossia tramite un integrale. Per l'impostazione di tale integrale, si può osservare che, sulla base dell'Eq. 3.84, $\left(\boldsymbol{q^* = \frac{q \cdot x^2}{2EI}}\right)$, inoltre la componente di forza infinitesima è data da $(\boldsymbol{q^* \cdot dx})$; il calcolo viene eseguito nell'Eq. 3.87. La determinazione di questo taglio fittizio conduce quindi alla stima della rotazione $\boldsymbol{\theta_{D\_q}}$ in $\boldsymbol{D}$, dovuta al carico $\boldsymbol{q}$.

$$\begin{aligned} T^*_{D\_q} = Q^*_{AB\_q} = \int_0^{L_1} q^* \, dx = \int_0^{L_1} \frac{q \cdot x^2}{2EI} \, dx = \\ = \left[\frac{q}{2EI} \cdot \frac{x^3}{3} \right]_0^{L_1} = \frac{q \cdot L_1^3}{6EI} = \theta_{D\_q} \end{aligned} \tag{3.87}$$

Rotazione in $\boldsymbol{D}$ *indotta da* $\boldsymbol{M}$
Si considera ora la struttura isostatica equivalente sotto l'effetto della sola coppia concentrata $\boldsymbol{M}$, applicata nel punto $\boldsymbol{B}$. Anche in tal caso, la rotazione $\boldsymbol{\theta_{D\_M}}$ in $\boldsymbol{D}$, verrà stimata tramite i ***Corollari di Mohr***. In prima battuta occorre quindi determinare il diagramma del momento flettente $\boldsymbol{M_f}$ della struttura in Fig. 3.43 (a). Tale diagramma, rappresentato in Fig. 3.43 (b), è di facile determinazione, osservando che esso è senz'altro nullo nel tratto $\boldsymbol{BD}$, dove non agiscono componenti di sollecitazioni, presenta una discontinuità pari alla coppia applicata $\boldsymbol{M}$ nel punto $\boldsymbol{B}$ e quindi prosegue costante ed uguale a $\boldsymbol{M}$ fino all'incastro, nel punto $\boldsymbol{A}$. La costanza del diagramma è assicurata dall'assenza di carichi taglianti. L'entità della rotazione $\boldsymbol{\theta_{D\_M}}$ in $\boldsymbol{D}$ per effetto di $\boldsymbol{M}$, è qualitativamente illustrata in Fig. 3.43 (c).
Passando all'applicazione dei ***Corollari di Mohr***, è chiaro che la struttura fittizia è la stessa prima considerata: occorre infatti scambiare rispettivamente i ruoli fra incastro e bordo libero, indipendentemente dal carico agente. Di quest'ultimo si tiene conto, tramite l'applicazione alla struttura fittizia del carico fittizio $\left(\boldsymbol{q^* = \frac{M_f}{EI}}\right)$. La struttura fittizia caricata dal carico fittizio è mostrata in Fig. 3.44 (a).

I ***Corollari di Mohr*** permettono ora una stima agevole dello spostamento angolare $\boldsymbol{\theta_{D\_M}}$ nel punto $\boldsymbol{D}$, che risulta uguale al taglio nel medesimo punto della struttura fittizia, $\boldsymbol{T^*_{D\_M}}$. A sua volta, tale taglio corrisponde alla risultante del carico distribuito, indicata in Fig. 3.44 (b) come $\boldsymbol{Q^*_{AB\_M}}$, che deve essere equilibrata dalla reazione verticale all'incastro. La risultante $\boldsymbol{Q^*_{AB\_M}}$, visibile in Fig. 3.44 (b), è immediatamente determinabile come area della superficie rettangolare secondo quanto indicato nell'Eq. 3.88. La determinazione di questa componente di taglio permette la stima dello spostamento angolare $\boldsymbol{\theta_{D\_M}}$ in $\boldsymbol{D}$ dovuto a $\boldsymbol{M}$.

$$T^*_{D\_M} = Q^*_{AB\_M} = \frac{M}{EI} \cdot L_1 = \frac{M \cdot L_1}{EI} = \theta_{D\_M} \tag{3.88}$$

Rotazione in $\boldsymbol{D}$ *indotta da* $\boldsymbol{F}$

Si considera la struttura isostatica equivalente, soggetta alla sola forza $\boldsymbol{F}$. Tale struttura è mostrata in Fig. 3.45 (a). In vista dell'applicazione dei ***Corollari di Mohr*** si procede innanzitutto alla tracciatura del diagramma del momento flettente $\boldsymbol{M_f}$. Il relativo andamento, illustrato nella Fig. 3.45 (b), è di facile determinazione, dato che esso è nullo in corrispondenza del punto $\boldsymbol{C}$ e massimo all'incastro $\boldsymbol{A}$, con andamento lineare. Si osservi come il tratto $\boldsymbol{CD}$ sia scarico e come in $\boldsymbol{C}$ agisca la sola forza $\boldsymbol{F}$, in assenza di coppie concentrate. Il momento flettente massimo risulta dato da $\boldsymbol{F \cdot \left(L_1 + \frac{L_2}{2}\right)}$ mentre l'entità della rotazione in $\boldsymbol{D}$ per effetto della forza $\boldsymbol{F}$, indicata con $\boldsymbol{\eta_{D\_F}}$, è qualitativamente mostrata nella deformata in Fig. 3.45 (c).

Nell'applicazione dei ***Corollari di Mohr***, occorre considerare la struttura fittizia: questa è la stessa considerata anche ai punti precedenti, in cui incastro ed estremo libero si scambiano i rispettivi ruoli. Il carico fittizio $\boldsymbol{q^*}$ è immediatamente determinabile dal diagramma del momento flettente in base alla relazione $\left(\boldsymbol{q^* = \frac{M_f}{E_1 I}}\right)$. La procedura di caricamento della struttura fittizia mediante il carico fittizio è mostrata in Fig. 3.46 (a).

I ***Corollari di Mohr*** permettono ora una stima agevole dello spostamento angolare $\boldsymbol{\theta_{D\_F}}$ nel punto $\boldsymbol{D}$, che è dato dal taglio fittizio nello stesso punto, $\boldsymbol{T^*_{D\_F}}$. Tale taglio corrisponde alla risultante del carico distribuito, $\boldsymbol{Q^*_{AC\_F}}$, che si scarica sull'incastro e viene compensata dalla sua reazione verticale come illustrato in Fig. 3.46 (b). La risultante

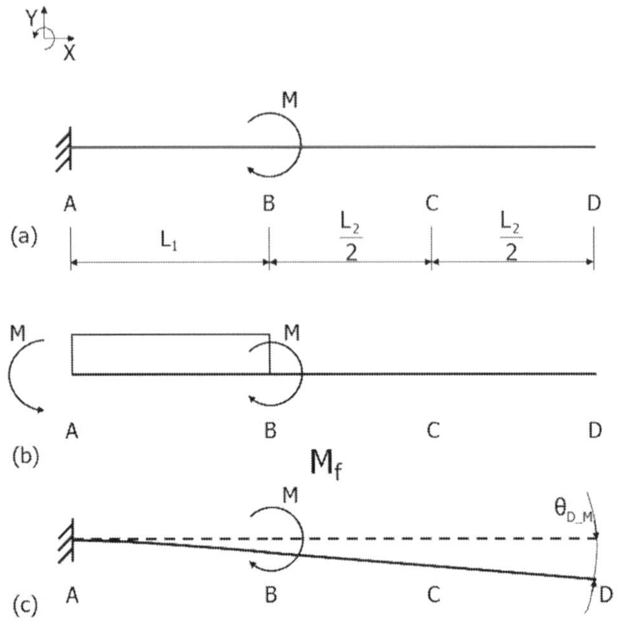

Figura 3.43: (a) Isostatica equivalente sotto l'azione della sola coppia $\boldsymbol{M}$, (b) Diagramma del momento flettente, (c) Deformata qualitativa con indicazione della rotazione $\boldsymbol{\theta_{D\_M}}$

$\boldsymbol{Q^*_{AC\_F}}$ può essere agevolmente calcolata come area della distribuzione triangolare mediante l'Eq. 3.89. La stima di tale componente di taglio permette la determinazione dell'espressione analitica della rotazione $\boldsymbol{\theta_{D\_F}}$ in $\boldsymbol{D}$ dovuta a $\boldsymbol{F}$.

$$T^*_{D\_F} = Q^*_{AC\_F} = \frac{\frac{F\cdot\left(L_1+\frac{L_2}{2}\right)}{EI}\cdot\left(L_1+\frac{L_2}{2}\right)}{2} = \\ = \frac{F\cdot\left(L_1+\frac{L_2}{2}\right)^2}{2EI} = \theta_{D\_F} \tag{3.89}$$

Rotazione in $\boldsymbol{D}$ *indotta da* $\boldsymbol{M_D}$

L'isostatica equivalente, soggetta alla sola coppia $\boldsymbol{M_D}$, viene mostrata in Fig. 3.47 (a). Ai fini dell'applicazione dei ***Corollari di Mohr*** si

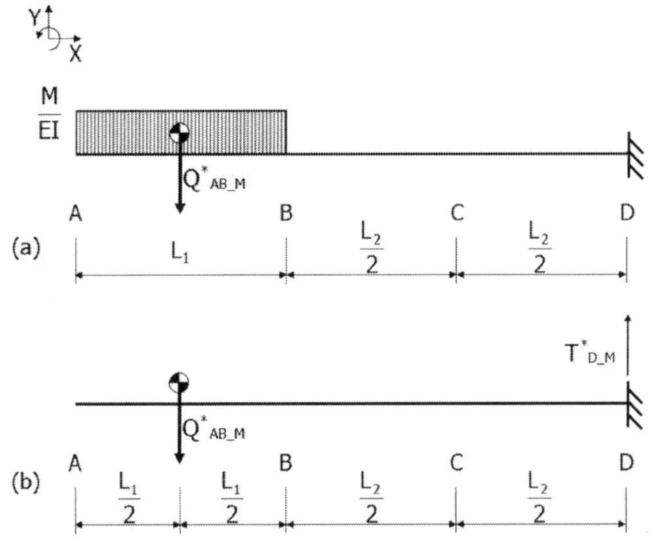

Figura 3.44: (a) Struttura fittizia caricata dal carico distribuito fittizio, (b) Taglio $T^*_{D\_M}$ che deve essere valutato la stima della rotazione θ_{D_M}

determina preliminarmente il diagramma del momento flettente M_f. Il relativo andamento è illustrato nella Fig. 3.47 (b). Questo può essere commentato, rilevando come all'estremo D, in assenza di vincoli, il valore del momento flettente coincida con la coppia applicata dall'esterno M_D. Il diagramma risulta inoltre costante sull'intero tratto AD, dato che non vi sono forze di taglio. L'entità della rotazione $\eta_{D\_M_D}$ in D per effetto della coppia M_D, è indicata qualitativamente in Fig. 3.47 (c).
Nell'applicazione dei ***Corollari di Mohr***, si considera la stessa struttura fittizia già vista ai punti precedenti, con estremo libero in A ed incastro in D. Tale struttura è caricata dal carico fittizio $\left(q^* = \frac{M_f}{E_1 I}\right)$. La procedura di caricamento della struttura fittizia mediante il carico fittizio è illustrata in Fig. 3.48 (a).
I ***Corollari di Mohr*** permettono ora una stima agevole dello spostamento angolare $\theta_{D\_M_D}$ nel punto D, che coincide con il taglio nello stesso punto della struttura fittizia, $T^*_{D\_M_D}$. Tale taglio è uguale alla risultante del carico distribuito, $Q^*_{AD\_M_D}$, che deve essere equilibrata dalla reazione verticale all'incastro come indicato in Fig. 3.48 (b). La risultante $Q^*_{AD\_M_D}$ può essere agevolmente calcolata come area del carico distribuito mediante l'Eq. 3.90. La stima di tale componente di

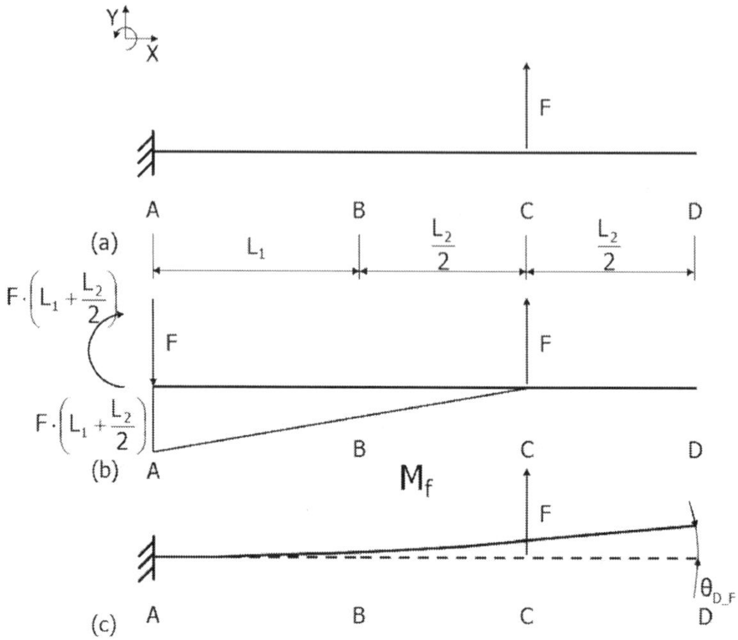

Figura 3.45: (a) Isostatica equivalente sotto l'azione della sola forza $\boldsymbol{F}$, (b) Diagramma del momento flettente, (c) Deformata qualitativa con indicazione della rotazione $\boldsymbol{\theta_{D\_F}}$

taglio permette la determinazione della rotazione $\boldsymbol{\theta_{D\_M_D}}$ in $\boldsymbol{D}$ dovuta a $\boldsymbol{M_D}$.

$$
\begin{aligned}
T^*_{D\_M_D} = Q^*_{AD\_M_D} = \frac{M_D}{EI} \cdot (L_1 + L_2) = \\
= \frac{M_D \cdot (L_1 + L_2)}{EI} = \theta_{D\_M_D}
\end{aligned}
\tag{3.90}
$$

Si sono così determinate le formulazioni analitiche dei termini di rotazione in $\boldsymbol{D}$, dovuti ai carichi in gioco. L'equazione di congruenza, riportata nell'Eq. 3.82 di pag. 162, può quindi essere scritta nell'Eq. 3.91. Come si diceva precedentemente, i risultati ottenuti vanno fra loro sommati algebricamente, tenendo conto dei sensi degli spostamenti angolari indotti. In particolare, occorre porre un segno negativo davanti ai contributi legati al carico distribuito $\boldsymbol{q}$ ed alla coppia concentrata $\boldsymbol{M}$. Essi determinano infatti rotazioni in senso orario, mentre le altre sollecitazioni (la forza $\boldsymbol{F}$

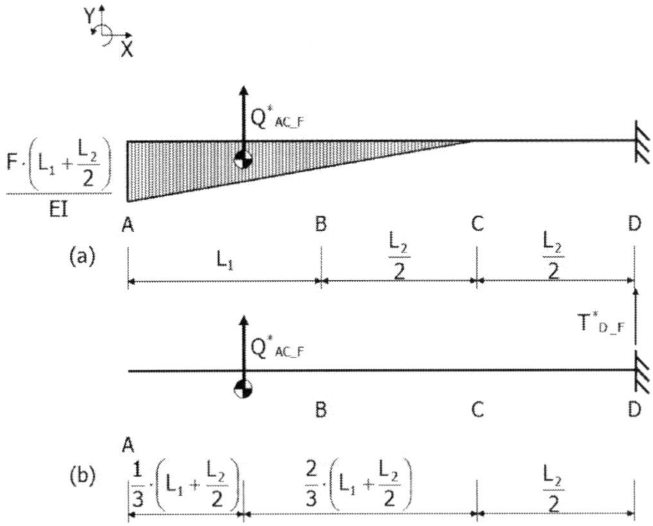

Figura 3.46: (a) Struttura fittizia caricata dal carico distribuito fittizio, (b) Taglio $\boldsymbol{T^*_{D\_F}}$ che deve essere valutato per la stima della rotazione $\boldsymbol{\theta_{D\_F}}$

ed il momento $\boldsymbol{M_D}$), comportano rotazioni anti-orarie, convenzionalmente assunte come positive.

$$
\begin{aligned}
&\theta_D(q, M, F, M_D) = 0 \Leftrightarrow \\
&\Leftrightarrow -\theta_{D\_q} - \theta_{D\_M} + \theta_{D\_F} + \theta_{D\_M_D} \Leftrightarrow \\
&\Leftrightarrow -\frac{q \cdot L_1^3}{6EI} - \frac{M \cdot L_1}{EI} + \\
&+ \frac{F \cdot \left(L_1 + \frac{L_2}{2}\right)^2}{2EI} + \frac{M_D \cdot (L_1 + L_2)}{EI} = 0 \Leftrightarrow \\
&\Leftrightarrow M_D \cdot (L_1 + L_2) = \frac{q \cdot L_1^3}{6} + M \cdot L_1 - \frac{F \cdot \left(L_1 + \frac{L_2}{2}\right)^2}{2} \Leftrightarrow \\
&\Leftrightarrow M_D = \frac{\frac{q \cdot L_1^3}{6} + M \cdot L_1 - \frac{F \cdot \left(L_1 + \frac{L_2}{2}\right)^2}{2}}{L_1 + L_2} \Leftrightarrow \\
&\Leftrightarrow M_D = \frac{\frac{22 \cdot 800^3}{6} + 8.700 \cdot 10^3 \cdot 800 - \frac{23.400 \cdot \left(800 + \frac{1.300}{2}\right)^2}{2}}{800 + 1.300} \Leftrightarrow \\
&\Leftrightarrow M_D = -7.505.675 \text{Nmm}
\end{aligned}
\tag{3.91}
$$

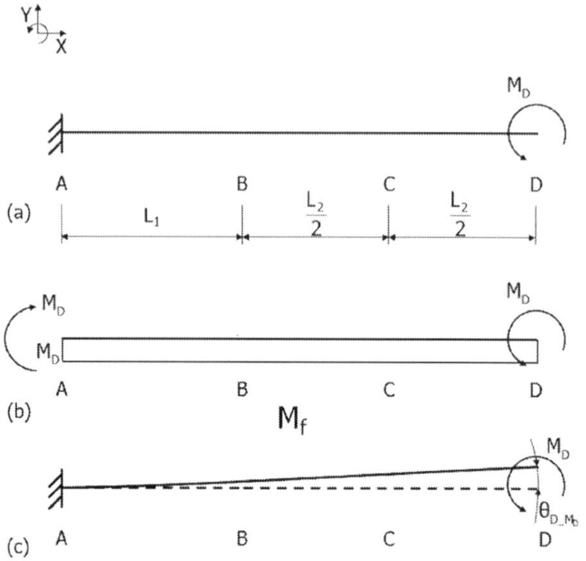

Figura 3.47: (a) Isostatica equivalente sotto l'azione della sola coppia $\boldsymbol{M_D}$, (b) Diagramma del momento flettente, (c) Deformata qualitativa con indicazione della rotazione $\boldsymbol{\theta_{D\_M_D}}$

Si può osservare che, in base ai calcoli dell'Eq. 3.91, l'incognita iperstatica $\boldsymbol{M_D}$ presenta un segno negativo. Questo indica che la coppia in corrispondenza del doppio-doppio pendolo presenta un senso opposto a quello convenzionalmente supposto (si veda la Fig. 3.49). In particolare, essa ha un verso orario anziché anti-orario. Un ulteriore aspetto da rimarcare è che tutti i termini $\boldsymbol{EI}$ presenti ai denominatori dell'Eq. 3.91 si semplificano: questo indica che il valore dell'incognita iperstatica è indipendente sia dal materiale (attraverso il Modulo di Young $\boldsymbol{E}$) che dalla geometria della sezione (tramite il momento inerziale $\boldsymbol{I}$).
Ora che l'incognita iperstatica è stata determinata, la struttura isostatica equivalente mostrata alla Fig. 3.40 di pag. 162 può essere studiata e risolta come una qualunque isostatica. Per comodità, questa viene riproposta nella Fig. 3.49, in cui sono evidenziate le componenti di sollecitazione note (il sistema attivo, dato dal carico distribuito $\boldsymbol{q}$, dalla coppia $\boldsymbol{M}$, dalla forza $\boldsymbol{F}$ e l'incognita iperstatica appena calcolata $\boldsymbol{M_D}$) e le reazioni vincolari ancora da determinare ($\boldsymbol{X_A}$, $\boldsymbol{Y_A}$, $\boldsymbol{M_A}$). La struttura deve essere risolta, scrivendo il sistema costituito dalle equazioni di equilibrio alla traslazione orizzontale, alla traslazione verticale ed alla

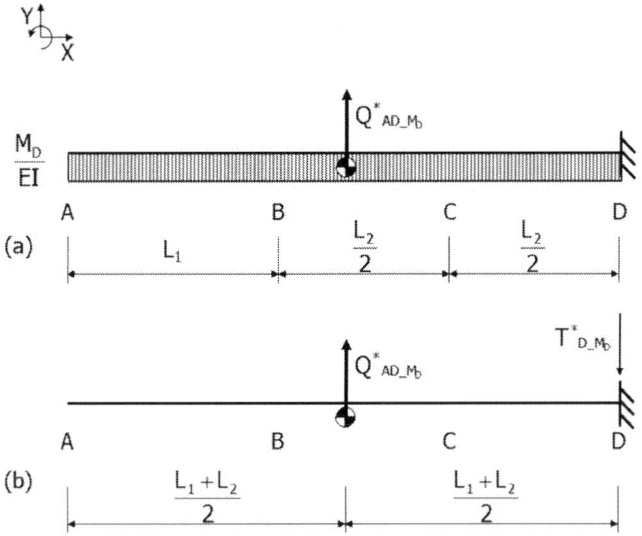

Figura 3.48: (a) Struttura fittizia caricata dal carico distribuito fittizio, (b) Taglio $\boldsymbol{T^*_{D\_M_D}}$ che deve essere valutato per la stima della rotazione $\boldsymbol{\theta_{D\_M_D}}$

rotazione nel piano. Si veda l'Eq. 3.92 in cui, per l'equilibrio alla rotazione, si considera il punto $\boldsymbol{A}$ come polo. Per quanto riguarda la $\boldsymbol{M_D}$ si considera l'effettivo verso anti-orario, come sopra indicato.

$$\begin{cases} X_A = 0 \\ Y_A - q \cdot L_1 + F = 0 \\ M_A - \frac{q \cdot L_1^2}{2} - M + F \cdot \left(L_1 + \frac{L_2}{2} \right) - M_D = 0 \end{cases} \tag{3.92}$$

Sostituendo i valori numerici, si ottiene il seguente sistema di Eq. 3.93. E' chiaro che la $\boldsymbol{X_A}$ risulta nulla, dato che non figurano azioni lungo l'asse della trave $\boldsymbol{AD}$, ossia in direzione orizzontale mentre la seconda e la terza equazione presentano una sola incognita, rispettivamente $\boldsymbol{Y_A}$ e $\boldsymbol{M_A}$.

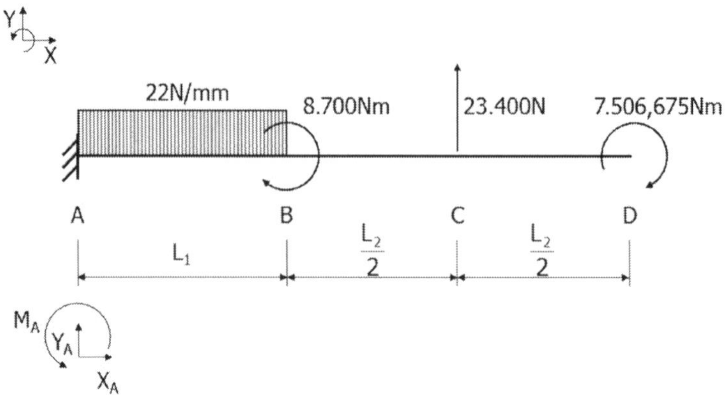

Figura 3.49: Isostatica equivalente con indicazione dei carichi noti, fra cui l'incognita iperstatica $\boldsymbol{M_D}$ appena determinata, e di quelli ancora da valutare

$$\begin{cases} X_A & = 0 \\ Y_A & = 22 \cdot 800 - 23.400 = -5.800\text{N} \\ M_A & = \frac{22 \cdot 800^2}{2} + 8.700 \cdot 10^3 - 23.400 \cdot \left(800 + \frac{1300}{2}\right) + \\ & +7.505.675 = -10.684,325\text{Nm} \end{cases} \tag{3.93}$$

La soluzione del sistema di Eq. 3.93 porta, quindi, alla definizione delle reazioni vincolari $\boldsymbol{Y_A}$ e $\boldsymbol{M_A}$ all'incastro $\boldsymbol{A}$ che possiedono entrambe segno negativo. Questo indica che esse hanno un verso opposto rispetto a quello che inizialmente ipotizzato; in particolare, la $\boldsymbol{Y_A}$ è rivolta verso il basso, mentre il momento $\boldsymbol{M_A}$ è orario.

Di seguito si disegnano i diagrammi delle caratteristiche delle sollecitazioni, considerando convenzionalmente positive le reazioni concordi a quelle rappresentate sul concio di trave di Fig. 3.50. Si ricorda che il diagramma del momento flettente $\boldsymbol{M_f}$ deve essere disegnato dalla parte delle fibre tese, con pendenza negativa ancorché il taglio $\boldsymbol{T}$, cioè la sua derivata ($\boldsymbol{T} = \frac{\mathrm{d}\boldsymbol{M}}{\mathrm{d}\boldsymbol{x}}$) risulti positivo. I diagrammi dei momenti flettenti si disegnano dopo avere tracciato la linea tratteggiata, che indica la parte inferiore della struttura: se le fibre sono tese dalla parte di tale linea, visibile in Fig. 3.50, allora il momento flettente è positivo.
Chiaramente, il diagramma dello sforzo normale è nullo in ogni punto della struttura, dato che non esistono sollecitazioni agenti lungo il suo

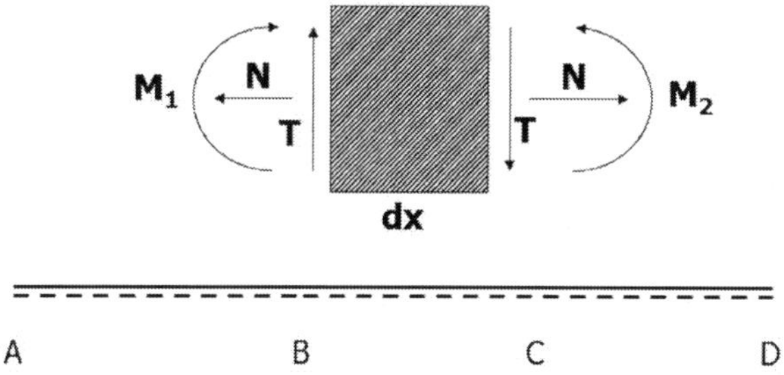

Figura 3.50: Convenzione sui segni e linea tratteggiata disegnata sulla struttura

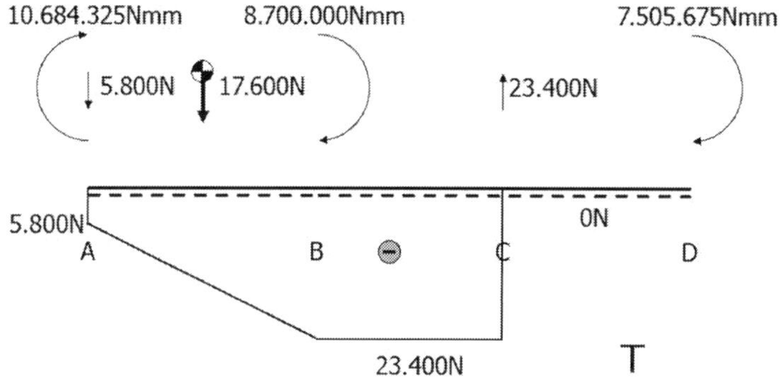

Figura 3.51: Diagramma del taglio

asse. Si riportano nelle Figg. 3.51 e 3.52 rispettivamente i diagrammi del taglio $\boldsymbol{T}$ e del momento flettente $\boldsymbol{M_f}$.

Dall'analisi dei diagrammi risulta che le posizioni della struttura maggiormente sollecitate sono in corrispondenza dei punti $\boldsymbol{A}$ (cioè all'incastro) ed un infinitesimo a destra del $\boldsymbol{B}$, dove è applicata la coppia $\boldsymbol{M}$. E' opportuno eseguire la verifica in entrambi, in quanto in $\boldsymbol{A}$ si ha il massimo del momento flettente $\boldsymbol{M_f}$, mentre un infinitesimo a destra di $\boldsymbol{B}$ si ha il massimo del taglio $\boldsymbol{T}$ ed un valore di momento flettente elevato. In particolare, in $\boldsymbol{A}$ il momento flettente, $\boldsymbol{M_{f\_A} = M_{f\_max}}$ è pari a ***10.684,325Nm*** mentre il taglio, $\boldsymbol{T_A}$, vale ***5.800N***. In $\boldsymbol{B}$ si ha invece un taglio $\boldsymbol{T_B = T_{max}}$, che è pari a ***23.400N*** ed un momento flettente $\boldsymbol{M_{f\_B}}$ uguale a ***7.704,325Nm***.

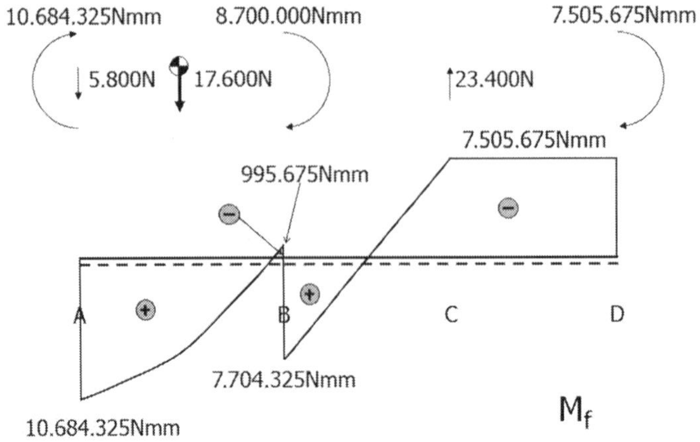

Figura 3.52: Diagramma del momento flettente

La trave presenta, sull'intera lunghezza $\boldsymbol{AD}$, una sezione circolare piena, inoltre, le locazioni $\boldsymbol{A}$ e $\boldsymbol{B}$ sono entrambe soggette sia a momento flettente che a taglio. Il momento flettente determina una tensione normale con distribuzione a ***farfalla*** ed asse neutro in corrispondenza dell'asse baricentrico orizzontale della sezione. Il taglio comporta una tensione tangenziale con andamento parabolico e valore massimo sull'asse neutro appena citato. La verifica deve quindi essere condotta nei punti della sezione, che si trovano più lontani dall'asse neutro (agli estremi superiore ed inferiore), e sull'asse neutro stesso. Nel primo caso si hanno i massimi (positivo e negativo per la tensione normale), nel secondo si ha il massimo per la tensione tangenziale.
Si esegue prima la verifica in corrispondenza del punto $\boldsymbol{A}$ della struttura. La tensione normale, valutata nell'Eq. 3.94, viene indicata come $\boldsymbol{\sigma_{Mf\_A}}$, mentre quella tangenziale, calcolata nell'Eq. 3.95, è espressa dal simbolo $\boldsymbol{\tau_{T\_A}}$. Si indicano con $\boldsymbol{W_f}$ e con $\boldsymbol{A}$ rispettivamente il momento resistente per la flessione e la superficie della sezione circolare della trave.

$$\begin{aligned}\sigma_{Mf\_A} &= \pm\frac{M_{f\_A}}{W_f} = \pm\frac{32 \cdot M_{f\_A}}{\pi \cdot D^3} = \\ &= \pm\frac{32 \cdot 10.684.325}{\pi \cdot 80^3} = \pm 213\text{MPa}\end{aligned} \tag{3.94}$$

$$\tau_{T\_A} = \frac{4}{3} \cdot \frac{T_A}{A} = \frac{4}{3} \cdot \frac{4 \cdot T_A}{\pi \cdot D^2} = \frac{4}{3} \cdot \frac{4 \cdot 5.800}{\pi \cdot 80^2} = 2\text{MPa} \tag{3.95}$$

Si può osservare che la tensione da taglio $\boldsymbol{\tau_{T\_A}}$ è trascurabile rispetto alla tensione normale $\boldsymbol{\sigma_{Mf\_A}}$.
Si procede quindi con la verifica in $\boldsymbol{B}$: le tensioni normale e tangenziale, $\boldsymbol{\sigma_{Mf\_B}}$ e $\boldsymbol{\tau_{T\_B}}$ rispettivamente, sono calcolate nelle Eqq. 3.96 e 3.97.

$$\begin{aligned}\sigma_{Mf\_B} &= \pm\frac{M_{f\_B}}{W_f} = \pm\frac{32 \cdot M_{f\_B}}{\pi \cdot D^3} = \\ &= \pm\frac{32 \cdot 7.704.325}{\pi \cdot 80^3} = \pm 153\text{MPa}\end{aligned} \tag{3.96}$$

$$\tau_{T\_B} = \frac{4}{3} \cdot \frac{T_B}{A} = \frac{4}{3} \cdot \frac{4 \cdot T_B}{\pi \cdot D^2} = \frac{4}{3} \cdot \frac{4 \cdot 23.400}{\pi \cdot 80^2} = 6\text{MPa} \tag{3.97}$$

Anche in questo caso la tensione da taglio $\boldsymbol{\tau_{T\_B}}$ è trascurabile rispetto alla tensione normale $\boldsymbol{\sigma_{Mf\_B}}$. La tensione tangenziale ben raramente è la causa di cedimento delle strutture inflesse: infatti, pur essendo il taglio elevato, la corrispondente tensione è alquanto bassa se confrontata con quella da momento flettente. Va inoltre puntualizzato che è sbagliato comporre le $\boldsymbol{\sigma_{Mf\_B}}$ e $\boldsymbol{\tau_{T\_B}}$, ad esempio con il criterio di ***Von Mises***, in quanto tali tensioni sono valutate in punti distinti della sezione della trave.
Per il calcolo del coefficiente di sicurezza $\boldsymbol{CS}$ si deve quindi fare riferimento alla tensione normale da momento flettente $\boldsymbol{\sigma_{Mf\_A}}$ nel punto $\boldsymbol{A}$, calcolata nell'Eq. 3.94. Il calcolo del $\boldsymbol{CS}$ è eseguito nell'Eq. 3.98, in cui si utilizza il limite di snervamento $\boldsymbol{S_y}$ del materiale.

$$CS = \frac{S_y}{|\sigma_{Mf\_A}|} = \frac{550}{213} = 2,58 \tag{3.98}$$

3.5 Esercizio 5

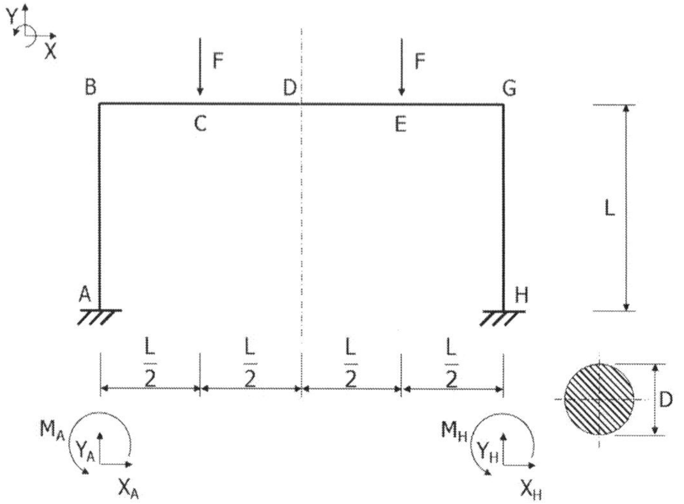

Figura 3.53: La struttura iperstatica in studio con sistema di riferimento, quote, carichi e vincoli

La struttura a portale mostrata in Fig. 3.53 è vincolata nei punti ***A*** e ***H*** tramite incastri. Il sistema dei carichi attivi è dato da due forze uguali, di intensità ***F=54kN***, disposte verticalmente e rivolte verso il basso, applicate nei punti ***C*** ed ***E***. Risultano note le dimensioni del portale, in particolare la quota ***L=1.200mm***, e si conosce la geometria delle travi ***AB***, ***BG*** e ***GH***, tra loro connesse per mezzo di collegamenti saldati, aventi uguale sezione circolare con diametro ***D=90mm***. Si valutino le reazioni vincolari nei punti ***A*** e ***H***, si disegnino i diagrammi completi delle caratteristiche delle sollecitazioni (***N, T,*** $\boldsymbol{M_f}$). Si calcoli quindi il coefficiente di sicurezza (***CS***) minimo, sapendo che la trave è realizzata con un acciaio bonificato, avente un limite di snervamento $\boldsymbol{S_y}$***=600MPa***.

Soluzione

La struttura è vincolata nei due punti ***A*** e ***H*** tramite incastri. Il vincolo incastro presenta una molteplicità pari a *3*, sottraendo *3* gradi di libertà. Considerando la presenza di due vincoli di tale tipo, si ha pertanto un totale di ***6*** gradi di vincolo, a fronte dei soli ***3*** gradi di libertà posseduti dalla struttura in studio, di tipo piano. Risulta quindi che essa è *3* volte "sovra-vincolata", ossia *3* volte ***iperstatica***. Il calcolo delle reazioni vincolari non può chiaramente essere eseguito, semplicemente risolvendo il sistema formato dalle tre equazioni di equilibrio alla traslazione orizzontale, a quella verticale ed alla rotazione. Procedendo in tal senso, si avrebbe infatti un numero di incognite nettamente superiore al numero delle equazioni linearmente indipendenti. In particolare, si avrebbero *3* equazioni e *6* incognite, rappresentate dalle *3* reazioni vincolari in $\boldsymbol{A}$, $\boldsymbol{X_A}$, $\boldsymbol{Y_A}$ e $\boldsymbol{M_A}$, e dalle analoghe *3* in $\boldsymbol{H}$, $\boldsymbol{X_H}$, $\boldsymbol{Y_H}$ e $\boldsymbol{M_H}$ come indicato in Fig. 3.53. Dal punto di vista algebrico il sistema sarebbe indeterminato e condurrebbe a ∞^3 soluzioni. La questione può essere risolta, come si vedrà nel seguito, sopprimendo *3* vincoli, esplicitando le relative reazioni vincolari ed aggiungendo equazioni di congruenza che completino il quadro delle relazioni di equilibrio.

Il procedimento risolutivo può tuttavia essere semplificato, osservando che la struttura presenta una conformazione simmetrica sia dei vincoli sia secondo l'asse di simmetria evidenziato in Fig. 3.53 e passante per il punto $\boldsymbol{D}$. La simmetria della struttura permette di affermare che nel punto $\boldsymbol{D}$ le caratteristiche della sollecitazione (sforzo normale, taglio e momento flettente) devono necessariamente avere una disposizione simmetrica. Ne consegue che, per ragioni evidenti di equilibrio, le due componenti di taglio, a sinistra ed a destra del concio di trave appartenente al punto $\boldsymbol{D}$ ed illustrato in Fig. 3.54 (a), sono necessariamente nulle; in altre parole, la struttura non trasmette taglio in $\boldsymbol{D}$. Essa può essere risolta, considerandone solo metà, ma avendo cura di porre in $\boldsymbol{D}$ un vincolo, che esplichi sforzo normale e momento flettente, ma non componenti taglianti: tale vincolo è un doppio-pendolo con asse orizzontale evidenziato in Fig. 3.54 (b).

La mezza struttura evidenziata in Fig. 3.54 (b), presenta due vincoli, un incastro in $\boldsymbol{A}$ ed un doppio-pendolo in $\boldsymbol{D}$, quest'ultimo con molteplicità pari a *2*. Essendo *5* il grado di vincolo, e rimanendo *3* i gradi di libertà della struttura, questa è due volte iperstatica, ed ancora non risolubile tramite le sole equazioni di equilibrio. Si deve pertanto determinare la struttura "isostatica equivalente", in cui i vincoli sovrabbondanti (in tal caso nel numero di *2*) vengono soppressi ed al loro posto sono esplicitate le corrispondenti reazioni vincolari. Queste ultime rappresentano le vere e proprie incognite del problema definite incognite iperstatiche: infatti, se fossero note, la struttura potrebbe essere risolta come una semplice

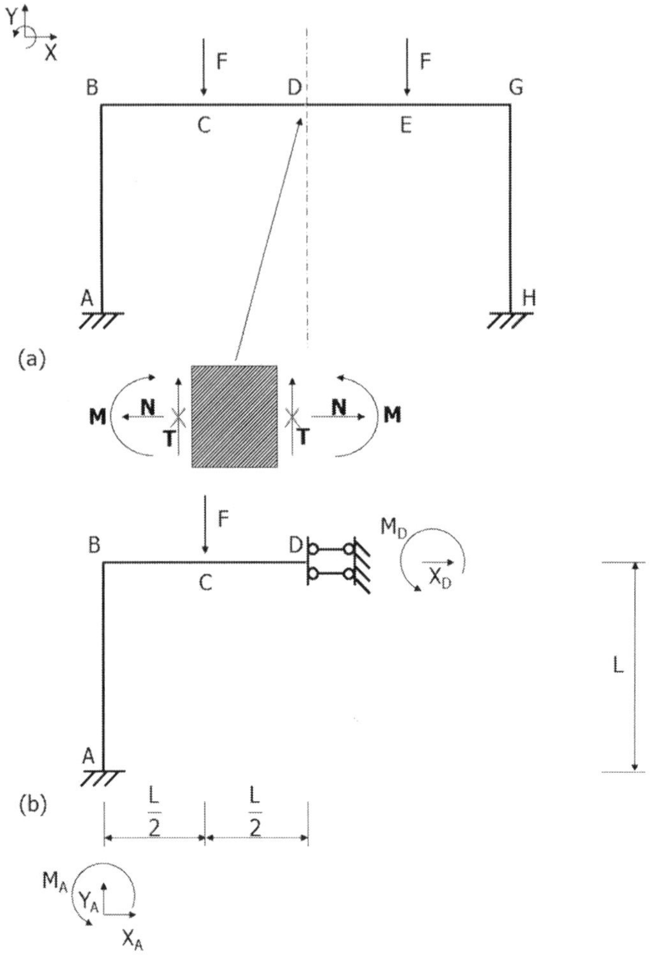

Figura 3.54: (a) Struttura data e caratteristiche di sollecitazione nel punto ***D*** sull'asse di simmetria, (b) Metà della struttura che è sufficiente studiare con opportuno vincolo in ***D***

isostatica. Il metodo qui applicato è detto ***metodo delle forze***, proprio perché le incognite sono componenti di carico, siano esse forze o momenti. Il problema dell'indeterminazione del sistema di equilibrio, si affronta scrivendo ulteriori equazioni, dette "di congruenza", che tengono conto di come la struttura si deformi in corrispondenza dei vincoli soppressi, dovendo garantire che la deformata sia compatibile (ovvero congruente)

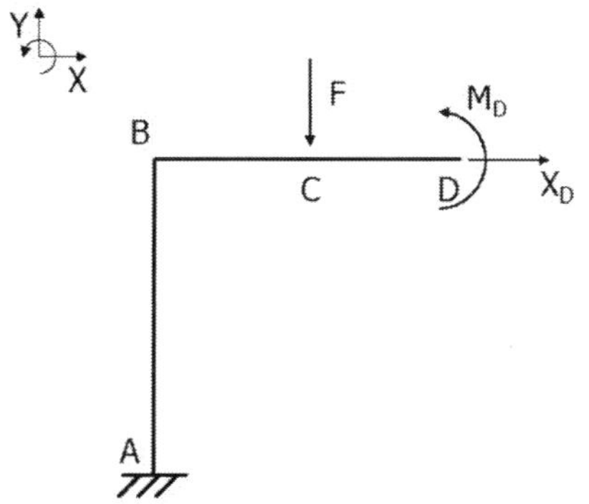

Figura 3.55: Struttura "isostatica equivalente" a seguito della soppressione del doppio pendolo in $\boldsymbol{D}$

con i vincoli stessi. Le equazioni di congruenza sono tante quanti sono i vincoli soppressi, ossia quante sono le incognite iperstatiche.
Nel presente caso si hanno due vincoli sovrabbondanti che devono essere soppressi per ricavare l'isostatica equivalente. La scelta su quali vincoli sopprimere è del tutto arbitraria, ma questa incide pesantemente su tutto il processo risolutivo e quindi sul livello di complessità dei calcoli da eseguire. Appare ragionevole sopprimere interamente il vincolo in $\boldsymbol{D}$: in tal modo si ottiene una struttura incastrata nel solo punto $\boldsymbol{A}$, abbastanza facile da studiare. Le incognite iperstatiche sono quindi le reazioni $\boldsymbol{X_D}$ e $\boldsymbol{M_D}$. La struttura isostatica equivalente viene mostrata in Fig. 3.55, in cui è scomparso il vincolo del doppio-pendolo, mentre sono evidenziate le reazioni sopra citate.
Le equazioni di congruenza da ricavarsi devono garantire che nel punto $\boldsymbol{D}$ non si abbiano né spostamenti orizzontali né spostamenti angolari, che sono impediti dal doppio-pendolo soppresso. Del resto, se questi fossero presenti la deformata della struttura completa subirebbe un distacco di materiale (o una compenetrazione) e presenterebbe un punto angoloso in $\boldsymbol{D}$. Le relative relazioni sono mostrare nel sistema in Eq. 3.99. Si pone altresì in evidenza che sia lo spostamento orizzontale δ_D che quello angolare θ_D sono funzioni lineari di tutte le componenti in gioco, ossia della forza $\boldsymbol{F}$ e delle incognite iperstatiche $\boldsymbol{X_D}$ e $\boldsymbol{M_D}$. Dovranno quindi essere determinate le relative relazioni analitiche: note queste, l'Eq. 3.99 diverrà un semplice sistema lineare nelle incognite $\boldsymbol{X_D}$ e $\boldsymbol{M_D}$, che potranno essere facilmente calcolate.

$$\begin{cases} \delta_D(F, X_D, M_D) = 0 \\ \theta_D(F, X_D, M_D) = 0 \end{cases} \tag{3.99}$$

Per valutare le relazioni carichi-spostamenti di cui sopra, conviene applicare il ***principio di sovrapposizione degli effetti***: le varie componenti di sollecitazione saranno quindi considerate separatamente determinandone gli effetti sotto forma dello spostamento $\boldsymbol{\delta_D}$ e della rotazione $\boldsymbol{\theta_D}$. Successivamente, si procederà alla somma algebrica dei risultati, per poter scrivere le equazioni di congruenza.

Spostamento orizzontale e rotazione in ***D*** *indotti dalla forza* ***F***
La valutazione analitica di spostamenti, siano essi lineari od angolari, può essere, in linea di principio, convenientemente eseguita tramite l'applicazione dei ***Corollari di Mohr***. Tale metodo richiede preliminarmente la determinazione del diagramma del momento flettente $\boldsymbol{M_f}$ della struttura in Fig. 3.56 (a). Tale diagramma, rappresentato in Fig. 3.56 (b), è nullo sul tratto ***CD***, su cui non agiscono componenti di sollecitazione, ed ha andamento crescente da ***C*** verso ***B***, dove raggiunge il suo valore massimo. Tale valore può essere facilmente determinato, moltiplicando l'intensità della forza, ***F***, per il braccio sotto cui opera, $\left(\frac{L}{2}\right)$, Il diagramma si mantiene infine costante nel tratto da ***B*** ad ***A***, dove non agiscono componenti di taglio. In Fig. 3.56 (c) si riflette sul fatto che la struttura in esame può essere pensata come l'unione di due travi a mensola, incastrate rispettivamente in ***B*** ed in ***A***. Il momento in ***B*** può essere inteso come momento d'incastro per la prima sotto-struttura e come sollecitazione dall'esterno per la seconda. La figura mostra qualitativamente le entità degli spostamenti che saranno successivamente calcolati. In particolare, si indicano con $\boldsymbol{\delta_{D\_F}}$ e con $\boldsymbol{\theta_{D\_F}}$ gli spostamenti orizzontale ed angolare in ***D*** per effetto del solo carico ***F***. Nelle sotto-strutture sono indicati gli spostamenti rispettivamente in ***D*** (prima sotto-struttura), $\boldsymbol{\theta'_{D\_F}}$, ed in ***B*** (seconda sotto-struttura), $\boldsymbol{\theta''_{B\_F}}$ e $\boldsymbol{\delta''_{B\_F}}$.

Il primo passo nell'applicazione dei ***Corollari di Mohr*** consiste nella determinazione della cosiddetta "struttura fittizia": questa non coincide in generale con quella "reale". In tal caso si ricaveranno le strutture fittizie con riferimento alle sotto-strutture in Fig. 3.56 (c). Il criterio per determinarle è basato sui vincoli presenti e sugli spostamenti da questi inibiti: tale criterio sarà presentato tra poco. Del sistema di

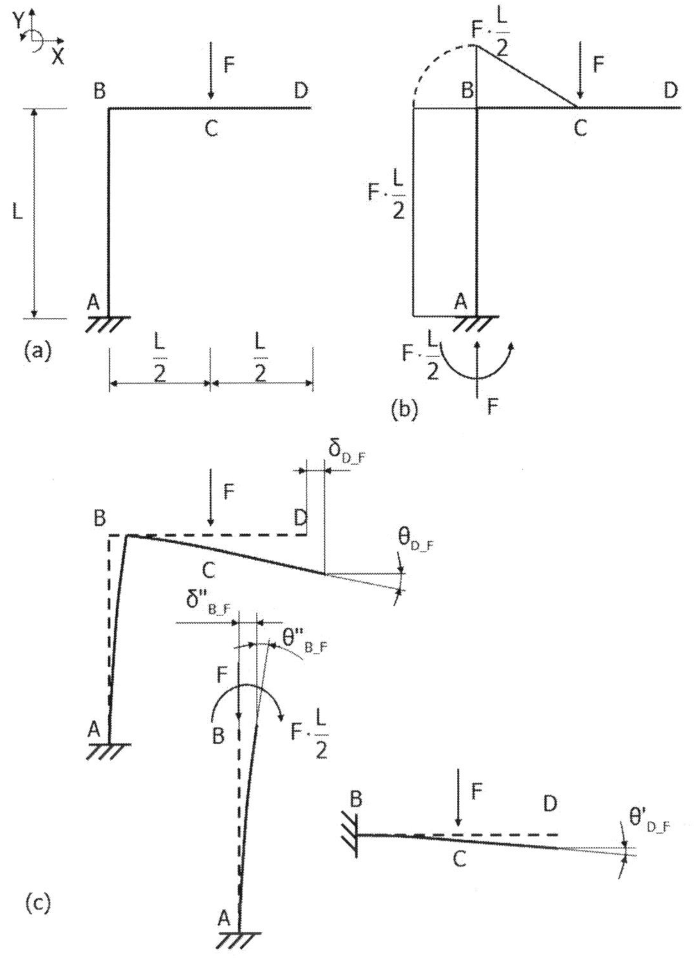

Figura 3.56: (a) Isostatica equivalente sotto l'azione della sola forza $\boldsymbol{F}$, (b) Diagramma del momento flettente, (c) Deformata qualitativa della struttura e delle sotto-strutture, con indicazione degli spostamenti di interesse

sollecitazioni presente, si tiene conto, applicando alla struttura fittizia un "carico distribuito fittizio", indicato da $\boldsymbol{q}^*$. Questo è facilmente ricavabile, sulla base dell'andamento del momento in Fig. 3.56 (b), sfruttando la relazione $\left(\boldsymbol{q}^* = \frac{\boldsymbol{M}_f}{\boldsymbol{EI}}\right)$, dove $\boldsymbol{M}_f$, $\boldsymbol{E}$ ed $\boldsymbol{I}$ sono, rispettivamente, i valori puntuali del momento flettente, del modulo elastico del materiale ed del

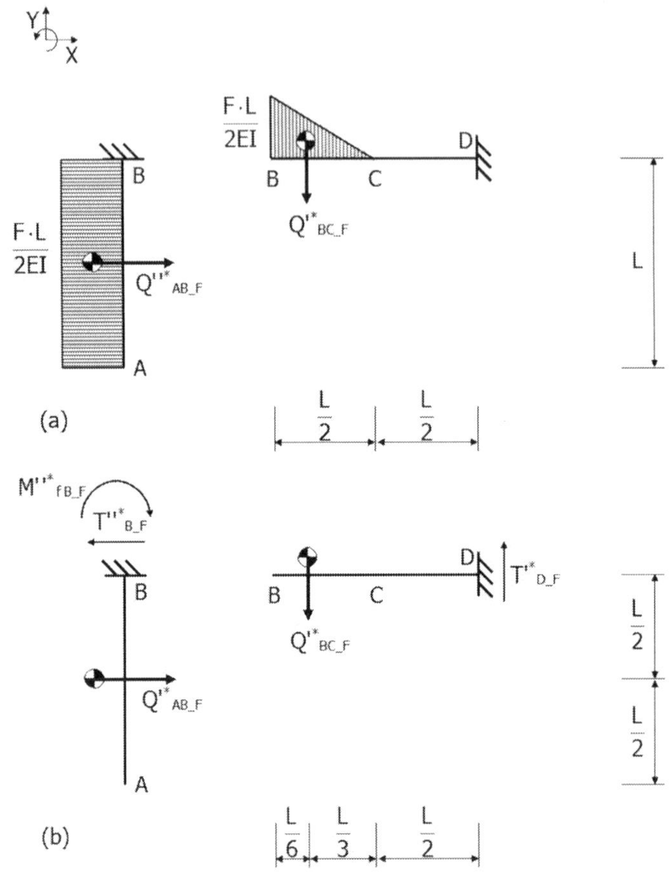

Figura 3.57: (a) Sotto-strutture fittizie caricate dal carico distribuito fittizio, (b) Componenti di Taglio e momento flettente, che debbono essere valutate nella stima degli spostamenti

momento inerziale per la flessione della sezione. Le sotto-strutture fittizie caricate dai carichi fittizi sono mostrate in Fig. 3.57 (a). I ***Corollari di Mohr*** permettono ora una stima agevole degli spostamenti, dal momento che il ***Taglio*** nel sistema fittizio $\boldsymbol{T}^*$, corrisponde alla rotazione $\boldsymbol{\theta}$ nel sistema reale, mentre il momento flettente nel sistema fittizio $\boldsymbol{M_f^*}$, corrisponde allo spostamento lineare, ortogonale all'asse della struttura $\boldsymbol{\eta}$, nel sistema reale. Si vedano le Eqq. 3.100 e 3.101, che valgono in ogni punto delle strutture fittizia e reale.

$$T^* = \theta \tag{3.100}$$

$$M_f^* = \eta \tag{3.101}$$

E' bene riflettere sulle modalità di determinazione delle sotto-strutture fittizie (Fig. 3.57), a partire da quelle reali (Fig. 3.56). In generale si deve fare riferimento alle relazioni fra spostamenti angolari e lineari nella struttura reale e tagli e momenti flettenti in quella fittizia, come descritto nelle Eqq. 3.100 e 3.101. In corrispondenza del punto $\boldsymbol{D}$ la prima sotto-struttura reale presenta un estremo libero, in cui sono possibili spostamenti angolari e lineari. Di conseguenza, la struttura fittizia dovrà presentare un vincolo che reagisca sia a taglio che a momento: tale vincolo è rappresentato da un incastro. Viceversa, in $\boldsymbol{B}$ la presenza dell'incastro impedisce rotazioni e spostamenti verticali, di conseguenza si dovrà porre un "vincolo" che non esplichi né taglio, né momento. E' chiaro che tale requisito implica che nessuna reazione vincolare debba agire in $\boldsymbol{B}$, in altre parole tale punto diviene un estremo libero. Tipicamente, nelle travi a mensola incastro ed estremo libero si scambiano rispettivamente i ruoli nella conversione da struttura reale a struttura fittizia. Le considerazioni fatte valgono chiaramente anche per la seconda sotto-struttura: la corrispondente fittizia presenterà dunque un incastro in $\boldsymbol{B}$ ed un estremo libero in $\boldsymbol{A}$.
Si considera inizialmente la prima sotto-struttura (trave $\boldsymbol{BD}$). Secondo l'Eq. 3.100 la rotazione $\boldsymbol{\theta'_{D\_F}}$ non è altro che il taglio $\boldsymbol{T'^*_{D\_F}}$, da valutarsi nello stesso punto della struttura fittizia. Questo coincide evidentemente con la risultante del carico distribuito fittizio $\boldsymbol{Q'^*_{BC\_F}}$ su $\boldsymbol{BC}$, equilibrata dalla reazione verticale all'incastro come illustrato in Fig. 3.57 (b).
Il termine $\boldsymbol{Q'^*_{BC\_F}}$ può essere facilmente stimato in quanto coincide con l'area della distribuzione triangolare del carico fittizio. Il relativo calcolo viene eseguito in Eq. 3.102: per quanto detto, il termine trovato coincide con la rotazione in $\boldsymbol{D}$ dovuta a $\boldsymbol{F}$ nell'ambito della prima sotto-struttura, $\boldsymbol{\theta'_{D\_F}}$.

$$T'^*_{D\_F} = Q'^*_{BC\_F} = \frac{\frac{F \cdot L}{2EI} \cdot \frac{L}{2}}{2} = \frac{F \cdot L^2}{8EI} = \theta'_{D\_F} \tag{3.102}$$

La forza $\boldsymbol{F}$ non comporta spostamenti orizzontali nel punto $\boldsymbol{D}$, mentre determina chiaramente uno spostamento verticale, che non è tuttavia di interesse ai fini della scrittura delle equazioni di congruenza.

Passando all'esame della seconda sotto-struttura (trave $\boldsymbol{AB}$), in base alle Eqq. 3.100 e 3.101, lo spostamento angolare in $\boldsymbol{B}$ e quello orizzontale coincidono rispettivamente con taglio e momento fittizi, valutati nella medesima posizione. Si ha quindi: $\boldsymbol{\theta''_{B\_F}} = \boldsymbol{T''^*_{B\_F}}$ e $\boldsymbol{\delta''_{B\_F}} = \boldsymbol{M''^*_{f\,B\_F}}$. La componente di taglio $\boldsymbol{T''^*_{B\_F}}$ in $\boldsymbol{B}$, può essere calcolata osservando che essa coincide con la risultante del carico distribuito fittizio $\boldsymbol{Q''^*_{AB\_F}}$ sul tratto $\boldsymbol{AB}$: questa è infatti necessariamente equilibrata all'incastro. Tale risultante è immediatamente calcolabile mediante l'Eq. 3.103 come la superficie della distribuzione.

$$T''^*_{B\_F} = Q''^*_{AB\_F} = \frac{F \cdot L}{2EI} \cdot L = \frac{F \cdot L^2}{2EI} = \theta''_{B\_F} \tag{3.103}$$

Per la determinazione del momento risultante all'incastro si deve tenere presente che la $\boldsymbol{Q''^*_{AB\_F}}$ di cui sopra è applicata in corrispondenza del baricentro della distribuzione rettangolare. Essa si trova quindi ad una distanza pari ad $\left(\frac{\boldsymbol{L}}{\boldsymbol{2}}\right)$ rispetto al punto $\boldsymbol{B}$. Il momento flettente $\boldsymbol{M''^*_{f\,B\_F}}$ viene calcolato nell'Eq. 3.104.

$$M''^*_{f\,B\_F} = Q''^*_{AB\_F} \cdot \frac{L}{2} = \frac{F \cdot L^2}{2EI} \cdot \frac{L}{2} = \frac{F \cdot L^3}{4EI} = \delta''_{B\_F} \tag{3.104}$$

In definitiva, si possono calcolare gli spostamenti complessivi in $\boldsymbol{D}$ per effetto della forza $\boldsymbol{F}$, rispettivamente $\boldsymbol{\theta_{D\_F}}$ e $\boldsymbol{\delta_{D\_F}}$. Richiamando ancora una volta il ***principio di sovrapposizione degli effetti***, i risultati ottenuti sono sommabili nelle Eqq. 3.105 e 3.106.

$$\theta_{D\_F} = \theta'_{D\_F} + \theta''_{B\_F} = \frac{F \cdot L^2}{8EI} + \frac{F \cdot L^2}{2EI} = \frac{5}{8} \cdot \frac{F \cdot L^2}{EI} \tag{3.105}$$

$$\delta_{D\_F} \equiv \delta''_{B\_F} = \frac{F \cdot L^3}{4EI} \tag{3.106}$$

Spostamento orizzontale e rotazione in $\boldsymbol{D}$ *indotti dalla forza* $\boldsymbol{X_D}$
La struttura isostatica equivalente, soggetta alla sola azione $\boldsymbol{X_D}$, viene mostrata in Fig. 3.58 (a). Anche in tal caso la valutazione di spostamento e rotazione in $\boldsymbol{D}$ sarà operata tramite i ***Corollari di Mohr***. Il primo passo consiste dunque nella determinazione del diagramma del momento flettente $\boldsymbol{M_f}$, che è illustrato in Fig. 3.58 (b). Tale diagramma è nullo sul tratto $\boldsymbol{BD}$, dove non si hanno componenti di taglio, né momenti

applicati dall'esterno. Assume invece andamento lineare da B ad $\boldsymbol{A}$, con massimo all'incastro pari a $(\boldsymbol{X_D} \cdot \boldsymbol{L})$. In Fig. 3.58 (c) si riflette sul fatto che la struttura in esame può essere pensata come l'unione di due travi a mensola, incastrate rispettivamente in $\boldsymbol{B}$ ed in $\boldsymbol{A}$. Si può evidenziare che la prima sotto-struttura (trave $\boldsymbol{BD}$) e soggetta al solo sforzo normale $\boldsymbol{X_D}$, mentre la seconda sotto-struttura (trave $\boldsymbol{AB}$) è soggetta alla stessa forza che opera tuttavia come taglio e determina momento. La figura mostra qualitativamente le entità degli spostamenti che saranno successivamente calcolati. In particolare, si indicano con $\boldsymbol{\delta_{D\_X_D}}$ e con $\boldsymbol{\theta_{D\_X_D}}$ gli spostamenti orizzontale ed angolare in $\boldsymbol{D}$ per effetto del solo carico $\boldsymbol{X_D}$. Nelle sotto-strutture sono indicati gli spostamenti rispettivamente in $\boldsymbol{D}$ (prima sotto-struttura), $\boldsymbol{\delta'_{D\_X_D}}$, ed in $\boldsymbol{B}$ (seconda sotto-struttura), $\boldsymbol{\theta''_{B\_X_D}}$ e $\boldsymbol{\delta''_{B\_X_D}}$.

Per quanto concerne la prima struttura, dato che essa non è soggetta a momento flettente, non ha senso applicare i ***Corollari di Mohr***. Basta solo osservate che, per effetto della forza normale $\boldsymbol{X_D}$ in $\boldsymbol{D}$, non si ha rotazione, mentre si ha uno spostamento orizzontale $\boldsymbol{\delta'_{D\_X_D}}$, legato all'allungamento della trave $\boldsymbol{BD}$. Tale spostamento è valutato nell'Eq. 3.107, dove $\boldsymbol{X_D}$ viene diviso per la rigidezza assiale della trave. Si indica con $\boldsymbol{A}$ la sezione di questa.

$$\delta'_{D\_X_D} = \frac{X_D}{\frac{EA}{L}} = \frac{X_D \cdot L}{EA} \tag{3.107}$$

Per poter applicare i ***Corollari di Mohr*** alla seconda sotto-struttura occorre determinarne prima di tutto la fittizia. Trattandosi di una trave a mensola, incastro ed estremo libero si scambiano rispettivamente i ruoli. Il carico distribuito fittizo è determinato immediatamente attraverso la relazione $\left(\boldsymbol{q^*} = \frac{\boldsymbol{M_f}}{\boldsymbol{EI}}\right)$. La sotto-struttura fittizia caricata dal carico fittizio è mostrata nella Fig. 3.59 (a). I ***Corollari di Mohr*** permettono ora una stima agevole degli spostamenti, sulla base delle relazioni nelle Eqq. 3.100 e 3.101.
L'applicazione di queste mostra che lo spostamento angolare e quello orizzontale in $\boldsymbol{B}$ coincidono rispettivamente con il taglio e il momento flettente fittizio nei medesimi punti. Si ha quindi: $\boldsymbol{\theta''_{B\_X_D}} = \boldsymbol{T''^*_{B\_X_D}}$ e $\boldsymbol{\delta''_{B\_X_D}} = \boldsymbol{M''^*_{f\,B\_X_D}}$ come indicato in Fig. 3.59 (b).

La componente di taglio $\boldsymbol{T''^*_{B\_X_D}}$ in $\boldsymbol{B}$, può essere calcolata, osservando che essa coincide con la risultante del carico distribuito fittizio

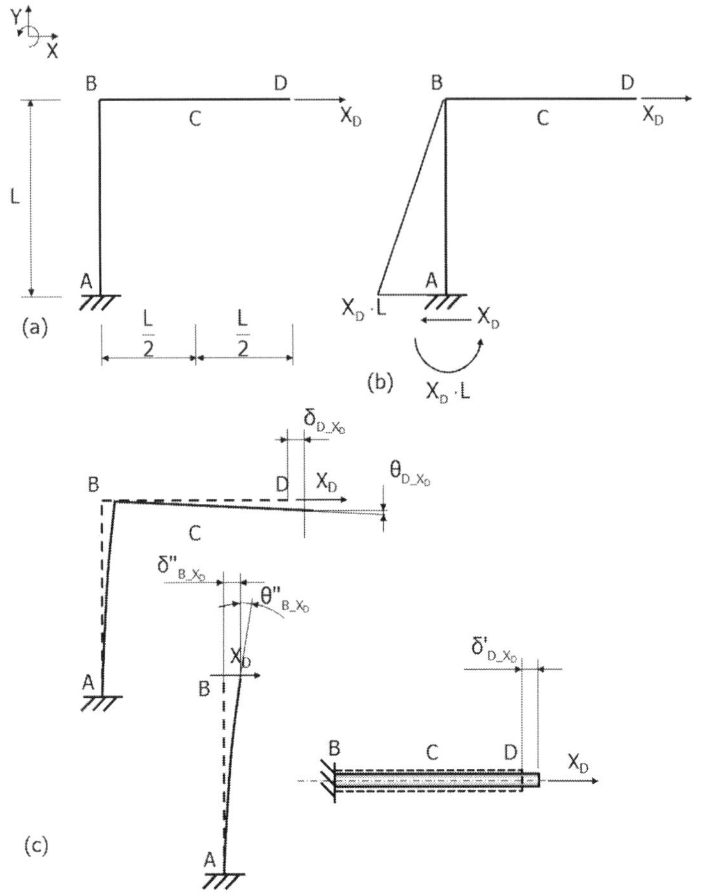

Figura 3.58: (a) Isostatica equivalente sotto l'azione della sola forza $\boldsymbol{X_D}$, (b) Diagramma del momento flettente, (c) Deformata qualitativa della struttura e delle sotto-strutture, con indicazione degli spostamenti di interesse

$\boldsymbol{Q''^*_{AB\_X_D}}$ sul tratto $\boldsymbol{AB}$. Tale risultante è facilmente calcolabile dall'Eq. 3.108 come area della distribuzione triangolare di carico.

$$T''^*_{B\_X_D} = Q''^*_{AB\_X_D} = \frac{\frac{X_D \cdot L}{EI} \cdot L}{2} = \frac{X_D \cdot L^2}{2EI} = \theta''_{B\_X_D} \qquad (3.108)$$

Per la determinazione del momento risultante all'incastro si deve tenere presente che la $\boldsymbol{Q''^*_{AB\_X_D}}$ di cui sopra è applicata in corrispondenza

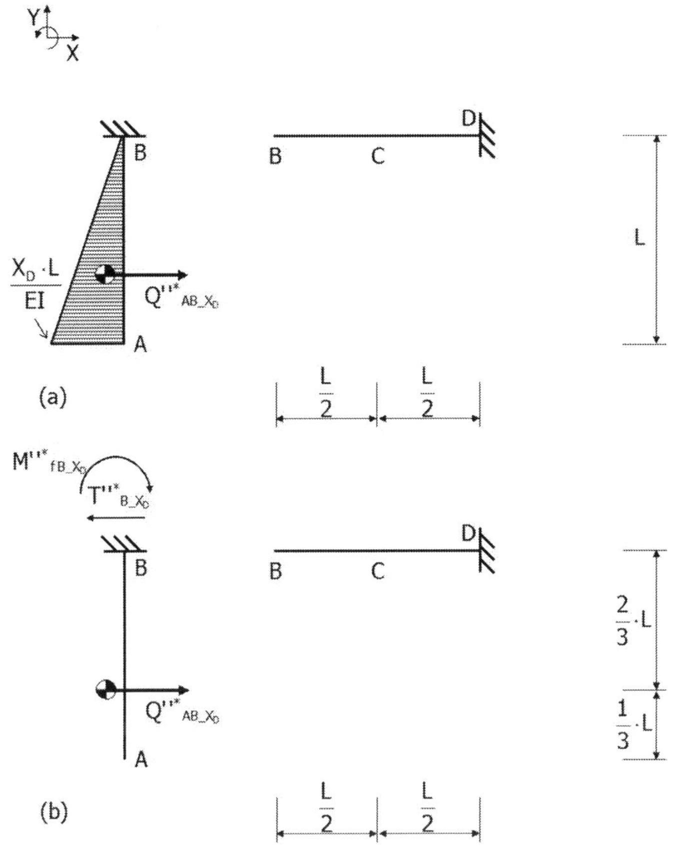

Figura 3.59: (a) Sotto-strutture fittizie caricate dal carico distribuito fittizio, (b) Componenti di Taglio e momento flettente, che debbono essere valutate nella stima degli spostamenti

del baricentro della distribuzione triangolare. Essa si trova quindi ad una distanza pari ad $\left(\frac{1}{3} \cdot L\right)$ dal punto $\boldsymbol{A}$ e $\left(\frac{2}{3} \cdot L\right)$ da $\boldsymbol{B}$. Il momento flettente $\boldsymbol{M''^*_{B\_X_D}}$ viene calcolato nell'Eq. 3.109.

$$\begin{aligned} M''^*_{f\,B\_X_D} &= Q''^*_{AB\_X_D} \cdot \frac{2}{3} \cdot L = \frac{X_D \cdot L^2}{2EI} \cdot \frac{2}{3} \cdot L = \\ &= \frac{X_D \cdot L^3}{3EI} = \delta''_{B\_X_D} \end{aligned} \tag{3.109}$$

In definitiva, si possono calcolare gli spostamenti complessivi in $\boldsymbol{D}$, per effetto dell'azione $\boldsymbol{X_D}$, rispettivamente $\boldsymbol{\theta_{D\_X_D}}$ e $\boldsymbol{\delta_{D\_X_D}}$. Richiamando ancora una volta il ***principio di sovrapposizione degli effetti***, i risultati ottenuti sono sommabili come nelle Eqq. 3.110 e 3.111.

$$\theta_{D\_X_D} \equiv \theta''_{B\_X_D} = \frac{X_D \cdot L^2}{2EI} \tag{3.110}$$

$$\delta_{D\_X_D} = \delta'_{D\_X_D} + \delta''_{B\_X_D} = \frac{X_D \cdot L}{EA} + \frac{X_D \cdot L^3}{3EI} \tag{3.111}$$

Spostamento orizzontale e rotazione in $\boldsymbol{D}$ *indotti dal momento* $\boldsymbol{M_D}$
La struttura isostatica equivalente, soggetta alla sola azione $\boldsymbol{M_D}$, viene mostrata in Fig. 3.60 (a). Anche in tal caso la valutazione di spostamento e rotazione in $\boldsymbol{D}$ sarà operata tramite i ***Corollari di Mohr***. Il primo passo consiste dunque nella determinazione del diagramma del momento flettente $\boldsymbol{M_f}$, che è illustrato in Fig. 3.60 (b). In assenza di componenti taglianti, tale diagramma assume valore costante e pari a $\boldsymbol{M_D}$ sui due tratti $\boldsymbol{BD}$ e $\boldsymbol{AB}$. In Fig. 3.60 (c) si esegue la consueta decomposizione della struttura in due travi a mensola, incastrate in $\boldsymbol{A}$ e $\boldsymbol{B}$ e soggette al momento $\boldsymbol{M_D}$ sul lato opposto. Entrambe le sotto-strutture sono in tal caso identicamente caricate a momento flettente puro. La figura mostra qualitativamente le entità degli spostamenti che saranno successivamente calcolati. In particolare, si indicano con $\boldsymbol{\delta_{D\_M_D}}$ e con $\boldsymbol{\theta_{D\_M_D}}$ gli spostamenti orizzontale ed angolare in $\boldsymbol{D}$ per effetto del solo carico $\boldsymbol{M_D}$. Nelle sotto-strutture sono indicati gli spostamenti rispettivamente in $\boldsymbol{D}$ (prima sotto-struttura), $\boldsymbol{\theta'_{D\_M_D}}$, ed in $\boldsymbol{B}$ (seconda sotto-struttura), $\boldsymbol{\theta''_{B\_M_D}}$ e $\boldsymbol{\delta''_{B\_M_D}}$.

Per poter applicare i ***Corollari di Mohr*** alle due sotto-strutture occorre determinarne le fittizie, in maniera analoga a quanto visto precedentemente. Il carico distribuito fittizio è determinato immediatamente attraverso la relazione $\left(\boldsymbol{q^*} = \frac{\boldsymbol{M_f}}{\boldsymbol{EI}}\right)$. Le sotto-strutture fittizie caricate dai carichi fittizi sono mostrate nella Fig. 3.61 (a). I ***Corollari di Mohr*** permettono ora una stima agevole degli spostamenti, sulla base delle Eqq. 3.100 e 3.101 di pag. 185.
Per quanto riguarda la prima sotto-struttura, lo spostamento angolare in $\boldsymbol{D}$ coincide con il taglio nel medesimo punto della struttura fittizia. Si ha quindi $\boldsymbol{\theta'_{D\_M_D} = T'^*_{D\_M_D}}$ come illustrato in Fig. 3.61 (b). La componente di taglio $\boldsymbol{T'^*_{D\_M_D}}$ in $\boldsymbol{D}$, può essere calcolata, osservando che essa coincide con la risultante del carico distribuito fittizio $\boldsymbol{Q'^*_{BD\_M_D}}$

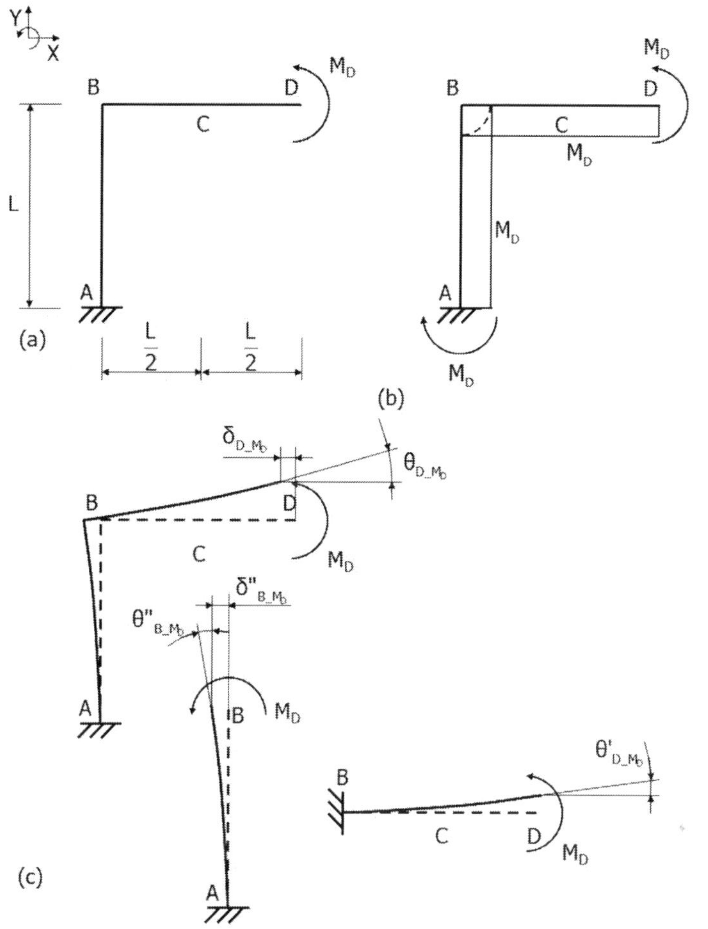

Figura 3.60: (a) Isostatica equivalente sotto l'azione della sola azione $\boldsymbol{M_D}$, (b) Diagramma del momento flettente, (c) Deformata qualitativa della struttura e delle sotto-strutture, con indicazione degli spostamenti di interesse

sul tratto $\boldsymbol{BD}$, a sua volta valutabile come area della distribuzione di carico secondo l'Eq. 3.112.

$$T'^{*}_{D\_M_D} = Q'^{*}_{BD\_M_D} = \frac{M_D}{EI} \cdot L = \frac{M_D \cdot L}{EI} = \theta'_{D\_M_D} \qquad (3.112)$$

E' evidente che il momento $\boldsymbol{M_D}$ applicato non produce spostamento

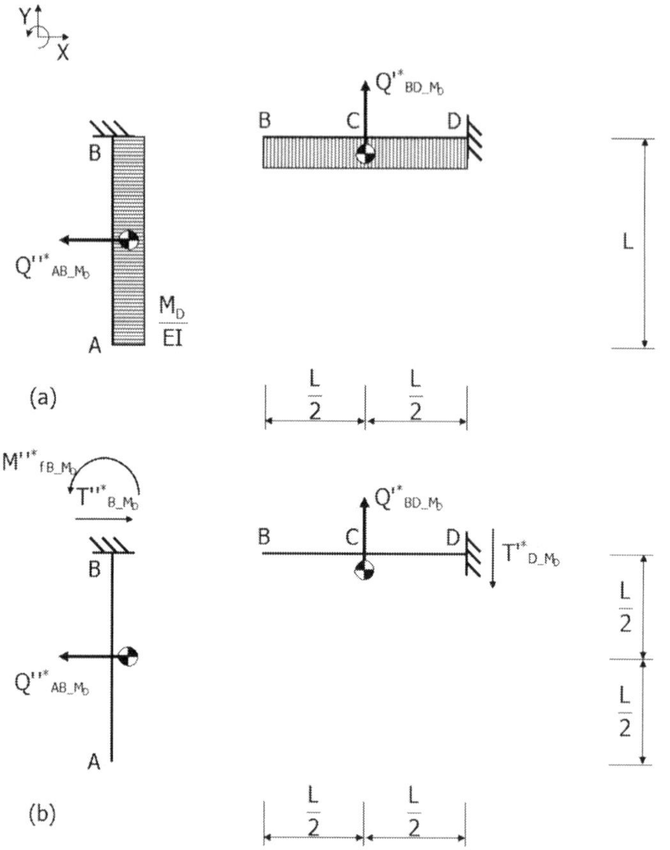

Figura 3.61: (a) Sotto-strutture fittizie caricate dal carico distribuito fittizio, (b) Componenti di Taglio e momento flettente, che debbono essere valutate nella stima degli spostamenti

orizzontalo nel punto $\boldsymbol{D}$. Determina invece uno spostamento verticale, che non è tuttavia utile per la redazione delle equazioni di congruenza. Passando quindi all'analisi della seconda sotto-struttura, lo spostamento angolare e quello orizzontale (ortogonale all'asse longitudinale della struttura) in $\boldsymbol{B}$ coincidono rispettivamente con il taglio e il momento flettente nei medesimi punti della struttura fittizia. Si ha quindi: $\boldsymbol{\theta''_{B\_M_D}} = \boldsymbol{T''^{*}_{B\_M_D}}$ e $\boldsymbol{\delta''_{B\_M_D}} = \boldsymbol{M''^{*}_{f\,B\_M_D}}$ come illustrato in Fig. 3.61 (b).

La componente di taglio $\boldsymbol{T''^*_{B\_M_D}}$, può essere calcolata, ravvisando che essa coincide con la risultante del carico distribuito fittizio $\boldsymbol{Q''^*_{AB\_M_D}}$ sul tratto $\boldsymbol{AB}$. A sua volta, la $\boldsymbol{Q''^*_{AB\_M_D}}$ è data dall'area della distribuzione di carico, immediatamente calcolabile in Eq. 3.113.

$$T''^*_{B\_M_D} = Q''^*_{AB\_M_D} = \frac{M_D}{EI} \cdot L = \frac{M_D \cdot L}{EI} = \theta''_{B\_M_D} \tag{3.113}$$

Per la determinazione del momento risultante all'incastro si deve tenere presente che la $\boldsymbol{Q''^*_{AB\_M_D}}$ è applicata in corrispondenza del baricentro della distribuzione rettangolare. Essa si trova quindi ad una distanza pari ad $\left(\boldsymbol{\frac{L}{2}}\right)$ dai punti $\boldsymbol{A}$ e $\boldsymbol{B}$. Il momento flettente $\boldsymbol{M''^*_{f\,B\_M_D}}$ viene calcolato nell'Eq. 3.114.

$$M''^*_{B\_M_D} = Q''^*_{AB\_M_D} \cdot \frac{1}{2} \cdot L = \frac{M_D \cdot L}{EI} \cdot \frac{L}{2} = \frac{M_D \cdot L^2}{2EI} = \delta''_{B\_M_D} \tag{3.114}$$

In definitiva, si procede al calcolo degli spostamenti complessivi in $\boldsymbol{D}$, per effetto dell'azione $\boldsymbol{M_D}$, rispettivamente $\boldsymbol{\theta_{D\_M_D}}$ e $\boldsymbol{\delta_{D\_M_D}}$. I risultati ottenuti sono sommabili nelle Eqq. 3.115 e 3.116.

$$\theta_{D\_M_D} = \theta'_{D\_M_D} + \theta''_{B\_M_D} = 2 \cdot \frac{M_D \cdot L}{EI} \tag{3.115}$$

$$\delta_{D\_M_D} \equiv \delta''_{B\_M_D} = \frac{M_D \cdot L^2}{2EI} \tag{3.116}$$

Si sono così determinate le formulazioni analitiche dei termini di rotazione e spostamento orizzontale nel punto $\boldsymbol{D}$. E' venuto quindi il momento di esplicitare il sistema delle equazioni di congruenza, già mostratonell'Eq. 3.99 ed ora svolto nell'Eq. 3.117. Osservando il sistema, si possono notare diversi segni negativi che accompagnano gli spostamenti sopra determinati: essi discendono dalla necessità di sommare algebricamente i diversi contributi. Per convenzione, si assumono come positivi gli spostamenti angolari in senso anti-orario e quelli orizzontali rivolti verso destra. Per quanto riguarda le rotazioni, il momento $\boldsymbol{M_D}$ determina un contributo positivo, mentre le forze $\boldsymbol{F}$ e $\boldsymbol{X_D}$ danno contributo negativo. L'opposto avviene per gli spostamenti orizzontali: in tal caso sono i termini dovuti ad $\boldsymbol{F}$ e $\boldsymbol{X_D}$ ad essere positivi mentre quello legato a $\boldsymbol{M_D}$ è negativo. Si confrontino le Figg. 3.56 (c) (pag. 183) e 3.58 (c) (pag.188) con la Fig. 3.60 (c).

$$\begin{cases} \theta_D(F, X_D, M_D) = -\theta_{D\_F} - \theta_{D\_X_D} + \theta_{D\_M_D} = 0 \\ \delta_D(F, X_D, M_D) = +\delta_{D\_F} + \delta_{D\_X_D} - \delta_{D\_M_D} = 0 \end{cases} \tag{3.117}$$

$$\begin{cases} -\frac{5}{8} \cdot \frac{F \cdot L^2}{EI} - \frac{X_D \cdot L^2}{2EI} + 2 \cdot \frac{M_D \cdot L}{EI} = 0 \\ \frac{F \cdot L^3}{4EI} + \frac{X_D \cdot L}{EA} + \frac{X_D \cdot L^3}{3EI} - \frac{M_D \cdot L^2}{2EI} = 0 \end{cases}$$

Semplificando i termini $\left(\frac{\boldsymbol{2 \cdot L}}{\boldsymbol{EI}}\right)$ nella prima e $\left(\frac{\boldsymbol{L}}{\boldsymbol{E}}\right)$ nella seconda, si ottiene:

$$\begin{cases} M_D = \frac{5}{16} \cdot F \cdot L + \frac{1}{4} \cdot X_D \cdot L \\ X_D \cdot \left(\frac{1}{A} + \frac{L^2}{3I}\right) - \frac{M_D \cdot L}{2I} + \frac{F \cdot L^2}{4I} = 0 \end{cases} \tag{3.118}$$

Il sistema ottenuto, lineare nelle incognite $\boldsymbol{X_D}$ e $\boldsymbol{M_D}$, è facilmente risolubile, ma occorre, preliminarmente, calcolare i valori della sezione $\boldsymbol{A}$ e del momento inerziale per la flessione $\boldsymbol{I}$, contenuti nelle Eqq. 3.119 e 3.120 rispettivamente.

$$A = \frac{\pi}{4} \cdot D^2 = \frac{\pi}{4} \cdot 90^2 = 6.361,7\text{mm}^2 \tag{3.119}$$

$$I = \frac{\pi}{64} \cdot D^4 = \frac{\pi}{64} \cdot 90^4 = 3.220.623\text{mm}^4 \tag{3.120}$$

Il sistema di Eq. 3.118 diventa, dunque, il sistema di Eq. 3.121, che permette di ricavare le due incognite iperstatiche tramite 3.122.

$$\begin{cases} M_D = \frac{5}{16} \cdot 54.000 \cdot 1200 + \frac{1}{4} \cdot X_D \cdot 1.200 = \\ = 20,25 \cdot 10^6 + 300 \cdot X_D \\ X_D \cdot \left(\frac{1}{6.361,7} + \frac{1.200^2}{3 \cdot 3.220.623}\right) - \frac{M_D \cdot 1.200}{2 \cdot 3.220.623} + \frac{54.000 \cdot 1.200^2}{4 \cdot 3.220.623} = 0 \end{cases} \tag{3.121}$$

$$\begin{cases} M_D = 20,25 \cdot 10^6 + 300 \cdot X_D \\ X_D \cdot 0,4192 = 1,863 \cdot 10^{-4} \cdot M_D - 6.036,1 = \\ = 3.772,6 + 0,05589 \cdot X_D - 6036,1 \\ X_D \cdot (0,4192 - 0,05589) = 3.772,6 - 6.036,1 \Rightarrow \\ \Rightarrow X_D = -\frac{2.263,5}{0,09331} = -24.258\text{N} \\ M_D = 20,25 \cdot 10^6 - 300 \cdot -24.258 = 12.972,6\text{Nm} \end{cases} \tag{3.122}$$

Il segno negativo davanti al valore ottenuto per $\boldsymbol{X_D}$ indica che tale azione ha verso opposto a quello inizialmente ipotizzato: essa è pertanto orientata verso sinistra.

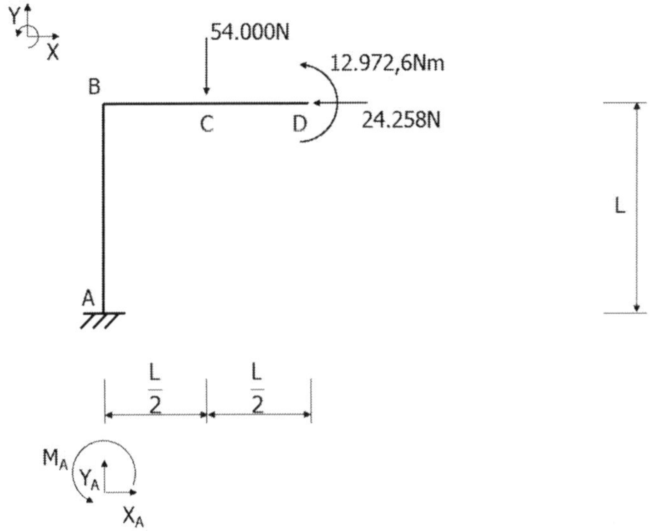

Figura 3.62: Isostatica equivalente con indicazione dei carichi noti, fra cui le incognite iperstatiche $\boldsymbol{X_D}$ e $\boldsymbol{M_D}$ appena determinate, e di quelli ancora da valutare

Ora che le incognite iperstatiche sono state determinate, la struttura isostatica equivalente mostrata alla Fig. 3.55 di pag. 181 può essere studiata e risolta come una qualunque isostatica. Per comodità, questa viene riproposta nella Fig. 3.62, in cui sono evidenziate le componenti di sollecitazione note (il sistema attivo, dato dalla forza $\boldsymbol{F}$ e le incognite iperstatiche ($\boldsymbol{X_D}$ e $\boldsymbol{M_D}$) appena calcolate e le reazioni vincolari ancora da determinare ($\boldsymbol{X_A}$, $\boldsymbol{Y_A}$, $\boldsymbol{M_A}$). La struttura deve essere risolta, scrivendo il sistema costituito dalle equazioni di equilibrio alla traslazione orizzontale, alla traslazione verticale ed alla rotazione nel piano. Si veda l'Eq. 3.123 in cui, per l'equilibrio alla rotazione, si considera il punto $\boldsymbol{A}$ come polo. Per quanto riguarda la $\boldsymbol{X_D}$ si considera l'effettivo orientamento verso sinistra, come sopra indicato.

$$\begin{cases} X_A - X_D = 0 \\ Y_A - F = 0 \\ M_A - F \cdot \frac{L}{2} + X_D \cdot L + M_D = 0 \end{cases} \tag{3.123}$$

Sostituendo i valori numerici, si ottiene il sistema di Eq. 3.124 nel quale ciascuna equazione presenta una sola incognita che, dunque, possono essere facilmente calcolate come segue.

$$\begin{cases} X_A & = 24.258\text{N} \\ Y_A & = 54.000\text{N} \\ M_A & = 54.000 \cdot 600 - 24.258 \cdot 1.200 - 12.972.600 = \\ & = -9.682,2\text{Nm} \end{cases} \tag{3.124}$$

La soluzione del sistema delle Eqq. 3.123 e 3.124 porta, quindi, alla stima delle reazioni vincolari in $\boldsymbol{A}$. Si osserva che la reazione $\boldsymbol{M_A}$ presenta un segno negativo: questo indica che il verso del momento è opposto rispetto a quanto ipotizzato prima di procedere alla soluzione del sistema delle equazioni di equilibrio (si veda la Fig. 3.62). Il momento di incastro in $\boldsymbol{A}$ risulta dunque orario.

Ora che è stata completata la determinazione di tutte le reazioni vincolari, occorre ricordare che la struttura considerata era in realtà solo la metà della struttura di partenza, raffigurata nella Fig. 3.53 (pag. 178). Come discusso all'inizio, con riferimento alla Fig. 3.54 (pag. 180), il vincolo in $\boldsymbol{D}$ è stato posto per soddisfare la condizione di simmetria, in particolare per garantire l'assenza di taglio. Per simmetria è possibile determinare immediatamente i valori delle reazioni vincolari all'incastro $\boldsymbol{H}$, $\boldsymbol{X_H}$, $\boldsymbol{Y_H}$ e $\boldsymbol{M_H}$. Questi valori sono raccolti nell'Eq. 3.125, dove il segno negativo dinanzi a $\boldsymbol{X_H}$ indica che tale azione è rivolta verso sinistra. $\boldsymbol{M_H}$ è invece positivo, ad indicare che il momento d'incastro è in tal caso anti-orario. Si conserva, infine, il segno della $\boldsymbol{Y_H}$, che rimane positivo e rivolto verso l'alto.

$$\begin{cases} X_H = -24.259N \\ Y_H = 54 \cdot 10^3\text{N} \\ M_H = +9.683.157\text{Nmm} \cong +9.683\text{Nm} \end{cases} \tag{3.125}$$

Di seguito si disegnano i diagrammi delle caratteristiche delle sollecitazioni, considerando convenzionalmente positive le reazioni concordi a quelle rappresentate sul concio di trave di Fig. 3.63. Si ricorda che il diagramma del momento flettente $\boldsymbol{M_f}$ deve essere disegnato dalla parte delle fibre tese, con pendenza negativa ancorché il taglio $\boldsymbol{T}$, cioè la sua derivata ($\boldsymbol{T} = \frac{\mathrm{d}M}{\mathrm{d}x}$) risulti positivo. I diagrammi dei momenti flettenti si disegnano dopo avere tracciato la linea tratteggiata, che indica convenzionalmente la parte inferiore della struttura: se le fibre sono tese dalla parte di tale linea, visibile in Fig. 3.63, allora il momento flettente è positivo.
Si riportano nelle Figg. 3.64, 3.65 e 3.66 rispettivamente i diagrammi dello sforzo normale $\boldsymbol{N}$, del taglio $\boldsymbol{T}$ e del momento flettente $\boldsymbol{M_f}$. Nella loro tracciatura si è fatto riferimento all'intera struttura: si noti come anche gli andamenti di sforzo normale e momento flettente rispecchino la simmetria assiale, coerentemente con i rilievi fatti all'inizio dell'esercizio.

Dall'analisi dei diagrammi risulta che le posizioni maggiormente sollecitate della struttura sono in corrispondenza dei punti $\boldsymbol{B}$ e $\boldsymbol{G}$. E' chiaro che, per ragioni di simmetria, queste due posizioni sono nelle medesime condizioni: per semplicità si considererà pertanto il solo punto $\boldsymbol{B}$, inoltre per le sollecitazioni si ragionerà in termini di valori assoluti. In tale punto il momento flettente assume il valore massimo, $\boldsymbol{M_{f\_B}} = \boldsymbol{M_{f\_max}}$, pari a ***19.427,4Nm***. Se $\boldsymbol{B}$ è pensato appartenente alla trave $\boldsymbol{AB}$, lo sforzo normale assume il valore massimo $\boldsymbol{N_{B\,(AB)}} = \boldsymbol{N_{max}} = \mathbf{54.000}\boldsymbol{N}$, mentre la sollecitazione di taglio, $\boldsymbol{T_{B\,(AB)}}$ ammonta a ***24.258N***. Se invece è attribuito alla trave $\boldsymbol{BG}$, taglio e sforzo normale si scambiano reciprocamente, si ha quindi taglio massimo, $\boldsymbol{T_{B\,(BG)}} = \boldsymbol{T_{max}} = \mathbf{50.000}\boldsymbol{N}$ e sforzo normale più ridotto, $\boldsymbol{N_{B\,(BG)}} = \mathbf{24.258}\boldsymbol{N}$. E' bene eseguire la verifica con riferimento ad entrambe le locazioni. La struttura presenta, su tutti i suoi tratti, la medesima sezione circolare piena di diametro $\boldsymbol{D}$. Lo sforzo normale determina una tensione normale negativa e uniforme su tutta la sezione. Il momento flettente provoca anch'esso una tensione normale con distribuzione lineare a ***farfalla***, nulla sull'asse neutro baricentrico e massima agli estremi, ossia nei punti più lontani dall'asse. La sollecitazione tagliante determina infine una tensione tangenziale che risulta nulla alle estremità e massima sull'asse baricentrico. Per queste ragioni la verifica deve essere condotta nei punti più lontani dall'asse, dove la tensione normale da momento flettente è massima e si somma a quella da sforzo normale, e sull'asse baricentrico, dove è invece massima la tensione da taglio. mel sommare le tensioni normali $\boldsymbol{\sigma}$ si utilizzaranno i segni negativi sia per la $\boldsymbol{\sigma_{N\_B\,(AB)}}$ sia per la $\boldsymbol{\sigma_{Mf\_B\,(AB)}}$ in modo da

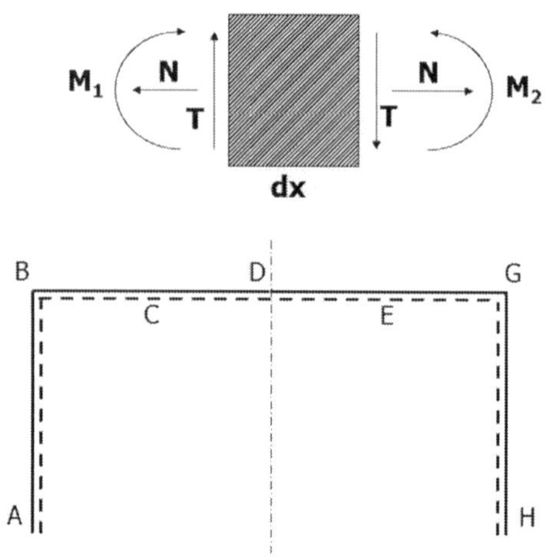

Figura 3.63: Convenzione sui segni e linea tratteggiata disegnata sulla struttura

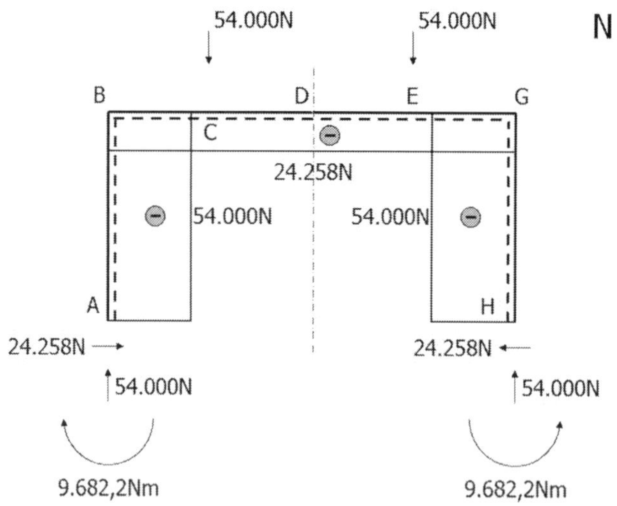

Figura 3.64: Diagramma dello sforzo normale

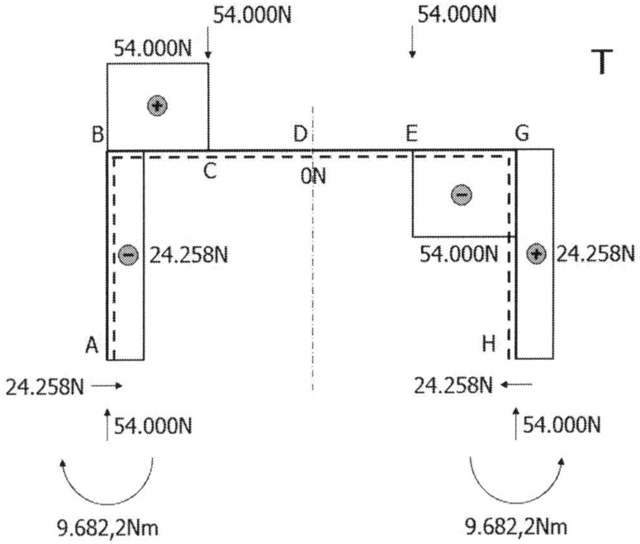

Figura 3.65: Diagramma del taglio

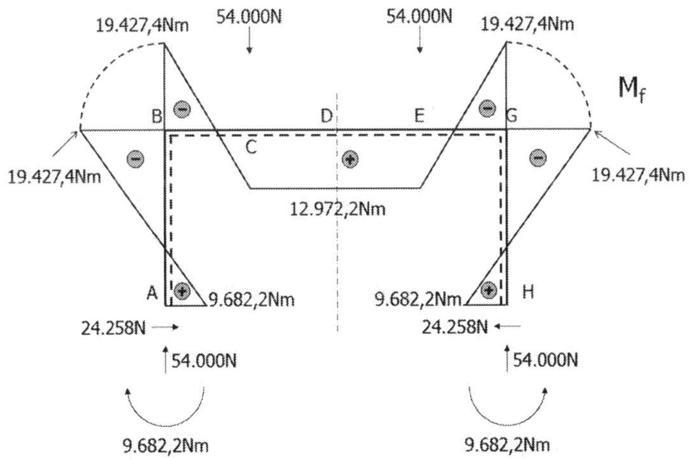

Figura 3.66: Diagramma del momento flettente

ottenere il valore di tensione più elevato.
Si riporta qui sotto la verifica in corrispondenza del punto $\boldsymbol{B}$, pensato appartenente al tratto $\boldsymbol{AB}$. La tensione normale dovuta allo sforzo normale, $\boldsymbol{\sigma_{N\_B\,(AB)}}$, è valutata nell'Eq. 3.126, mentre la tensione normale massima dovuta alla flessione, $\boldsymbol{\sigma_{Mf\_B\,(AB)}}$ è calcolata in Eq. 3.127. La tensione da taglio massima, $\boldsymbol{\tau_{T\_B\,(AB)}}$ è infine stimata nell'Eq. 3.128. Si indica con $\boldsymbol{W_f}$ il momento resistente per la flessione.

$$\sigma_{N\_B\,(AB)} = \frac{N_{B\,(AB)}}{A} = -\frac{54.000}{6.361,7} = -9\text{MPa} \tag{3.126}$$

$$\begin{aligned}\sigma_{Mf\_B\,(AB)} &= \pm\frac{M_{f\_B}}{W_f} = \pm\frac{32 \cdot M_{f\_B}}{\pi \cdot D^3} = \\ &= \pm\frac{32 \cdot 19.427.400}{\pi \cdot 90^3} = \pm 272\text{MPa}\end{aligned} \tag{3.127}$$

$$\tau_{T\_B\,(AB)} = \frac{4}{3} \cdot \frac{|T_{B\,(AB)}|}{A} = \frac{4}{3} \cdot \frac{24.258}{6.361,7} = 5,1\text{MPa} \tag{3.128}$$

Ai fini della verifica occorre ora sommare fra loro le tensioni normali da sforzo normale e da flessione. Questo calcolo, che fornisce la tensione normale totale massima, $\boldsymbol{\sigma_{tot.\_B\,(AB)}}$, è mostrato nell'Eq. 3.129. In Eq. 3.130 si riporta anche il calcolo della tensione equivalente $\boldsymbol{\sigma_{VM\_B\,(AB)}}$ secondo il criterio di ***Von Mises*** in corrispondenza dell'asse baricentrico della sezione. Tale valore compone tra loro quelli della tensione normale da sforzo normale e della tensione tangenziale da taglio massima. Si nota come il valore ottenuto sia di più di un ordine di grandezza minore di quello della tensione normale totale. E' invece errato comporre fra di loro la tensione normale complessiva con quella da taglio, in quanto sono calcolate in posizioni differenti della sezione.

$$\begin{aligned}\sigma_{tot.\_B\,(AB)} &= \sigma_{N\_B\,(AB)} - |\sigma_{Mf\_B\,(AB)}| = \\ &= -9 - 272 = -281\text{MPa}\end{aligned} \tag{3.129}$$

$$\begin{aligned}\sigma_{VM\_B\,(AB)} &= \sqrt{\sigma^2_{N\_B\,(AB)} + 3 \cdot \tau^2_{T\_B\,(AB)}} = \\ &= \sqrt{(-9)^2 + 3 \cdot 5^2} = 13\text{MPa}\end{aligned} \tag{3.130}$$

Si passa ora alla verifica in $\boldsymbol{B}$, attribuendolo alla trave $\boldsymbol{BG}$. La tensione normale dovuta allo sforzo normale, $\boldsymbol{\sigma_{N\_B\,(BG)}}$, è valutata in

Eq. 3.131, mentre la tensione normale massima dovuta alla flessione, $\boldsymbol{\sigma_{Mf\_B\,(BG)}}$ è calcolata in Eq. 3.132. La tensione da taglio massima, $\boldsymbol{\tau_{T\_B\,(BG)}}$ è infine stimata in Eq. 3.133.

$$\sigma_{N\_B\,(BG)} = \frac{N_{B\,(BG)}}{A} = -\frac{24.258}{6.361,7} = -4\text{MPa} \tag{3.131}$$

$$\begin{aligned}\sigma_{Mf\_B\,(BG)} &= \pm\frac{M_{f\_B}}{W_f} = \pm\frac{32\cdot M_{f\_B}}{\pi\cdot D^3} = \\ &= \pm\frac{32\cdot 19.427.400}{\pi\cdot 90^3} = \pm 272\text{MPa}\end{aligned} \tag{3.132}$$

$$\tau_{T\_B\,(BG)} = \frac{4}{3}\cdot\frac{T_{B\,(BG)}}{A} = \frac{4}{3}\cdot\frac{54.000}{6.361,7} = 12\text{MPa} \tag{3.133}$$

La tensione normale totale massima, $\boldsymbol{\sigma_{tot.\_B\,(BG)}}$, viene calcolata nell'Eq. 3.134 Anche in tal caso si riporta (Eq. 3.135) il calcolo della tensione ideale secondo ***Von Mises***, $\boldsymbol{\sigma_{VM\_B\,(BG)}}$, in corrispondenza dell'asse baricentrico della sezione. Il valore trovato è di gran lunga inferiore rispetto alla tensione normale totale.

$$\begin{aligned}\sigma_{tot.\_B\,(BG)} &= \sigma_{N\_B\,(BG)} - \sigma_{Mf\_B\,(BG)} = \\ &= -4 - 272 = -276\text{MPa}\end{aligned} \tag{3.134}$$

$$\begin{aligned}\sigma_{VM\_B\,(BG)} &= \sqrt{\sigma^2_{N\_B\,(BG)} + 3\cdot\tau^2_{T\_B\,(BG)}} = \\ &= \sqrt{(-4)^2 + 3\cdot 12^2} = 21\text{MPa}\end{aligned} \tag{3.135}$$

Per il calcolo del coefficiente di sicurezza $\boldsymbol{CS}$ si deve quindi fare riferimento alla tensione normale totale $\boldsymbol{\sigma_{tot.\_B\,(AB)}}$ nel punto $\boldsymbol{B}$, appartenente alla trave $\boldsymbol{AB}$ come indicato nell'Eq. 3.136, in cui si utilizza il limite di snervamento $\boldsymbol{S_y}$ del materiale.

$$CS = \frac{S_y}{\sigma_{tot.\_B\,(AB)}} = \frac{600}{281} = 2,14 \tag{3.136}$$

Bibliografia di riferimento

1. O. Belluzzi - Scienza delle Costruzioni Vol I - Zanichelli, Bologna
2. RC. Juvinall, K.M. Marshek - Fondamenti della progettazione dei Componenti delle Macchine - Ed. ETS Pisa
3. D. Croccolo, N. Vincenzi - Lezioni di Fondamenti e Tecnica della Progettazione Meccanica, Soc. Ed. Esculapio, Bologna
4. R. Giovannozzi: Costruzione di macchine vol I e II, Patron, Bologna
5. G. Niemann, H. Winter, B.R. Hohn - Manuale degli organi delle macchine – Tecniche Nuove
6. Beer, Russel Johnston, DeWolf - Meccanica dei solidi - McGraw-Hill
7. J.E. Shigley, C.R.Mischke Budynas – Progetto e costruzione di macchine - Mc Graw-Hill
8. G. Nerli – Costruzione di macchine – Noccioli Editore Firenze
9. ISO 898 -2004 Mechanical properties of fasteners made of carbon steel and alloy steel
10. J. H. Bickford - Introduction to the Design and Behavior of Bolted Joints", 4 Ed. Non-Gasketed Joints, CRC Press, 2008
11. VDI 2230 - Systematic calculation of high duty bolted joints - Joints with one cylindrical bolt, 2003
12. ISO 273 - 1979, Fasteners - Clearance holes for bolts and studs

Made in United States
Orlando, FL
04 November 2026

90206778R00116